# 维生素C发现之旅

## ——揭秘我们为什么生病

（包括感染、冠心病、癌症等）

第2版

张科生 著

东南大学出版社
SOUTHEAST UNIVERSITY PRESS
·南京·

**图书在版编目（CIP）数据**

维生素 C 发现之旅：揭秘我们为什么生病 / 张科生著 .
—2 版 . —南京：东南大学出版社，2018.6（2024.10重印）
ISBN 978-7-5641-7706-5

Ⅰ . ①维… Ⅱ . ①张… Ⅲ . ①维生素 C—基本知识
Ⅳ . ① Q564-49

中国版本图书馆 CIP 数据核字（2018）第 069262 号

Weishengsu C Faxian Zhi Lü（Di-er Ban）

**维生素 C 发现之旅**

——揭秘我们为什么生病

（第 2 版）

---

**著　　者**　张科生
**出版发行**　东南大学出版社
**出 版 人**　江建中
**责任编辑**　陈潇潇
**社　　址**　南京市四牌楼 2 号（邮编 210096）
**网　　址**　http：//www.seupress.com
**责编邮箱**　med@seupress.com
**印　　刷**　广东虎彩云印刷有限公司
**经　　销**　新华书店
**开　　本**　700 mm × 1 000 mm　1/16
**印　　张**　17
**字　　数**　280 千字
**版 印 次**　2018 年 6 月第 2 版　2024 年10月第10次印刷
**书　　号**　ISBN 978-7-5641-7706-5
**定　　价**　45.00 元

---

*** 本社图书若有印装质量问题，请直接与营销部联系，电话：025-83791830。**

谨以本书献给恩师

香港营养专家林傲梵!

# 作者简介

张科生

张科生　男

1942 年 11 月 18 日生

1967 年毕业于哈尔滨军事工程学院。

1970—1986 年在多个科研单位及科研管理机构从事科技管理和科技信息研究工作，曾任江苏省科技情报所调研室主任。

1979 年出版《科技名词简介》。

从 1994 年开始研究莱纳斯・鲍林、营养和维生素 C，2012 年起研究癌症。

2000 年出版《鲍林与维他命旋风》。

2004 年出版《维 C，今天你吃了吗？》。

2006 年，论文《人类抗坏血酸遗传缺陷学说暨人类第一病因学说（上）（下）》载于《医学与哲学》杂志。该论文于 2009 年获评为该杂志 30 年来医学优秀论文，并于 11 月获邀参加由该杂志社与卫生部牵头主办的“医学发展高峰论坛”，并领取奖状和奖杯。

2007 年加入“南京自然医学会”。

2009 年至今，受聘于南京医科大学老年大学，任讲师。

2012 年 1 月，论文《限铁机制：人类与细菌间的一场龙争虎斗——解读女性月经之谜》在《医学与哲学》杂志发表（Vol.33 No.1A）。

2012 年 8 月，论文《从达尔文医学看人类抗坏血酸遗传缺陷——纪念维生素概念诞生百年》在《医学与哲学》杂志发表（Vol.33 No.8A）。

2012 年 10 月，赴美参加“第三届瑞欧丹 IVC 与肿瘤研讨会”。

2012 年 12 月，专著《维生素 C 发现之旅》出版。

2013 年 6 月，论文《大剂量抗坏血酸静脉滴注治疗恶性肿瘤的进展》在《医学与哲学》杂志发表（Vol.34 No.6B）。

2013 年 8 月，论文《肿瘤是限铁机制的体现，其功能是防卫细菌——解读肿瘤之谜》在《医学与哲学》杂志发表（Vol.34 No.8A）。

**联系方式**：E-mail：karlsonzhang@hotmail.com

**电话**：15312085881

**公众号**：点击“订阅号”查找“张科生”即可进入

# 再版 序

张科生先生自2007年加入“南京自然医学会”起，几乎每年都有论文发表。他自2009年起任南京医科大学老年大学讲师，因为我也在老年大学任教，由此我们的接触日渐增多。

他的专著《维生素C发现之旅》于2012年年底出版后，受到读者好评。他首次向我国医学界介绍了大剂量静脉滴注维生素C治疗癌症的方法，引起我的关注。在交流中了解到，他曾自费赴美考察这个项目，回国后发表了论文，积极推动这一方法的普及，并成为国内尝试接受大剂量维生素C注射的第一人。迄今为止，许多癌症患者、普通医生乃至海军总医院领导都曾向他咨询，采用者普遍反映这个方法没有副作用，晚期患者反映改善了生存质量，减轻了痛苦。

我在自己的诊室也试用了这个方法，我的经验是，将其作为各种方法综合治疗的一环，在治疗中可发挥积极作用。

张先生的研究从维生素C展开，后来扩展到三个新的领域，一是达尔文医学，二是限铁机制，三是癌症的本质特征和病因。

限铁机制（iron withholding）是我们身体的重要免疫机制，1984年由美国著名微生物学家尤金·温伯格（Eugene D.Weinberg）发展并创立为一门科学理论。他对细菌的营养、生存和繁衍进行研究，发现哺乳动物包括人类体内的可溶性铁是细菌生存繁衍的最重要营养。为争夺这一稀缺资源，病原微生物与人类一直演绎着如龙争虎斗般的生死大战。这样一个重要的免疫机制对理解人体的许多生理现象以及我们为什么生病,意义非凡。它对中医的忌口理论也是有力的支持。2012 年 1 月,张先生的论文《限铁机制:人类与细菌间的一场龙争虎斗——解读女性月经之谜》在我国著名医学杂志《医学与哲学》发表(Vol.33 No.1A),张先生成为向我国医学界介绍限铁机制的第一人。

尤金·温伯格曾论及癌细胞与细菌一样有强大的夺铁能力,但与癌症专家的看法一致,认为此系癌细胞的营养需求所致。张先生因对世界自然医学会日本森下敬一博士有关"癌是友非敌"的论述[《癌不可怕(ガンは恐くない)》]颇为关注,认为森下敬一所谓"血液的污秽"应该就是过剩铁。张先生在研究限铁机制时对过剩铁致癌的机理突然醒悟:癌细胞夺取铁可能是因为体内铁过剩,于是将铁控制和储存以此限制细菌获得,这恰恰是限铁机制的体现。既然是限铁机制的体现,那么癌肿应该有抗细菌感染的功效,但证据何在?张先生援引古老中医 400 年以上的观察成果"癌与脓包不共存",认为这项伟大的观察成果就是证据。2013 年 8 月,他将自己的研究总结成论文《肿瘤是限铁机制的体现,其功能是防卫细菌——解读肿瘤之谜》,论文发表在《医学与哲学》杂志(Vol.34 No.8A)。

他的研究并未停步,2017 年 9 月又发表论文《癌细胞是特殊的免疫细胞,其功能是噬铁以饿死细菌》(假说)。论文《癌的本质特征——质疑叛逆细胞假说》也将在近期发表。张先生有关癌症的理论尚处假说阶段,但他看出,西医关于癌症的理论也都建立在虚构的假说之上。他认为自己的假说根据更充分些,而且具有指导治疗与预防癌症的现实意义。

本次再版增加了张先生对癌症的论述,相信对癌症的预防与治疗有所助益。

2017 年 11 月 18 日,经世界自然医学会联合总会第三次会员代表大会审议,张科生先生荣任世界自然医学会联合总会第三届理事会理事。这一天恰逢张先生 75 岁生日,任职证书成为赠予张先生的生日大礼。

祝愿张科生先生百尺竿头更进一步,取得更多的学术成就。

**世界自然医学会联合总会主席**

**南京中医药大学 教授 博士 主任医师 马永华**

**2018 年 4 月 15 日**

# 再版前言

几乎所有动物，鸟类、鱼类、爬行类、两栖类、哺乳类，都享受完整、健康的生命，直至老年死去。它们少有中风、心脏病、癌，或感染性疾病。它们也没有在生命的大部分时间经历慢性病之苦。

不幸，人类却没有分享这一健康财富。

为什么人类更容易生病？

——Thomas E.Levy

这种合成维生素C的无能为力，影响十分巨大！英国剑桥大学的一项人数众多的人口调查研究表明，在容易生病的人群中，大多数疾病与血液中维生素C水平低相关。

剑桥大学的研究表明，血液中维生素C水平最高的个体较水平最低者死亡率减半，而无论死亡原因。换言之，维生素C水平高，大大减少因癌症、心脏病、感染性疾病、肝肾衰竭、脑病等各种原因而死亡的人数，且近乎50%！

该研究没有展示拥有最高水平的人是怎样达到这个水平的，或者，是否水平更高效果会更好，但它已清楚确立，高水平的维生素C会转化为相当低水平的死亡率。

——Thomas E.Levy

2012年8月，我的书《维生素C发现之旅》为赶在维生素概念诞生百年的时候出版，已经基本完稿。本来打算再精雕细琢一番，然而，这个时候，我对癌症的成因和本质突然有所感悟。为了将这种新见解转化为论文，同时将有关内容植入该书，着实花了不少时间。加之10月去美国考察，前前后后又用去不少时间。因此，那本书的出版有些仓促，瑕疵不少乃至有些错处。

但值得欣慰的是，它赶在维生素概念诞生百年的时候出版了。就我所知，我国乃至世界，为纪念维生素概念诞生一百周年，没有什么令人印象深刻的出版物。这种状况其实反映了医学界对维生素的忽视，这种忽视体现在维生素的研究和应用等方面。举一个最明显的例证，全国几乎找不到一家可以测定血液维生素C、维生素A、维生素E含量的医院或机构。

我的书之所以定名为"维生素C发现之旅"，就是想告诉读者，包括医务工作者，近50年来，有关维生素C的发现一个接一个，这些发现在说明维生素C的概念已经完全升级了，就好比地球中心说的概念早已升级为太阳中心说。

另一个被医学界忽视的重要概念是"限铁免疫机制"。这个概念（理论）1984年已经确立，但至今仍默默无闻。我虽然对自己第一个将这个概念介绍给我国医学界感到欣慰，但对它的普及速度之慢也感到遗憾。因为，这些信息的传播将有利于公众健康。

我是从研究维生素C遗传缺陷开始，转而关注到它有没有代偿机制。限铁机制的加强是我认定的一种代偿，因此转而关注和研究限铁机制。又从限铁机制关注到铁致癌，转而开始研究癌症的起因和本质。

这次本书的再版，主要充实了我对限铁机制的研究和我的癌症理论。

笔者长期关注欧文·斯通的理论和达尔文医学。

2004年，笔者在长期研究的基础上，将维生素C的发现历程编写成一本维生素C的故事。出版社为了促销将书名定为"维C，今天你吃了吗？——维生素C的故事"。

2006年，笔者在抗坏血酸（维生素C）遗传缺陷的研究中，在达尔文医学的指引下，对欧文·斯通的理论有了新的见解。于是，在他的理论雏形的基础上提出了一套更完整的理论，建立起一个新的学说，形成论文《人类抗坏血酸遗传缺陷学说暨人类第一病因学说（上）（下）》。该论文分别发表在《医学与哲学》2006年第7、8期。笔者认为，这是对欧文·斯通理论的发展。该论文于2009年获评为该杂志30年来医学优秀论文，并于11月获邀参加由该杂志社与卫生部牵头主办的"医学发展高峰论坛"，领取奖状和奖杯。

笔者的思路受到达尔文医学的启发，其中关键的思想是，有进化就有代价。而笔者的思想又向前迈了一步：有代价就有补偿。于是笔者在论文中提出了"另一类演化——对第一遗传缺陷的补救措施"这样一个新的概念，并对其加以论述。

这里所谓“第一遗传缺陷”即抗坏血酸遗传缺陷。

大约从2002年至2011年，笔者特别关注前面提到的限铁机制理论。通过不断研究，在2011年形成论文《限铁机制：人类与细菌间的一场龙争虎斗——解读女性月经之谜》(《医学与哲学》，2012.1)。限铁机制不是笔者的发现，但在此基础上解读女性月经之谜却是笔者的首创。当时，该杂志社的杜治政总编辑在接稿后写道：“一篇很有意思的文章，昨天读了，今天又读了两遍。”一个在中国颇具影响力的医学界领军杂志的总编辑能有如此评价，令我十分欣慰。改稿时，杜总编建议将正文中“人类与细菌间的一场龙争虎斗”作为标题的一部分，于是这篇文章有了这么长的、有些文学色彩的标题。

简单地说，我们身体里有两套对付细菌的手段：一个是杀死，另一个就是饿死。而细菌的关键养分就是铁。所以，限铁机制就是饿死细菌的免疫机制，我后来将其称为第二免疫系统。人类由于有重大的抗坏血酸（维生素C）遗传缺陷，杀死细菌的免疫机制即第一免疫系统的功能受其影响有所下降，从而，饿死细菌的第二免疫系统即限铁机制代偿性地有所加强。第二免疫系统并不是独立存在的，比如白细胞，既有可能被杀死，也有可能被饿死。

大约在2012年8月中旬，笔者在研究限铁机制和**铁致癌**的机理时，突然对癌症的起因有所感悟，于是顺着这个思路继续研究，并认定这一感悟是破解癌症的正解，最终形成一篇论文《肿瘤是限铁机制的体现，其功能是防卫细菌——解读肿瘤之谜（假说）》(《医学与哲学》，2013.8)。当时，我的理论可以简单通俗地表达为：**癌是过剩铁的仓库，癌有抗菌功能。过剩铁才是致癌真凶，其他一切所谓致癌物应称为促癌物，它们仅仅是从犯、帮凶。**

这个新理论新假说并不高深，也不难理解。但想获得验证，获得广泛认同很可能需要相当长的一段时间。尽管如此，根据这个理论指导我们个人的癌症预防，从读者诸君明白之日起即可开始实行。

我的理论形成后，我的内心在思索，谁最能够理解我的理论呢？不懂限铁机制肯定不行，或许，限铁机制的奠基者尤金·温伯格（E. D. Weinberg）教授可以理解，因为我的癌症新理论完全是以他的理论为基础感悟出来的。

2013年5月3日，我将自己的论文用E-mail发给尤金·温伯格教授，征求他的意见。他当日迅速回复我：“对于你关于癌细胞可能有有益功能的新颖理论，我仅用这个简短的便签表达我的热爱。……我很惋惜，在91岁，我已不能再写论文发表。”这时，我才知道，教授已经91岁，大我整整20年。

2013年5月5日，他在另一个E-mail中说：“过去40年我一直认为癌细胞捕捉铁是为了迅速增殖，但你的理论指出，癌细胞捕捉铁是为了扣留铁[注：英文**扣留铁即限铁**]不让感染入侵者获得。（也许两个想法都对？）”

5月10日，我回答说：“铁作为正常组织的营养，在铁调素（hepcidin）的指挥下，受到限铁机制的限制和调节；而作为肿瘤的营养，似乎这个限制被突破了，似乎没有限制了。肿瘤似乎战胜了限铁机制，因此能够积累更多的铁。限铁机制为什么向肿瘤妥协，因为铁过剩已经超过极限，‘我’（限铁机制）已没法对付了，‘你’（肿瘤）来帮我行使这个功能吧。**如果从功能上看某一人类生物学特征不符合需要，自然选择怎么能允许它生成？**（*Why We Get Sick*）正确的只有一个，也许我是正确的？”

当日，尤金·温伯格教授立即发来E-mail说：“**你是正确的**……与正常细胞不同，癌细胞可以很轻易捕捉铁。它们轻易捕捉铁的能力使它们的成长超过正常细胞。**你的理论认为癌细胞利用限铁机制抑制微生物生长，这是完全符合逻辑的，**但是需要实验室实验。”

我与尤金·温伯格教授素昧平生，能够得到他的认同，我十分欣慰。我的理论需要验证，但正如前面达尔文医学创立者所言：“**许多假说的验证并不依靠实验方法。**”

教授说：“它们轻易捕捉铁的能力使它们的成长超过正常细胞。”这显然是他“过去40年一直认为癌细胞捕捉铁是为了迅速增殖”这一习惯想法的继续。按照我的假说这句话应该改为：“癌细胞之所以可以很轻易捕捉铁，之所以成长超过正常细胞，是为了将过剩的铁储存在其中。”

“癌有抗菌功能”需要证据。如果没有证据，我的发现不可能成立。说来凑巧，我身边有一套《刘太医谈养生——三分治，七分养》。其中有句话我一直铭记在心：“脓包与癌不共存。”用古语说叫：“疖，小疾也，四时发之，谕之无岩（癌）。抑或无名肿毒，久不生脓，莫谓无恙。”这是我国古老中医的一项伟大观察成果。

脓包就是细菌感染，脓包与癌不共存，长了癌就不长脓包，这不正说明癌有抗菌功能嘛！我心中充满了对我国古老中医的敬意，没有这个证据，我的理论无法确立。其他证据请参阅正文。

铁致癌不是笔者的发现，癌聚铁也不是笔者的发现，笔者的发现是癌有抗菌功能。说得更通俗些，癌是“好人”，我们看错了，把它看成了“坏人”。真正的元凶是过剩铁。

对于我们身体的一些症候，当我们没有认清其中的道理时，往往会误解。这一点两位达尔文医学创立者举了一个实例，即发热。对发热，要判断是身体的故障还是防御。癌症这个词汇很准确地表达了癌是一个症候、症状，也需要判断是身体的故障还是防御。将发热误认为故障的历史已经十分久远，至今尚未完全扭转（笔者在限铁机制一节有一个新的介绍）。

癌症也一样，身体长出异物，从表面看就不能接受，很容易一棍子打死。西方医学就是这样蛮横的，一棍子打死了 4 000 年。《众病之王：癌症传》的作者悉达多·穆克吉坦承，癌是什么还没有搞清楚，西医就给它下毒。中医温柔一些，但仍然认为它是故障。

好人被误解，在历史上和现实生活中均不乏实例，所以肿瘤被误解也不足为奇。

2015 年 8 月，我在研究中关注到，巨噬细胞与癌细胞十分相似，认为可能是对笔者“巨噬细胞癌变假说”的佐证。2016 年 3 月，我在关注肿瘤学界理论研究的热点时，发现大量支持巨噬细胞癌变的证据，于是形成“癌细胞是第二免疫系统的免疫细胞”的突破性概念，继而形成论文《**癌细胞是第二免疫系统的免疫细胞，其功能是噬铁以饿死细菌**》。这次再版，也将这个内容补充了进去。

从研究维生素 C 到研究癌症成因，中间的纽带是达尔文医学，即达尔文进化论。

我国医学界高层从 1996 年即开始倡导学习和研究达尔文医学。尽管如此，许多医生仍然对它一无所知。但是，有医学界高层的推进总比没有要幸运得多。在中国，由于教育界对达尔文进化论的肯定，由于 60 多年无神论思想的主导，进化论在医学界可能还占上风。然而在有神论思想主导的国家，特别是诞生西医的西方国家，许多医生是信神而不信进化论的。**“许多人对进化论思想尤其是对适应性和自然选择理论长期抵触，甚至某些生物学家也如此。”**（*Why We Get Sick*）这就使达尔文医学的推广遭遇巨大的阻力。而没有达尔文医学的指引，病因学就停滞不前。

据一套介绍达尔文生平的 DVD 记录，有一位出镜的牧师说：“可以说，今天大多数的基督徒和世界上最大的教廷——罗马天主教廷，大家都已经接受了进化论。……我本人非常敬佩达尔文，我认为他是一个伟大的人。”片中叙述，他们均承认进化论是科学。

尽管如此，许多信主的人并不知道他们的“最高领导”已经有新的见解，你只要一提进化论，他们就表示反感。或许在中国，在这方面有一定优势，所以才会有医学界高层提倡达尔文医学之举。

达尔文医学的创立者用一段非常精辟的语言阐述了进化论对医学的指导意义：“**没有进化论的光辉，医学将黯然失色！**（Nothing in medicine makes sense except in the light of evolution.）”

我认为，为世界上大多数人推崇的以美国为代表的西方医学由于没有达尔文医学指引，**正在黯然失色**。仅举一个实例即可说明。过去，医生在人们眼中是救死扶伤、令人崇敬的高尚职业，现在竟然出现了这样一批（不是一两本）书籍：

《医生对你隐瞒了什么》《别让医生杀了你》《别让不懂营养的医生害了你》《致命药方——别让医生开的药害了你》《别让医院蒙了你——医生不想告诉你的秘密》《医生希望秘密治疗的疾病行情》《只有医生才知道的危险事情》《不要和疾病斗争,和医生斗争吧》《性命攸关的医生选择》《我不是教你诈之医疗真实面》。以上书中有两个"害了你"是译者的灵活翻译,可能怕译成"杀了你"太刺激医生。

还有相当一批书籍充满了对现代医学的批判,比如:

《救命饮食——中国健康调查报告》《一个医学叛逆者的自白》(Confession of A Medical Heretic)《疾病发明者——现代医疗产业如何让你没病"生病"》《不生病的饮食起居》《谁搞垮了孩子的健康》《制药业的真相》《人命关天——关于医疗事故的报告》《刘太医谈养生》《失传的营养学——远离疾病》《医生向左,病人向右》《铁杆中医宣言与现代医学批判》。

而以上这些书大部分都是医生写的。

还有大批的书籍教你如何养生保健,少去乃至不去医院,自己成为自己的医生。

在当前这个各行各业大放异彩的时代,医学很不和谐地正在黯然失色,说得更形象些,医学本身有病了,而且病得不轻。中国有句成语,叫积重难返。笔者认为,在癌症、感染性疾病和心脏病的研究和治疗等方面,医学大有积重难返之势。而"医学生病了"必然以患者的痛苦乃至生命为代价。

本人再次声明,本书并不想挑战医学,而是想竭尽全力解除人类的病痛。不过,笔者的癌症理论确实是对医学界癌症理论研究的挑战,即笔者的**癌细胞—免疫细胞假说 PK(挑战)医学界的癌细胞—叛逆细胞假说**。而这个挑战的目的依然是解除人类的病痛。

本书得以再版我要感谢东南大学出版社、我的家人和我的读者,并再次感谢我的恩师林傲梵先生。

编　者

2018 年 1 月

# 目 录

## 第三章　维生素 C 的新概念



## 第四章　人类抗坏血酸遗传缺陷的其他佐证



## 第五章　鲍林与维生素 C



## 结语　我们为什么容易生病以及我们如何预防和治疗疾病

## 附录

# 第一章 关于维生素C的"六大发现"

2012 年是维生素概念诞生一百周年,百年来,尽管人们发现了许多维生素,但维生素的概念基本还停留在一百年前,即维生素是与饮食相关的营养素。然而,五十年来有关维生素 C 的一系列重大发现越来越清楚地说明,维生素不仅是饮食问题,更是遗传缺陷问题。

## 第一节 坏血病引发的思考

在人类历史上曾发生过一种非常可怕的疾病——坏血病,只是由于时代久远,已渐渐被人们淡忘。

这种病一开始并无特殊的症状,只是感到虚弱、倦怠、创伤愈合缓慢。但接下来就会出现坏血病特有的两个症状:牙龈出血和皮下出血(紫癜)。这种人看上去皮肤发黄或发黑,面容憔悴,精神抑郁不安。干活时体力消耗很快,极易疲劳,还经常感觉骨骼、关节和肌肉疼痛。

发展到最后亦即最严重的阶段,由于内出血日益严重,患者的重要内脏器官日益衰竭。比如发生肾上腺出血导致肾功能严重障碍,如果不及时治疗,患者将因深度肾衰竭而死亡。

我国古代医书中所谓的“衄”(nǜ),泛指出血病,如鼻衄、齿衄、舌衄、肌衄等。坏血病也是一种出血病,与齿衄、肌衄即牙龈出血和皮下出血这两个症状密切相关。

有记载的坏血病历史可以追溯到公元前1550年,即3500多年前,由此可见,它是人类最古老的疾病之一。虽然当时并没有“坏血病”这个称谓,但古埃及的埃伯斯氏古医籍中已有相似病症的记载。后来,大约在公元前450年,希腊的医学之父希波克拉底(公元前460—公元前377年)在其著作中叙述了这种病的综合症状,提到牙龈坏疽、掉牙、腿疼。

图1–1 表示坏血病的埃及象形文字

古罗马的大科学家普利纳(Pline, 23—79年)说的“Stomacace(溃疡性口炎)”可能也是坏血病。据他说,军队里的士兵饱受其苦。

比较完善确凿的报告当属13世纪法国编年史作者儒汪维尔(Jean Sire de Joinville)的记述。他曾陪同法王路易九世进行第八次十字军东征埃及。1309年,他最终完成了《圣路易的历史》一书。书中记述,在这次十字军东征时,许多士兵罹患此病,异常痛苦。他说:“我们当时的病态就是两腿遍发黑色和土色的斑点,待到厉害的阶段,整个牙龈都萎烂出血。临终的时候,鼻孔亦流出血来。”

因为不知道发病的原因,在远古,这种病可能一直被看作瘟疫,与传染病类似。在人类处于蒙昧的时期,发生瘟疫往往被认为有恶魔作祟。即使进入文明社会,一些医生也认为这是一种可怕的传染病,并假设出许多致病的原因。

15世纪到16世纪,坏血病曾波及整个欧洲,在荒年以及长途航行时变得更为严重。当时有的医生甚至怀疑,**是否所有的疾病都起源于坏血病**。有的权威人士还把性病与坏血病联系起来,认为这两种疾病都来自去过海外的船员。

由此可见,人们在寻找坏血病真正原因的过程中一定经历了曲折与磨难,而在没有找到真正的元凶之前,代价肯定是惨重的,这就是病痛和死亡。当时的治疗方法也是千奇百怪,其中有用汞治疗的,结果酿成悲剧。

直到1671年,一个法国学者Nicolas Venette对坏血病是传染病的看法产生了怀疑。他认为,坏血病的发生与食物不良大有关系;他认定,缺乏新鲜食物是引起此病的真正原因。他记述说:“在挪威和别的北欧各国,惯常遣送有坏血病的人到山林里去,就地采食新鲜野果(如草莓、山莓等)充饥。他们回家的时候,没有一个不是感觉自己的病状减轻多多。——带酸味的樱桃、柠檬、橘子，以及其他野果如安石榴和醋栗等都能防止坏血病。人亦能在药剂中加入少许橘子汁和柠檬汁，更有神效。因为这些果品的确有反抗坏血病的效能。”

1720年，匈牙利有一个学者克莱默（Kramer）也有同样的见解。他忠告当时的医生和病人：“坏血病是最可怕的，但决不能用平常的治疗法处理。药店里的药物、外科的手术，对于此病毫无帮助！不应该使他多流血，须避去用有毒的砷类毒药，或其他消毒药水。洗刷病人松肿的牙床，或用油胶摩擦病人两腿的关节，都是毫无益处的。你们倘使要想治疗这病，最好是给病人以新鲜的植物性食物，你们要预备足够的防止坏血病的汁液——或者是橘子、柠檬，或者是别种果汁——使病人吃下，那么，这可怕的恶病不久自会痊愈，毫无一点困难。”

1734年，瑞典学者（Bachstrom）同样抛弃前人许多假设的病因，他也认为，坏血病是起源于缺乏新鲜的植物性食物，他说：“这是真确的病因！谁不愿或不能获得新鲜的蔬菜，谁即会发生这种恶病。至于土质、气候，或年龄，都毫无关系。”

19世纪中叶，伟大的法国化学家路易·巴斯德（Louis Pasteur）提出细菌致病并创立细菌学之后，医学进入了“细菌学时代”。整个医学界几乎把任何疾病都看成是由于细菌传播所造成，寻找致病细菌成为多数微生物学家，尤其是医生的一种追求和时尚。在这种形势下，研究坏血病的病因更加困难重重。然而就是在这种环境下，1874年，法国医生梅里库特（Le Roy Me’ricourt）在法国国家医学研究院宣读了一篇论文，他列举了他个人获得的证据，以及其他人提出的证据，证明坏血病的确是一种营养缺乏性疾病，与病菌传染毫无关系。

大约在500年前，人类开始了史无前例的航海探险。然而，伴随这些壮举，历史悠久的坏血病也开始肆虐。

1497年7月9日至1498年5月30日，葡萄牙航海家达·伽马（Vasco da Gama）从里斯本出发到达印度卡利卡特（Calicut），发现了绕非洲通向印度的新航线。在这次伟大的航海中，船上160名船员中有100名死于坏血病。

1577年，在马尾藻（Sargasso）海域（注：在西印度群岛东北部的海域）发现一艘无人驾驶随波漂浮的西班牙大帆船，原来，船上所有的人都死于坏血病。

1740年底，英国海军上将乔治·安森率领一支由6艘军舰组成的舰队出海航行，船上共有961名船员，当他于1741年6月到达胡安·费尔南德斯群岛（南美智利）时，船员人数已减少到335人。船员中有一半以上人死于坏血病。

想到用恰当的饮食预防坏血病，这个过程十分漫长。

1536年，法国探险家雅克·卡迪尔（Jacques Cartier）发现了圣劳伦斯河，之后，他率众逆流而上航行到现在的魁北克市所在区域并在此度过严冬。船员中有25人死于坏血病，其他许多人也病得奄奄一息。好在友善的印第安休伦族人告诉他们，用金钟柏（又名北美香柏，*Thuja occidentalis*）的叶和树皮或凤梨的枝（有说是云杉树的针叶）煮水喝可以治疗此病，并亲自做给他们，结果效果既快又好。后来人们知道，金钟柏的叶中维生素 C 的含量约为 50 mg/100 g。

16 世纪，英国海军上将约翰·霍金斯（John Hawkins）发现，在非常漫长的航行中，船员得坏血病的可能性与他们只吃干燥食品的时间成正比。当时船员的食物主要是干粮、咸菜、腌肉。当给他们提供新鲜多汁的蔬果（比如柑橘类水果等）时，他们就会迅速恢复健康。

然而，在那个时代，为舰船提供新鲜的水果和蔬菜并非易事，一则价格昂贵，二则不易保鲜。于是人们极力希望找到一种便于海上运输和储藏的替代品。

1600—1603 年，英国航海家兰卡斯特船长（J.Lancaster）远航东印度群岛，他在航海日志中记载，由于他命令船员每天早上要喝三勺柠檬汁，他的全体船员一直都很健康，没有患上坏血病。

1747 年，在英国海军服役的医生林德（James Lind）做了一个著名的对比试验。他将 12 名患严重坏血病的船员 2 人一组，分成 6 组，每人每天的饮食除相同部分外，给予 6 种不同的他要验证有无治疗作用的东西。第一组两个橘子一个柠檬，第二组苹果酒，第三组稀释的硫酸，第四组醋，第五组海水，第六组混合药物。6 天过后，第一组吃到橘子和柠檬的两个人好了，而其余 10 人的病情则依然如故。林德后来接着进行研究，并在 1753 年将他的研究结果汇总发表于《论坏血病》一书。

在控制坏血病方面，英国探险家詹姆斯·库克（James Cook）船长的经验十分引人注目。库克的父亲是英国约克郡地区一个农场的雇农，库克从少年时期就显示出非凡的才能。18 岁时他给一个船主打工，这个船主鼓励他研习数学和航海。后来他参加了海军，进步神速，很快成为世界上最伟大的探险家之一。

1768—1780 年，他在太平洋航行期间成功战胜了船员中的坏血病，这段佳话后来（1969 年）被记录在由柯迪赛克（Kodiceck）和杨（Yang）编纂的《伦敦皇家学会笔记与纪实》中。其中记录了库克船长的旗舰“果敢”（HMS Resolution）号船员佩里唱的一首歌：

我们这群水兵充满活力，
三九严寒无所畏惧，
横扫感冒和一切疾病，
都多亏船长的睿智：
在海岛寻找新鲜食物不遗余力。

这首写于 250 年前的诗歌表明，库克的船员相信，新鲜食物中有某种东西可以帮助他们战胜感冒和坏血病等疾病。

库克船长利用了许多有抗坏血病成分的食物。每当他的舰船靠岸时，他就命令船员上岸采集水果、蔬菜、浆果和绿色植物。在南美、澳洲和阿拉斯加，他们采集云杉的针叶，浸泡后做成所谓“云杉啤酒”；用荨麻叶和野韭菜与小麦一起煮，当作早餐。

每开始一次航行，库克都要带上 7 860 磅泡菜，这足够他的第一艘旗舰“竭尽全力”号 70 多名船员吃一年。泡菜中维生素 C 含量颇多，大约每 100 g 含 30 mg。（注：sauerkraut，一种德国泡菜，或许因为制作方法不同，查有关资料，它的维生素 C 含量确实比较高。但我国一般的泡菜、腌菜，维生素 C 含量或者没有，或者极低，有的还含有亚硝酸，容易形成致癌物亚硝酸铵。）

在库克船长的三次太平洋航行中，在他的关照下，他的船员没有一个人死于坏血病。而同时期进行这种漫长远征的大多数舰船的船员均逃脱不了这种疾病的蹂躏。

库克船长对科学的贡献受到英国科学界的认可，他被选为伦敦皇家学会特别会员，并被授予哥白尼勋章，以表彰他在防治坏血病方面的成果。

尽管自从 16 世纪以来，旅行家中的有识之士就表达过，柑橘类水果（主要指橘子、柠檬和橙子）的果汁是个好东西，可以在长途航行中代替水果和蔬菜用于防治坏血病，但为公众普遍接受却经历了很长一段时间。因为当时果汁价格昂贵、运输困难，因此船长和船主普遍认为对它持怀疑态度更为有利。

在这段有争议的时期，有人尝试另辟蹊径，比如将橘子、柠檬和橙子的果汁煮沸，浓缩成浆状，但尝试以失败告终。今天我们已经知道，果汁经煮沸后，绝大部分抗坏血酸都被破坏。至于新鲜的橘类果汁有无价值，争论则一直持续。

最终，在 1795 年，也就是林德著名的试验之后 48 年，英国海军司令部下令，必须每天给海员定量供应新鲜橙汁（不是煮过的）。很快，坏血病就从英国海军中销声匿迹了。自从这个有益措施推行以后，英国水兵的外号“酸橙兵”渐渐流行开来。

然而，自由企业精神依然故我地主宰着英国贸易当局，他们没有采纳这个有益措施，所以坏血病仍继续蹂躏英国商业船队达 70 年之久。直到 1865 年，英国贸易当局才通过一项类似于海军的供应新鲜橙汁的法规。

这里，笔者不禁想起后文提到的科学家欧文 · 斯通（第一章第四节），他在一篇文章中指出，坏血病曾经改变历史进程。请设想，如果没有 1795 年的一纸命令，英国海军中坏血病仍然流行，他们或许没有可能远渡重洋来中国发动 1840 年的鸦片战争。

没有记载的坏血病历史恐怕就更久远，也许可以追溯到农耕时代。就当时来说，这也意味着进入文明。畜牧业和农业增加了食物的来源，但代价却是营养素的丢失。1 kg 麦子比 1 kg 浆果能提供更多的热量和蛋白质,但现在我们已经知道,维生素 C 含量则少得多,其他微量营养成分也缺乏。

冰岛就是一个突出的例子,它的维生素 C 问题一直拖延到 20 世纪初。冰岛的农民主要饲养绵羊,而绵羊靠吃乡村的野草为生。更富裕的农家可能有一头奶牛,但饮食仍以羊肉为主。羊毛是主要的出口商品,多数销往丹麦的殖民地(注:丹麦殖民地为丹麦、挪威共同统治的殖民地帝国。基于种种因素,丹麦早已经在 13 世纪开始了对其他地方的统治。它在与挪威的结盟中得到了挪威领土、格陵兰、法罗群岛、苏格兰的奥克尼群岛、设得兰群岛和冰岛等地)。这样挣的钱让农民可以进口面粉,以及咖啡和糖这样的奢侈品。但是,在进口清单上一直没有含维生素 C 的食品。维生素 C 主要从蓝莓和其他野生植物中获得。然而不幸的是,这些食物有严格的季节性。在冬季和春季,当食物中特别缺乏维生素 C 时,许多看似健康威猛的冰岛农夫开始牙龈出血、无精打采、昏昏欲睡,这是坏血病常见的症状。不过,同一个家庭中,有的人生病,有的人不病,坏血病的严重程度可以天差地别。

经历冬季坏血病有幸活下来的人,靠土办法营救自己。只要湿地一解冻,人们就去挖当归,现在我们知道,当归是维生素 C 的上好来源。还有一种“抗坏血草”也在这时发芽,同当归一样也可以吃。对野生植物能够治疗坏血病的观察研究,促使远航的水手吃柑橘类水果预防坏血病。坏血病是一种文明病。在人们倚重家养的动植物之前,他们从来不曾有过如此正常的饮食,而是像冰岛冬天的农民或连续几个月漂泊在海上的水手那样,吃不到新鲜蔬果。

笔者相信,在冬季漫长的地区,比如我国的东北、俄罗斯等地都曾流行过坏血病。

# 第二节 丰克创立维他命理论

## ——有关维生素 C 的第一个发现

新鲜水果和蔬菜可以防治坏血病，这在 18 世纪中叶以后仍然只是一种经验，但其中道理何在，人们并不清楚。“当时各人都相信这种果品之所以特别有效因它藏有各种有机酸和氢氧化钾的缘故。这种见解又是谬误的。”这说明，传统的“疾病——瘟疫”观念并未完全消除。也就是说，对坏血病，即便当初已经知道吃蔬菜水果可以治愈，但对它的病因仍浑然不知，人们仍习惯于从瘟疫或毒素的角度去思考，似乎坏血病另有成因，蔬菜水果的作用似乎是解毒。

图 1–2 丰克（Casimir Funk）

20 世纪初，随着科学的发展，一种对疾病的新看法出现了。

在 1911 年至 1912 年期间，英国科学家霍普金斯提出，在动物和人类的饮食中有一种看不见、未知结构的“辅助食物因子”，尽管从数量上看比当时已知的食物因子蛋白质、脂肪、碳水化合物数量少得多，但对生命活动却非常重要。缺少这些“辅助食物因子”，动物和人就要生病，而这些病则与营养不良直接相关。

顺着这个思路，维他命的概念被提了出来。1912 年，在伦敦工作的波兰科学家丰克（Casimir Funk）把饮食中含有的未知结构的“辅助食物因子”，即某种特殊的有机化合物称为“维他命”。他用拉丁语“Vita”（生命）加上化学名词“amine”（氮族化合物）创造出 Vitamine 一词。后来发现，这些人类必需的物质中，有些并不含氮，所以这个词词尾上的“e”被去掉了，最终演变成“**Vitamin**”一词。这个词在早期传入中国时被翻译成“维他命”，译得可谓传神，信、达、雅都有了。但后来不知何时，也不知何故，被统一叫作维生素。从表面看，维生素的叫法与维他命似乎也没太大的区别，只是少了些洋味，但这一称呼还真未必有多好，因为它是学了“抗生素”的样子，也就是说，自从定名为维生素以后，它更经常地被划归到药物领域了。不过为了全书的统一，除本节外，本书其他章节仍将主要使用我国标准术语“维生素”。

丰克还根据已有的一些有关营养不良一类疾病的知识，总结发表了**维他命理**

论。当时,科学家已经知道,在天然食物中有三种隐蔽的未知结构的“辅助因子”,缺少这些物质分别会产生三种疾病,即干眼病、脚气病、坏血病。在随后的年月,这三种物质被其他科学家分别命名为维他命A、维他命B、维他命C。

缺少维他命C这种未知的食物因子会得坏血病!坏血病的病因至此似乎已经解释得很清晰了。坏血病不是瘟疫,也不是传染病。千百年来如此可怕的疾病终于找到了病根!

笔者认为,1912年维他命理论的创立是一个里程碑。此前,科学家已经发现,在动物和人的饮食中有一种未知结构的“辅助食物因子”,丰克的伟大之处在于,他虽然没有发现什么新的“辅助食物因子”(他在发现维他命$B_2$中也有贡献),但他对前人及同时代的诸多相关发现做了一个科学的概括和总结,是对发现的再发现。这一点有点儿像门捷列夫发现元素周期律。**丰克虽然没有获得诺贝尔奖,但维他命这个术语就是对他最好的纪念和奖赏。**

在人类认识疾病的历史上,这一发现极其重要。从此,人类对疾病的原因多了一个崭新的见解。此前,任何一种大规模疾病的流行都被看作会传染的瘟疫,由于人类认识水平所限,瘟疫往往又被归结为恶魔作乱。自从科学家发现了寄生虫、细菌、病毒之后,人们“似乎”明白了,原来,它们就是恶魔,就是所有疾病的缘由。丰克维他命理论的创立,打开了人类的视野——还有另一类疾病,缘于我们缺少了食物中某些有益的成分!丰克理论的出现,标志着人类对疾病的认识走出了一片原始森林。

自从丰克提出维他命理论后,就像元素周期律指导人们探索和发现新的元素一样,科学家开始倾注巨大的心血挖掘和发现饮食中尚未知晓的各种维他命:一方面将它们提取出来,另一方面搞清它们的结构。其直接的后果就是20世纪20～40年代各种维生素的大发现,以及大批科学家因此而荣膺诺贝尔科学奖。

然而,令人遗憾的是,用维他命防病治病这个重要的研究方向似乎没有得到足够的重视。这也许和诺贝尔奖的设奖原则有关,诺贝尔奖鼓励单项的科学发现,所以,大批科学家投身到新物质——维他命的发现之中,从而,忽略了深入研究维他命的作用。

其次令人遗憾的事情是,像门捷列夫发现元素周期律,丰克创立维他命理论,均未获得诺贝尔奖。因为诺贝尔奖没有综合奖。不过,这些都不妨碍他们在科学史上占有应有的地位,他们依然是伟大的科学家。

更令人遗憾的事情是,人们开始满足于维他命理论,不思进取,让全新的关于维他命的概念久置高阁(见本章第四节)。

话说回来,饮食中存在一种看不见摸不着的维他命C,它到底是什么样子呢?这毕竟还是科学家所关注的。

# 第三节 圣捷尔吉发现维生素 C

## ——有关维生素 C 的第二个发现

图 1-3 圣捷尔吉

有一种能防治坏血病的物质存在于新鲜水果和某些食物中,这在当时的科学界已成定论。摆在科学家面前的任务已经很清楚——把它提纯出来加以证实,而这一使命是由一位当时在英国进行科学研究的匈牙利科学家完成的,他就是圣捷尔吉(Albert Szen-Győrgyi)。

圣捷尔吉 1893 年出生于匈牙利的布达佩斯,他从医学院毕业后,很快进入生理学和生物化学的研究领域。1922 年他在荷兰工作期间,开始研究水果的氧化变色问题。比如一只苹果被切成两半后,在空气中放置一段时间,被切的表面会变成黄褐色,这就是所谓的氧化。在研究过程中,他发现卷心菜里含有一种还原因子(一种能与氧结合的因子),能够防止这种发黄变质。另外,他还发现,动物的肾上腺中也含有类似的还原因子。圣捷尔吉的兴趣主要集中在生物生理上的氧化还原反应,于是,他开始研究从水果和动物的肾上腺中提取出这种还原因子。

1927 年,圣捷尔吉应邀到英国伦敦的霍普金斯实验室工作一年。在此期间(1928 年),他成功地从柑橘类水果和牛的肾上腺中提取出极少量的这种物质。后来,在美国工作期间,他提取出了更多的结晶,但也仅有 25 g,甚为珍贵。他起初并不知道自己得到的新物质就是维生素 C,称它为"未知",接着又戏称为"天知",不久他把它取名为"己糖醛酸"。而他的合作者,另外两名美国科学家于 1932 年证明,圣捷尔吉得到的物质就是维生素 C。其后,圣捷尔吉与他的同伴共同把这种物质定名为"抗坏血酸",意思是防治坏血病的酸性物质。

由于发现维生素 C 以及相关成果,圣捷尔吉获得了 1937 年诺贝尔生理学或医学奖。

自从 1928 年圣捷尔吉发现并提纯维生素 C 以后,他与维生素 C 就结下了不解之缘。他曾在一段时间内按每天至少 1 000 mg 的量服用维生素 C,这使他得以战胜青年时代经常折磨他的感冒。后来他把剂量维持在 1 000 ~ 2 000 mg。

圣捷尔吉一生都在研究维生素 C。1978 年他已 85 岁高龄,仍在医学刊物发表论文《了解维生素C的生理功能有助于延年益寿》。他在论文中指出：

蛋白质要靠维生素C活化，才有执行各自功能的能力，因此维生素C越多，蛋白质就越有作用。维生素C进入人体后，只有少量会从尿液排出，而大部分都无影无踪，到底为什么会这样，仍然是个谜。我的研究认为，它已融入人体活组织！这一点在医疗应用上很重要：要具有良好的细胞转运功能，其细胞本身必须拥有充足的维生素C。

就好像砌一面砖墙时，每一层砖都必须先抹上水泥，然后再砌在一起，光是把砖叠起来再浇上水泥，是成不了墙的。所以我们不应该等到生了病，才想到要补充大量维生素C，以便赶快把病治愈，而是要经常随时补充。

年轻时身体正值发育期，充分地补充维生素C固然是很重要的，但是各种年龄的人也都需要补充维生素C，尤其是年纪大了之后，体内储存维生素C的能力也逐渐降低，因此更需要补充。

虽然我们不用补充许多，仅仅少量补充也还是可以“活得好好的”。就好像一部车子不用刻意保养照样跑得动一样。不同的是，不注重保养的车子可能跑到10万公里之后就得报废了，而保养良好的车子，则可以持续地再多跑好几倍的距离。

一位60 kg重的成年人，每天需要从食物中摄取60 g蛋白质，营养才能平衡。也就是说人体每天必须把摄入的60 g蛋白质合成自身的蛋白质。而缺乏充分的维生素C，细胞就无法适当地聚合在一起；而一旦细胞的聚合不正常时，就得花很长一段时间才能将损伤治好。依我的研究结论，至少要半年才能治好，而且在半年期间要持续地补充足量的维生素C，每天至少2～8 g。

去年我自己就不幸体验到这一点。当时我因肺炎身体虚弱得很，好几个月都无法治愈。后来我发现，已年近84岁的我每天仅服用1 g维生素C是不够的，于是我开始提高用量，从1 g增加到8 g，很快病就完全好了。

我坚定地相信，适当地服用维生素C对我们的生命——包括对癌症的治疗——至关重要。因此，我们不应该继续将维生素C视为药物，规定只能以毫克为单位计量，并由药剂师在药房出售，而应该把它当做生活用品，像糖、盐和面粉一样，准予在超市以磅为单位卖结晶粉剂。

在长期的研究生涯中，我深深地体会到人体的完美，我们每个人都必须像医学院的学生一样好好地认识自己的身体。所有的疾病，大半都是由于滥用药物、医疗不当而造成的，其中维生素C不足亦占有很大的比例。现代医学偏用药物，作为医学院的学生，我听烦了无数有关疾病的演讲，却从不记得听过谈论健康，完全的健康！

圣捷尔吉是个德高望重的大忙人，他生于1893年，1986年以93岁高龄去世。由于一生坚持服用维生素C等营养补充剂，生前极少重病缠身的经历，可谓健康长寿的典范。

维生素C在丰克的时代还是一种无形的东西，虽然已经断定它存在于食物之中，但仍然有些虚无缥缈。

圣捷尔吉的伟大贡献在于，他在自然界中找到了实实在在的这种物质。我们所居住的世界是物质的世界，每发现一种新物质都是对科学的贡献，对人类文明的贡献。维生素C的发现是重大发现，因此，笔者以为，称圣捷尔吉为“维生素C之父”，他是受之无愧的。

**发现由两部分组成：一、每个人司空见惯的，二、没有人想过的。**

**——圣捷尔吉**

# 第四节　欧文·斯通的伟大贡献：发现人类第一遗传缺陷

——有关维生素C的第三个发现

自从波兰人丰克于1912年提出维生素C饮食缺乏假说（Vitamin C dietary deficiency disease hypothesis）以及维他命理论以后，科学界出现了一个热潮——挖掘维生素。许多新的维生素被发现，许多人因此而荣获诺贝尔奖。营养学也从“幼年”发展到“少年”，而且多了一个新的内容：饮食中的维生素与健康的关系。

这以后，医学界普遍认为：① 坏血病是一种罕见疾病，②从饮食中摄入45 mg维生素C即可治愈坏血病，③维生素C可以治疗的疾病仅限于坏血病，④每天150 mg维生素C对成人来说不仅过多，而且还可能有毒。换句话说，只要饮食得当，你就会获得足够的维生素C，从而不会因缺乏维生素C而生病。

至今，一般人都认为：① 维生素C是一种营养素，必须从食物中获取；② 维生素C对身体健康很重要，缺少了会生病；③ 只要吃新鲜水果蔬菜，一般不会缺乏；④ 做成药片的维生素C是一种药，不能随便吃。

从1912年算起，到20世纪60年代，近五十年过去了，这期间从来没有人怀疑过这些关于维生素C的理论有什么缺陷。

20世纪60年代，有一个人对营养学界有关维生素C的理论提出了质疑，他发现，维生素C绝不仅仅是一个饮食问题，而是一个与进化有关的遗传问题。这个人就是美国科学家欧文·斯通（Irwin Stone）。

欧文·斯通博士生于1907年，中学就读于纽约市公共中学，后毕业于纽约城市学院。他自己认为，1924—1934年在皮斯实验室的工作也是他受教育的一个部分。开始时他是细菌学家助理，后任主任化学师助理，再后一直担任主任化学师。

图1–4　欧文·斯通

1934年，一家生产工业酵母的公司给了他一个机会，让他建立并指导公司的发酵研究室。同年，他发明了一个工艺，该工艺利用了刚出现不久的抗坏血酸（维生素 C 的化学名称）产品。此时，距圣捷尔吉发现并确认抗坏血酸（1932 年）才两年。其后，他将维生素 C 的抗氧化功能用于食品保鲜，防止食品暴露于空气时所产生的腐败变质。他的三项有关专利于 1935 年获得认可。由此，欧文·斯通成为在工业领域应用维生素 C 的第一人。

可以说，从 1935 年起欧文·斯通就对维生素 C 发生了兴趣。在几年间，他阅读了大量来自世界各地的资料，其中有报道指出，使用大剂量维生素 C 对治疗各种细菌性病毒性疾病，甚至对治疗心脏病和癌症，都有一定疗效。斯通和夫人由此相信维生素 C 有助于健康，两人开始每天服用 3 g 维生素 C。如此看来，斯通博士是大剂量补充维生素的先驱。

此后，斯通感觉身体健康颇为受益。不过，真正让他相信自己受益的是一次交通事故。1960 年，53 岁的斯通与夫人驾车在南达科他州一条公路行驶，不料迎面与一名醉汉驾驶的卡车相撞，夫妻二人均严重受伤，几乎送命。但在事故中他们两人均没有发生创伤性中风。斯通认为，这一点很可能救了他们的命。如果不是得益于每天补充大剂量维生素 C，他们将很难幸免于创伤性失血。在恢复期间，二人继续大剂量服用维生素 C，结果伤口愈合异常迅速，身体也很快基本康复。但斯通本人因喉部严重受伤，虽然吞咽功能基本恢复，但每次进食都要小心翼翼。

在不断研究维生素 C 的过程中，斯通博士的兴趣转移到坏血病上。他发现，自 1912 年以来，占统治地位的营养学家所发表的有关维生素 C 的研究论文有许多瑕疵。

欧文·斯通博士所学的专业是化工，但这以后他对生物化学和古病理学兴趣渐浓。所谓古病理学，即我们今天所说的达尔文医学，这是一门**研究疾病进化史成因的学问**。

20 世纪 60 年代，斯通博士关于坏血病进化史成因的研究取得了卓越成就，他最终认定，人之所以会得坏血病，并非只是一个饮食不周或食物中缺乏维生素 C 的问题，而是潜在的进化遗传问题：**人类普遍不能在体内制造维生素 C（抗坏血酸），是一种先天性遗传缺陷，这个遗传缺陷对人类健康有普遍而长远的影响。**

为了说明斯通博士的理论，我们下面将更多地使用抗坏血酸一词。

自从 1912 年丰克创立维他命（维生素）理论以后，人们逐渐认识到，我们的身体除了需要蛋白质、脂肪、碳水化合物、矿物质和水之外，还需要一些表面上看不见摸不着的维生素。而维生素 C 主要存在于新鲜水果与蔬菜中，那么，很明显，我们之所以要吃新鲜水果蔬菜，一个重要原因应该是为了摄取维生素 C。

可是，人们通过观察发现，许多动物并不吃水果蔬菜，比如猫、狗、狮、虎等均以肉食为主，但并不得坏血病，甚至也不大生病，这是怎么回事呢？笔者相信，欧文·斯通博士就是通过这种观察和对比发现问题的。

动物学家研究发现，绝大多数动物均能在身体内部制造抗坏血酸（维生素C），包括某些鱼、各种雀鸟（如鸽子、麻雀等），各种哺乳类动物，比如各种家畜（如牛马羊等）、各种猛兽（如豺狼虎豹等）。

笔者推测，欧文·斯通博士的另一个出发点是，在1934年以后，有大量的报道称，用**大剂量维生素C可以治愈多种疾病**。在这方面，他搜集了大量的资料，并在1972年将这些资料汇集整理，出版了《维生素C，治疗疾病不可或缺的要素》（*The Healing Factor：Vitamin C against Disease*）一书。此前，他一定思考过，维生素C为什么会有如此广泛的作用，这是否与体内能否制造维生素C有关，是否是遗传问题。他也一定思考过，人比动物容易生病，而且历史上多次瘟疫的流行，是否与遗传因素有关，这个遗传因素是什么。

欧文·斯通博士首先是一个进化论者。由此，他自然想到，我们与那些可以在体内制造维生素C的动物都是由共同的祖先进化而来的，那么，从进化的历史看，我们人类与可以在体内制造维生素C的动物是在什么时候分道扬镳的？

欧文·斯通博士从抗坏血酸的发展历史开始研究。他指出，在生命发展过程中，抗坏血酸是一个非常活跃、无所不在的物质。几乎所有活的有机体均或者能制造它，或者从其他食物中获得它，否则就夭折死亡。生物有机体制造抗坏血酸的历史非常悠久，在我们这个星球上生命发展的早期即已完成。如果从植物出现算起，可能已有3亿～4亿年的历史。

植物胚胎学和动物胚胎学有证据支持这一观点，比如蛰伏的植物种子在未发芽时，缺乏抗坏血酸，而当种子发芽时，抗坏血酸就立即产生了。众所周知，绿豆变成绿豆芽后，就会富含抗坏血酸（维生素C）。动物的蛋卵处于休眠状态时缺乏抗坏血酸，而当蛋卵发育时，甚至在胚胎尚未形成，仅有少量有丝分裂时，抗坏血酸就产生了。

抗坏血酸在当今全部多细胞生物体中的广泛存在也证明了这一点。

斯通博士推断，生物有机体在进化、分支成植物和动物之前，已能完好制造抗坏血酸。如果是这样，那应在古生代的中后期，这时，动植物大分化，藻类和无脊椎动物发展迅速，距今至少有3亿～4亿年。

科学家经过研究发现，许多原始非脊椎动物和低等生物均能在体内制造抗坏血酸，几乎所有脊椎动物也被证实可以在体内制造抗坏血酸。然而，在低等动物与高等动物之间，制造抗坏血酸的器官有一个从肾脏转移到肝脏的发展过程。

表1-1表示脊椎动物在从鱼类到灵长目的进化过程中制造抗坏血酸器官的变化过程，数据取自对现今各种类型动物的考察。

**表 1-1　脊椎动物进化过程中制造抗坏血酸的器官**

| 有机体类别 | 出现的时间（$\times 10^6$ 年） | 制造抗坏血酸的器官 |
|---|---|---|
| 鱼类 | 425 | 肾脏 |
| 两栖类 | 325 | 肾脏 |
| 爬行类 | 205 | 肾脏 |
| 鸟类 | 165 | 肾脏 |
| 鸟类中老的系列 | | 肾脏 |
| 鸟类中稍近的系列 | | 肾脏和肝脏 |
| 鸟类中最近的系列 | | 肝脏 |
| 哺乳类 | 165 | 肝脏 |

从这张表可以看出，冷血脊椎动物，包括鱼类、两栖类和爬行类，制造抗坏血酸的器官是肾脏。而更高等、更活跃的温血哺乳动物则全部都在肝脏制造抗坏血酸。可见，随着动物从两栖类不断进化至哺乳类，抗坏血酸的需要量和制造量均逐渐上升。

大约在 1.65 亿年前，大自然进化出哺乳动物。斯通博士指出，通过观察动物可以发现，哺乳类动物相对爬行类和两栖类动物更具活力，同时也承受更大的压力。对于相对来说比较怠惰的冷血脊椎动物，作为合成抗坏血酸的器官，肾脏是足以胜任的。但对更活跃同时也承受更多压力的哺乳动物来说，肾脏已不堪重负了。把制造抗坏血酸的场所从体积较小且生化反应过于“拥挤”的肾脏转移到肝脏正好成功解决了这一困扰。毕竟，肝脏是动物体内最大的内脏器官。

斯通博士认为，在过去的 1.65 亿年间，在哺乳类动物占统治地位的过程中，动物体内这种高水平的抗坏血酸制造能力，成功地维护了它们在体况紧张时生化内环境的稳定，使它们可以世代相传，子孙兴旺。

斯通博士指出，现存的能在体内合成抗坏血酸的哺乳动物均在肝脏合成抗坏血酸。从进化论的观点看，如果我们上古的祖先不能完成这一转移，他们体内的生化机能将不利于他们的生存，他们将被进化的力量所淘汰。

现存的鸟类，凡是其祖先与哺乳动物大约同时出现的，仍在进行着这种肾脏向肝脏的转移。现存鸟类中较早的系列，比如鸭、鸽、鹰，是在肾脏合成抗坏血酸的，而在稍近的系列，比如栖木类、鸣禽类和雀形目类，某些既在肾脏也在肝脏生产抗坏血酸，而另一些最近的系列则仅在肝脏合成抗坏血酸（但有极个别与人类相同，完全不能在体内合成抗坏血酸）。

随着生物的进化，大约在 6 500 万年前，灵长目动物出现了。按理说它们也应像其他哺乳类动物一样，可以在肝脏合成抗坏血酸，然而在灵长目进化的过程中肯定发生了什么，因为现在科学家已经知道，人类以及某些灵长目动物没有在自己体内生产抗坏血酸的能力。这意味着人类以及某些灵长目动物的共同祖先在某一远古时代丢失了在体内制造抗坏血酸的能力。

在 1965 年之前，科学家一直以为，所有的灵长目动物都不能自身制造抗坏血酸。但欧文 · 斯通博士 1965 年指出，这仅仅是一个假设，从未被证实。他建议，必须对灵长目的全部系列进行考察，查清事实。如果完成了这一考察，那么，就有可能确定，人类的哪一个灵长目祖先丢失了这个重要功能。

斯通博士的建议于 1966 年被哈佛大学采纳，1969 年被美国耶克斯（Yerkes）灵长目研究中心采纳，并归纳成研究报告。报告指出，并非所有灵长目动物都不能在体内合成抗坏血酸。猴类中的普洛斯米（Prosmii）子系列，即低等灵长目动物，可以在肝脏制造抗坏血酸，而另一支安司柔泼迭（Anthropoidea）子系列，即高等灵长目动物，则不能在体内制造抗坏血酸，而我们人类恰恰属于这后一系列。也就是说，能否制造抗坏血酸的“分水岭”恰恰在低等灵长目与高等灵长目之间（图 1-5a 与 1-5b）。

斯通博士根据西蒙（Elwyn L. Simons）制作的灵长目化石系列图（图 1-5a）判断，现存的易患与不易患坏血病灵长目的祖先，也就是低等灵长目与高等灵长目的共同祖先应该出现在白垩纪的晚白垩世与第三纪古新世之间，也就是说，大约在 5 800 万～ 6 300 万年之前，我们人类的易患坏血病的祖先出现了。其实这时，灵长目在地球上也才出现不久（不过，这个不久是以十万年、百万年为单位而言的），地点在茜草属生物圈附近地区。

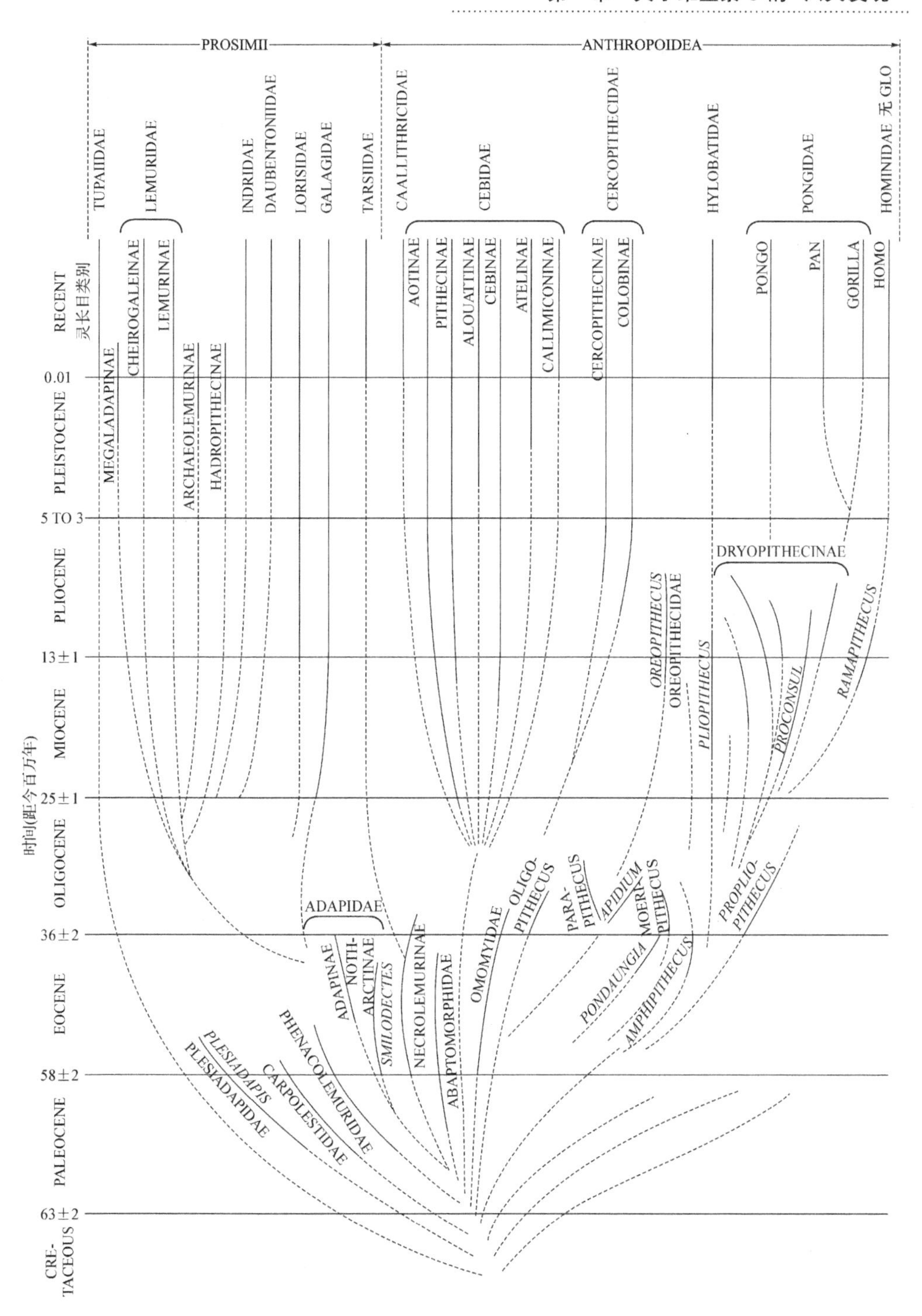


图 1–5a　灵长目化石系列图(《科学美国人》), 1964

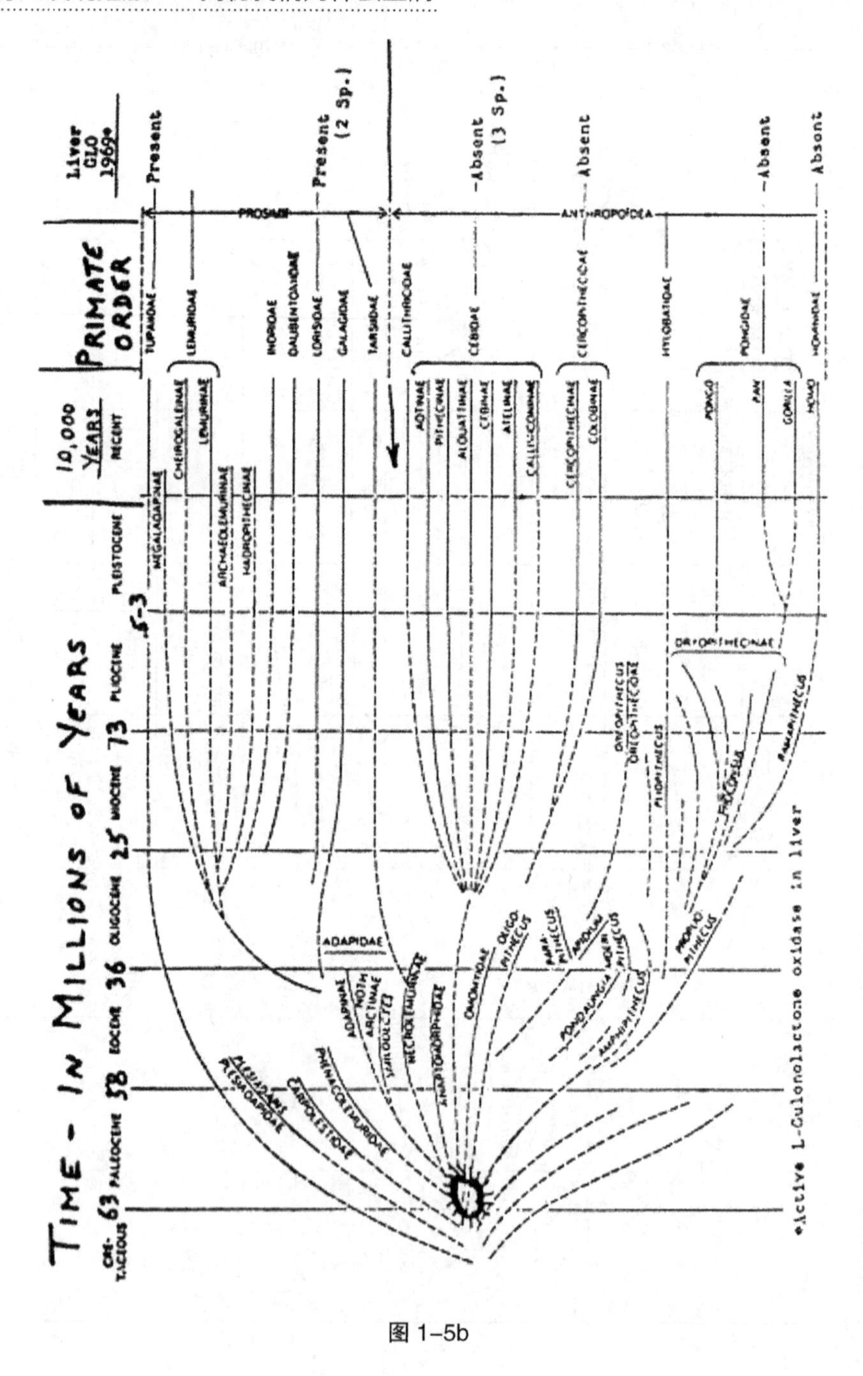


图 1–5b

图 1-5b．斯通根据对灵长目动物的调查，对能否制造抗坏血酸所做的标记。右起第二栏为现今的灵长目家族的清单，有箭头的线的上方为有 L- 古洛糖酸内酯（Liver GLO），即可以制造抗坏血酸，下方为无 L-古洛糖酸内酯（Liver GLO），即不能制造抗坏血酸。

西蒙的“灵长目化石系列图”经过学者的简化，成为下列灵长目分类图。

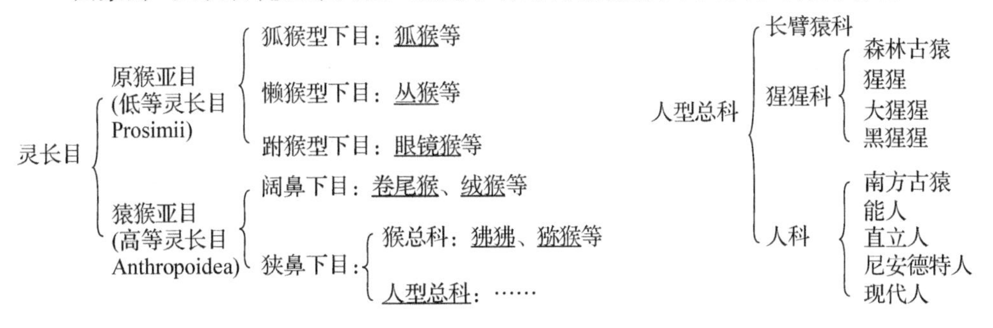


**图 1–6 灵长目分类图**

图 1–6 中的灵长目分类中，原猴亚目（Prosimii），即低等灵长目动物均能在体内制造抗坏血酸，而猿猴亚目（Anthropoidea），即高等灵长目动物则均不能在体内制造抗坏血酸。我们人类属于高等灵长目人型总科下的人科，也就是说，我们人类百分之百不会在体内制造维生素 C。

人类祖先丧失在体内合成抗坏血酸的机能，意味着其基因发生了变异。

动物体内的抗坏血酸是从葡萄糖转化而来的，而葡萄糖属于碳水化合物，所以我们人类的这一遗传缺陷就是一种碳水化合物代谢的先天缺陷，它是因丢失“古洛糖酸内酯氧化酶（L–GLO）”而形成的。在从葡萄糖转化成维生素 C 的 5 个环节中，这个酶的作用在第四个环节（见图 1–7）。

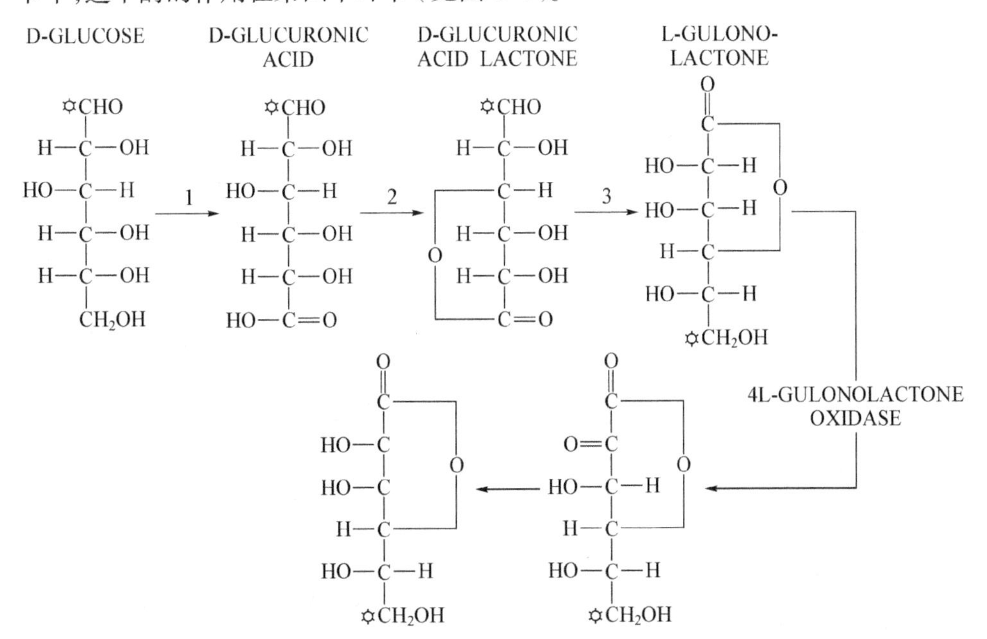


**图 1–7 抗坏血酸的合成：人类的肝脏有前 3 种酶，但缺第 4 种古洛糖酸内酯氧化酶（L–GLO）**

前述对灵长目动物能否制造维生素 C 的普查，即检测这些动物体内（肝脏）有无古洛糖酸内酯氧化酶（L-GLO）。

图 1–8 会在体内制造维生素 C 的低等灵长目动物

图 1–9 不会在体内制造维生素 C 的高等灵长目动物动物

图 1–10　会在体内制造维生素 C 的各种动物

然而,我们祖先制造抗坏血酸的基因怎么会发生突变,怎么会丢失呢?斯通博士认为,也许是巧合,就在我们的灵长目祖先发生这一遗传突变的时期,地球上的生物,特别是动物,经历了一场大灾难,期间,许多生物种群萎缩,乃至灭绝。这其中包括许多无脊椎动物和脊椎动物。众所周知,原来称雄地球的冷血脊椎动物大家族——恐龙,也在这一时期突然消失了。

有科学家提出,一个邻近的超新星爆炸,释放了大量的宇宙线和X射线,而地球大气圈则吸收了大量的射线,由此引致许多动物灭绝,包括大型冷血动物恐龙。

斯通博士认为,如果发生这种巨大的变化,那么,这种高能辐射有可能引发灵长目动物基因突变,导致合成抗坏血酸受阻,更因此出现了不能合成抗坏血酸的灵长目新物种。

不过,也有人认为,"我们祖先的饮食转以水果为主,而水果富含维生素C,随之而来的后果是,制造这种维生素的生化机能退化。"(*Why we get sick*)这意味着,丧失制造抗坏血酸的功能可能是一个渐变的过程,因为周围环境可以吃到富含维生素C的食物,长此以往,制造抗坏血酸的机能退化,形成不会在体内制造抗坏血酸的新物种。

随着动物的进化,制造维生素C的器官从肾脏转移到肝脏,这意味着制造量和需要量的增加。而且,维生素C的制造量和需要量还会随着动物个体所受压力的增加而增加。这说明维生素C在动物体内有重要的功用。

那么,动物体内制造如此大量的抗坏血酸有什么功用呢?这就牵涉到抗坏血酸的功能问题。抗坏血酸的功能很多(参见第四章),笔者将其主要功能归纳为:应激、解毒、免疫支持、抗自由基和组织修复。

**1. 应付体况紧张(简称应激)** 维生素C在动物的身体中起到应激激素的作用,并维持动物身体生化内环境的稳定(Chatterjee, 1973)。动物承受的压力越大,制造的抗坏血酸越多。卡思卡特(Robert F.Cathcart)医生(参见下节)则将维生素C比喻成**人类失落的应激激素。**

在许多现代心理学和个别营养学的著述中经常会提及一个词汇——体况紧张,用英文表达叫"stress",译成中文后有的叫压力、应激、应激反应,有的叫紧张状态,很不统一,也难统一,因为在不同场合可以有不同的含义和表达。这个词描述的是:当人体遇到外界的刺激时,包括对身体健康不利的刺激时,机体应付这些情况变化的一系列反应。这时,外界的刺激是压力(stress),比如中医所说的冷、热、湿、寒,西医常谈及的寄生虫、细菌、病毒,几乎每时每刻都在侵扰我们的机体。各种伤痛,哪怕是轻微的碰撞、划伤,各种疾病,无论程度轻重,抽烟以及接触污染物——所有这一切对机体健康而言都是一种压力,一种刺激。与此同时,我们的机体会做出反应，应付这种变化，这就叫应激或应激反应。

加拿大蒙特利尔大学的汉斯·塞里（Hans Selye，也译作薛里、塞尔耶）医学博士（1907—1982）因研究机体在应付压力时的应激反应而著称。他的研究结论指出，我们的身体对上述各式各样的压力和刺激的反应都基本相同，换言之，反应的模式都一样。在这方面，我们的机体可以说是以不变应万变。

当机体遭遇压力而体况紧张时，其会迅速做出反应。机体好像有一支快速反应部队，或者说应急部队。它的总指挥，即我们的下丘脑会立即开始工作，分泌化学传导物质（促皮质素释放因子CRF），刺激脑垂体释放激素，包括促肾上腺皮质激素（ACTH）、β-内啡肽、催乳素、抗利尿激素（血管紧张素）、催产素。这些激素中前面三个随着血液循环到达肾上腺，刺激肾上腺产生各类肾上腺素，其中，糖皮质激素（皮质醇）即可的松（cortisol）刺激免疫系统工作，促使胸腺和淋巴腺释放免疫细胞，或分解蛋白质，将它转化成糖类，以适应身体对能量的需要。血液中的血糖和肝脏贮存的肝糖也会立即转化成所需的糖类。同时，血管紧张素和肾上腺素会使血压升高，提高供血水平；矿物质钙、镁、磷等会从其仓库——骨骼中被调动出来；血脂、胆固醇会迅速上升，以应付需求的增长；脂肪也会“燃烧”，转化成能量，供机体使用；各种无机盐，如钾、钠等都会调动起来，满足身体变化的需求。

比如，一个面色红润的女孩走在田间小路上，突然眼前蹿出一条毒蛇，由于害怕、恐惧，她的脸色一瞬间变得惨白。这种变化就是人体的应激反应，它使皮肤表面和消化道的血流减少，而使大部分的血液集中在肌肉中，血液中的血糖立即供给肌肉能量。腿部肌肉有了能量就可以奔跑、踢打，手臂肌肉有了能量就可以搏斗，而不至于腿一软就倒在地上，让毒蛇咬伤至死。

这个反应阶段被称为“鸣警阶段”，好像敌机来轰炸，警报一响，或进防空洞，或开炮还击，同时，敌机轰炸造成的伤害要随时进行修复。

然而，我们的身体常常因为应付体况紧张而“拆东墙补西墙”。比如长跑运动员，当其食物供应的能源耗尽时，机体会动用储备，如肝糖、皮下脂肪等。当这一切都耗尽，而压力持续不变时，机体还会动用肌肉中的蛋白质。也许，正常运动的肌肉不能削弱，机体会从暂时不运动的胃、肠等部位抽调蛋白质，将其转化为能量。这势必带来胃肠黏膜和胃肠壁肌肉的损失乃至伤害。这些损失和伤害是需要修复的。

运动过后，如果营养适当，机体就能自我修复。其实，我们的身体几乎每时每刻（除了睡眠以外）都在应付紧急状况，随时都在做修修补补的工作，虽然我们一点感觉都没有。这个重大压力持续的第二阶段被称为“抵抗阶段”或“抗衡阶段”，或“防御阶段”，也就是持续利用现有材料进行修修补补的阶段。

一个人如果营养充足，便能承受较长期的重大压力，或严重的体况紧张。但如果因为饮食不周，所需“建筑材料”跟不上需要，机体的损失和伤害未得到及时修复，这个人便会被“敌人”击败，这时，相持与平衡被打破，身体便进入了应激反应的第三阶段——衰竭阶段，或称“枯竭阶段”。一旦进入第三阶段，即意味着，修补工作已经失败，这个人生病了。

重大压力，如大手术、严重车祸、大面积烧伤等，会使一个人在一天乃至一小时之内经历这三个阶段。

其实，在脑下垂体和肾上腺失去保护能力之前，我们经常是一次又一次地处在鸣警或抵抗阶段。因此，要维护健康，必须及时改善饮食，补充适当的营养。在这方面，蛋白质、必需脂肪酸、各种维生素（特别是维生素 C）和矿物质都十分重要。

当机体遭遇紧张状况时，肾上腺的工作离不开各种维生素。这里包括维生素 C 以及维生素 A、维生素 $B_2$、维生素 V-E、泛酸（维生素 B 族中的一种）。

前文已经提到，维生素 C 当初就是从动物的肾上腺和柑橘类水果中提纯出来的。可想而知，维生素 C 与肾上腺的工作有密切的关系。

据研究，当我们遇到压力时，肾上腺对维生素 C 的需求会大幅度上升，它既用于制造肾上腺素，同时也维护腺体健康。如果发生体况紧张而未获得及时补充，腺体便会出血，从而严重影响激素的分泌。正常情况下，维生素 C 参与的羟化反应会在肾上腺中大量出现。比如，在酪氨酸转变为多巴、多巴转变为多巴胺、多巴胺转变为去甲肾上腺素等肾上腺素的过程中，在第一步酪氨酸转变为多巴的过程必须有维生素 C 的参与。在遇到紧急状况时，这些重要的肾上腺激素会通过血液涌向全身，刺激肌肉的活性，准备逃避或战斗。

动物实验表明，体内不能制造维生素 C 的豚鼠如果暴露在严寒中，需要比平常高 75 倍的维生素 C 才能维持健康，免于死亡的威胁。就人类而言，摄取 75 倍的维生素 C 大约等于 5 600 mg，即 5.6 g，这样的数量似乎很惊人，但对重大压力而言，并不算多。

科学研究还发现，一个动物制造抗坏血酸的数量并不是固定的。

据研究表明，一般动物在体内制造抗坏血酸的能力相当强，一个体重 70 kg 的动物每天可以制造 10 ～ 20 g 抗坏血酸，即 10 000 ～ 20 000 mg。多数哺乳动物维生素 C 的制造量会随着它们遇到的外界压力的变化而变化。在生病或压力增加的情况下，哺乳动物合成的维生素 C 比平常多得多。没有环境压力的体重 30 kg 的山羊每天能制造维生素 C 33 mg/kg 体重，大约每天 33 × 30=990 mg，即 1 g 左右。但在体况紧张时，制造量可以增加到 6 倍，达到 190 mg/kg 体重，即每天 190 × 30=5 700 mg，大约 6 g。（New concepts in the biology and biochemistry of ascorbic acid，当面临有生命威胁的疾病或有严重毒性的物质时，山羊会在一天内生产 100 000 mg 维生素 C。——Mark Levine，*The New England Journal of Medicine*，1986.4）

鲍林博士（Linus Pauling）（参见第五章）指出，大多数动物物种并没有失去自身制造抗坏血酸的机能，这个事实也说明，一般的食物不能提供最佳数量的抗坏血酸，即使周围环境能够提供充足的抗坏血酸。

汉斯·塞里博士被称为应激研究的大师、应激理论即应激学说之父，他的研究成果是一项重大科研成果。该理论对心理学和生理学均有指导意义。塞里自认为他的应激理论也是哲学人本主义的基础。其对心理学的指导意义可以从心理学教材得到印证，但对生理学乃至医学，似乎影响有限。在医学界我们最常听闻的是肾上腺素，这是医生为提升患者的免疫响应经常使用的激素类药物。

如前所述，当动物遇到压力时，肾上腺对维生素 C 的需求会大幅度上升，它既用于制造肾上腺素，同时也维护腺体健康。可见，在遭遇重大压力时，如果我们能像动物一样瞬间应激生产大量维生素 C，也就起到了应激激素的作用。

当然，除了维生素 C，在人体的应激反应中，还有哪些维生素和矿物质会大量消耗及消耗多少，都值得进一步深入研究。

汉斯·塞里博士的应激学说是一项重大的科学理论成果，完全有理由获得诺贝尔奖，可惜，在医学或生理学奖方面，几乎没有理论成果的地位，尽管汉斯·塞里曾经三度获得诺贝尔奖提名。

据说，在诺贝尔奖成立的最初几年，诺贝尔奖评定委员会认为，**理论研究不如实验研究更值得信赖和奖励。获得诺贝尔奖的人都应该是工作在他们（指委员会）认为重要的领域。**即便爱因斯坦，也不是因为相对论获奖，而是因为他在光电效应研究方面做出的贡献而获奖，显然这是无法与相对论同日而语的。这一传统似乎一直在延续。

**2. 参与解毒** 卡思卡特（参见下一节）指出，生活在地上的动物用鼻子嗅自己的和其他动物的排泄物，吃死的动物特别是腐败的食物，这需要抗坏血酸（自由基清除剂）提供额外的保护，以排解毒素。狗会将吃剩下的骨头埋在地下，待其腐败后，过数日挖出来再吃，吃了以后身体安然无恙。我们知道，土壤本身就是微生物的温床，有大量细菌、病毒，变质的食物往往有毒。许多动物之所以安然无恙，就是因为它们体内会应激制造大量抗坏血酸（维生素 C）参与解毒（参见第二章第七节）。

**3. 维持良好的免疫功能** 维生素 C 在这一过程中参与制造肾上腺素，维持肾上腺健康；参与制造某些免疫细胞；增加白细胞的数量；加强白细胞、巨噬细胞的战斗力；加快白细胞向出事地点“行军”的速度（趋化）；增加抗体的数量。

**4. 抗自由基。**

**5. 参与组织修复。**

*以上五大功能（应激、免疫、解毒、抗自由基和组织修复）后文会经常提到。*

既然抗坏血酸对动物生命如此重要，那么，丢失制造它的功能就有可能产生致命的后果，然而这样的事实并未发生，我们的祖先仍然神奇般地活下来了，原因何在呢？

斯通博士认为，我们这支灵长目祖先是树生动物，生活在热带或亚热带，那里有几乎取之不尽的大量富含维生素C（抗坏血酸）的新鲜食物，比如水果和嫩叶等，一年四季都可以享用。否则，它们或许要像候鸟一样随气候迁徙。

对发生了突变的灵长目动物而言，食物中所含的抗坏血酸可能没有先前肝脏合成的多，但对生存来讲却也足够了。有科学家在1944年发现，生活在自然环境中的现代大猩猩，每天可以从野生食物中获取4.5 g（4 500 mg）抗坏血酸。

**笔者认为，制造抗坏血酸功能的丧失对人类的祖先而言，应该是一种进化适应。也即是说，这个新的遗传特征给了这个物种竞争优势。因为制造抗坏血酸需要能量，所以不制造抗坏血酸以后就节省了这部分能量，而这部分能量或者可以用于增加体能，或者可以用于增加脑力。对比高等灵长目动物与低等灵长目动物，这两方面的优劣大体一目了然。**

制造抗坏血酸需要将葡萄糖进行转化，不制造抗坏血酸以后，这部分葡萄糖可以有新的用途。莱万（Levine）推测，在紧急应激时，比如为生存而打斗时，可以制造抗坏血酸的动物每小时可以利用50 g以上葡萄糖制造50 g抗坏血酸。血糖水平如此耗尽，将削弱它的战斗力。卡思卡特医生则补充道："不会利用葡萄糖制造大量抗坏血酸的动物有一种优势，它可以不吃东西走更多的路而不饿死。"这一点我们在野生动物中可以观察到。食肉动物都会制造抗坏血酸，比如狮子、老虎，它们尽管凶悍，但普遍耐久力不足，需要长时间休息恢复体力，每天的睡眠时间相当长。

总之，人类之所以能战胜所有动物，称雄全世界，应该与丧失制造抗坏血酸的功能有一定关联。

然而按照进化论，**一切适应都是有代价的**。斯通博士看出了代价，即弊端，这个弊端就是增加了对感染性疾病和坏血病的易感性。

对动物而言，易感疾病可能意味着不能顺利繁衍后代，如果大规模死亡，甚至意味着物种的灭绝。照理，这样的基因本不应该得到普及，也就是说，人类的祖先本来有可能灭绝。

斯通博士指出，150万年前，当地球上新生的人类刚刚出现时，恰逢地质时代的新生代第四纪。这时，地球上气温逐渐下降，出现了广阔的冰川，绿色植被面积大大缩小。人类的祖先——早期猿人是如何度过这一困难时期的，现在虽然很难考证，但斯通博士估计，既不能在体内合成抗坏血酸，又不能从外界获得维生素C来源的早期猿人一定遇到了环境变迁的考验，他们或许因缺乏食物来源而饿死，或许因食物中缺乏维生素C而病死。迁徙到绿色植物丰盛的赤道附近，也许是他们最好的选择。在维生素C来源大大减少的情况下带着这一有缺陷的基因能活下来，已经很幸运了。

卡思卡特医生推测，在树上生活，排泄物和死掉的东西会落到地上。而下到地面生活的高等灵长目可能对自己吃的东西更加挑剔，住在树上可能较少受感染性疾病（传染病）困扰。人类历史表明，自从从树上下到地面群居生活，感染性疾病越来越多。天花、霍乱、伤寒等瘟疫曾经轮番消灭广大地区的众多生灵，只是由于现代卫生措施和医学科学的发展，死亡才得以减少。

按照进化论，**进化从来既没有计划也没有方向，只有机遇（chance）在起作用，它使进化的未来行程不可预测。**正如哈佛大学生物学家 S.J. 高德（Stephen Jay Gould）的生动表达，“如果可以把生物发展史这盘磁带倒转，然后从头再放一遍，那么，结局肯定不一样。不仅可能没有人类，甚至可能没有任何哺乳动物。”人类之所以能够出现，完全是一种偶然。人类没有灭绝，繁衍生存下来了，但有代价，代价就是容易生病。

无论如何，自人类历史有文字记载以来，丧失制造抗坏血酸机能的弊端已有案可查，有关坏血病发生的记载就是最好的证明，有关瘟疫发生的记载也为这一弊端提供了佐证。

1966 年，作为进化论研究的一项成果，斯通博士撰写了论文《坏血病的遗传病因学》（*On the Genetic Etiology of Scurvy*），他首次将人类自身不能制造抗坏血酸的遗传缺陷称为“低抗坏血酸症（hypoascorbemia）”。他指出，这是一个人类普遍存在的遗传缺陷，每个人都不能幸免，因此人类必须从外源性食物中获取抗坏血酸（维生素 C）。

斯通博士查阅了 40 年来数以百计的论文，这些论文全都是研究和探讨为预防和治疗典型的症状明显的坏血病每天最低需要多少抗坏血酸。然而，没有一篇论文讨论大剂量抗坏血酸（即哺乳动物肝脏所能制造的数量）的预防和治疗作用。

斯通博士 1967 年指出，这些**研究的方向错了：“未来有关抗坏血酸的研究应该在医学遗传学的范围进行，而不是由营养学家和家政学家在营养学范围进行。”**

1965—1967 年，欧文·斯通博士共写了 4 篇有关这一人类先天遗传缺陷的论文，并将论文寄给一些著名刊物，但均遭到拒绝。

依笔者之见，这个现象也不奇怪，这些编辑可能只有医学、营养学和家政学的素养，而没有进化论的素养，也不善于评判非实验科学即假说领域的科学成果。这里，笔者想起《我们为什么生病》的作者尼斯与威廉姆斯的话：

**“医学科学家对功能性假说态度犹豫，因为他们的教条是只相信实验。他们多数人一入学即被灌输顽固的、错误的理念：科学进步只能依靠实验。但是，许多科学进步都起步于理论，许多假说的验证并不依靠实验方法。”**

论文发表如此困难，斯通博士只好把自己的研究计划推迟到退休（1971 年）以后，他希望从那时起可以把全部精力和时间，乃至拮据的收入，都投入到这项研究之中。从退休到去世为止(1984年),欧文·斯通博士共发表了50余篇科学论文。而从1934—1984年,在其50年职业生涯中,他共发表超过120篇科学论文,登记26项美国专利和众多外国专利。

斯通博士的理论奠定了大剂量使用维生素C进行预防和治疗疾病的基础。

他的理论解释了克兰纳医生惊人的临床成功经验。自1947年小儿麻痹(脊髓灰质炎)流行后,克兰纳医生成功用大剂量维生素C治愈该病和众多其他感染性疾病(参见第四章第二节)。

斯通博士的理论也为卡思卡特医生的成功奠定了基础。卡思卡特医生从20世纪70年代起用大剂量维生素C成功治愈了数以万计的各种严重感染性疾病,并有重大发现(参见下一节)。

斯通博士的理论也为拉舍(Matthias Rath)博士的成就奠定了基础,拉舍博士在大科学家鲍林的协助下,成功破解了冠心病之谜(参见本章第六节)。

斯通博士的理论还为瑞欧丹(H.D.Riordan)医生的成就奠定了基础,瑞欧丹医生发现,大剂量高浓度维生素C可以杀死癌细胞(参见本章第七节)。

1966年,斯通博士的一纸营养处方,改变了20世纪伟大科学家莱纳斯·鲍林的后半生(参见第五章)。

欧文·斯通博士也许是尝试大剂量补充维生素C进行保健的第一人。用大剂量维生素C治愈感冒或许也是他的创举。

欧文·斯通博士于1984年去世。现在,距他去世已经30多年了,他的理论和成就从20世纪60年代中期算起,至今已被尘封半个世纪,仍未被科学界、医学界和营养学界认同,仍未获得它应有的地位。这不禁令人想起弗莱明发现青霉素的历史。弗莱明于1928年发现青霉素,当时他就指出了青霉素的抗菌作用。但是直到1941年才由弗洛里和钱恩将它用于临床治疗疾病,中间隔了十多年。

科学史学家常为弗莱明的发现被搁置而惋惜,认为在科学技术的发展中应引以为戒。试想,如果弗莱明的发现当时就受到重视并被用于医疗事业,将会挽救多少生灵。

就发现的重要性而言,笔者以为,斯通博士关于人类普遍存在慢性亚临床坏血病的发现远比青霉素的发现更为重要。

这一点可以从两个方面来比较:

第一,从涉及的疾病来看,青霉素仅涉及由细菌引起的感染性疾病;而用维生素C纠正人类先天遗传缺陷——低抗坏血酸症,则不仅涉及由细菌引起的感染性疾病,而且涉及由病毒等各种病原体引起的感染性疾病,以及其他种种由自由基引发的疾病,还包括关节炎、心脏病、中风、癌症等(参见后续章节)。

第二,青霉素只能通过消灭细菌治疗疾病,而不能修复身体组织和器官,也不能提升免疫功能，换言之，它不能用于保健和康复；而用维生素 C 纠正人类先天性遗传缺陷，就可以起到保健和预防作用，这也是它与药物的根本不同之处。

欧文・斯通博士的理论已被忽视半个世纪，在如今这样信息化高度发达的时代，笔者为之深深惋惜。如果继续尘封下去，类似本书第五章第一节那样的医学悲剧还会不断重演。类似本书后续章节所提及的各种感染性疾病、各种中老年慢性病也都会继续肆虐，人类的健康水平将不会有根本的改善。

欧文・斯通博士的发现是一项伟大发现，在本书所推介的 6 项有关维生素 C 的发现中，它是一个核心。该发现揭示了一个真理，而真理的指导意义是普遍而深远的。

20 世纪 90 年代，出现了一门新的医学学科——达尔文医学，这门学科就是研究人类生病或者容易生病的进化史根源，斯通博士的发现源于达尔文进化论，但同时也进一步丰富了达尔文进化论。可以说，斯通博士是一名伟大的拓荒者。

笔者将欧文・斯通博士的贡献总结为：**发现人类第一遗传缺陷**。如果你被告知你有一个遗传缺陷，你的反应会如何？正常的反应应该是问：我有什么遗传缺陷，这个遗传缺陷对我的健康有什么影响，有什么补救措施？然而整个医学界乃至科学界对此毫无反应，一片沉默。而对占人类比例极低的一些遗传缺陷，却设立了专科研究，十分重视。尽管后者也关系到生命与健康，应该研究，但前者关系到整个人类，关系到你我，关系到千家万户，更值得重视，值得研究。

斯通博士生前虽名不见经传，但小人物也可以有大发现。他对人类健康的贡献有朝一日一定会得到科学界的公认。你的健康如果受惠于他的理论，你也一定会感谢他的！

不过，无论如何，斯通博士的理论仍然是假说，假说需要证据，本章后三节即笔者认定的三个重大证据，本书第二章是笔者挖掘和发现的一些可能证据，本书第四章也是一些可能的证据，以及围绕这些证据的故事。

# 第五节　卡思卡特医生的重要发现

——有关维生素 C 的第四个发现

美国的卡思卡特(Robert F. Cathcart)医生自 20 世纪 70 年代起,专门用大剂量维生素 C 治疗各种疾病。在用大剂量维生素 C 成功治疗各种疾病的同时,卡思卡特有重大发现,他发现:① 大剂量使用维生素 C 对各类疾病都有效,特别是感染性疾病;② 人生病时对维生素 C 的需要量与疾病的严重程度成正比。

图 1–11　卡思卡特(1932—2007)

笔者认为,卡思卡特的发现为斯通博士的理论(假说)提供了一大证据。同时,笔者认为,卡思卡特用大剂量维生素 C 治愈多种感染性疾病(包括感冒)的创举堪比巴斯德(Louis Pasteur)用疫苗治愈狂犬病。

卡思卡特年轻时曾当骨科医生多年,为许多病人做过人工股骨头置换手术,从而对人工股骨头颇有研究。当时的人工股骨头是由一个英国人发明的,然而,这种产品经常引起股骨头所在的髋关节窝发生侵蚀,这令许多医生很困惑。卡思卡特也常因置换手术的失败而苦恼,他下决心要找出其中的原因。他研究发现,人类的股骨头并不是球状的,而是扁球状,但原来的人工股骨头却设计成了球状,这样,髋关节窝的摩擦力就过于集中在某些点,从而使这些地方发生炎症,造成侵蚀。卡思卡特于是发明了新的人工股骨头(专利为卡思卡特髋关节假体—Cathcart hip prosthesis),其形状更接近人类股骨头的形状,从而克服了原有产品的缺点,为股骨颈骨折及股骨头坏死的病人带来了福音,并因此解除了许多病人的痛苦,卡思卡特也因此成为他这一行的名人。当时,在世界各地,每月平均有 500 个病人使用卡思卡特假体。

然而,卡思卡特却常为自己的病痛而苦恼——他经常患严重的呼吸道感染,自幼就有中耳炎,还有慢性过敏和单核细胞增多症——这些疾病折磨他直到快 40 岁。

1970 年,卡思卡特看到鲍林写的《维生素 C 与普通感冒》一书(参见第五章),他仔细阅读了这本书。根据书中的介绍,他自己开始尝试大剂量服用维生素 C,结果令他震惊，自幼便困扰他的病痛，居然在短期内成功得到控制。

自此，卡思卡特对维生素 C 的功效产生了巨大的兴趣，他决心要研究维生素 C；巨大的决心最终竟促使他放弃了当外科医生，尽管他在这方面已颇有建树。他转而成为一名普通内科医生，专门用维生素 C 治疗各种疾病。在 20 世纪 70 年代，美国主流医学有一股歧视使用维生素 C 的强大压力。他顶着这种压力，放弃当外科医生，就意味着放弃优渥的收入，迎接新的挑战。

截至 2007 年，他已用大剂量维生素 C 成功治愈各种感染性疾病及其他疾病 3 万例以上。正是在大量的医疗实践中，卡思卡特有了重大的科学发现。

大剂量服用维生素 C 对各类感染性疾病都有效，这在 20 世纪 40 年代以后已有大量文献记录，但一个人到底能承受多大的剂量，以及多大的剂量对该种疾病有效，这在医学界尚无人研究。卡思卡特的研究就集中在这一方面。

当一个人口服维生素 C 达到相当的量，即 24 小时 0.5 ～ 200 g 时，由于肠道渗透压的改变，会产生轻微的腹泻（非病理性腹泻）。卡思卡特将略低于此的量叫作“维生素 C 的肠道耐受量”，也就是一个人能承受的接近引起腹泻的最大量。

1970 年，卡思卡特医生发现，病人的病情越严重，他对口服维生素 C 的耐受程度越高，即使服用很大剂量也不腹泻。

卡思卡特发现，治疗感染性疾病时，按肠道耐受量服用维生素 C，可以达到最佳效果。不同的人肠道耐受量不同；不同的疾病，肠道耐受量也不同；即使是同一个人，在不同的时期（健康时与生病时），耐受量也不同。卡思卡特观察到，重症感染患者的肠道耐受量通常很大，而当病人病情好转时，耐受量就变小。有些重症患者的肠道耐受量每天超过 200 g，这让他感到惊奇。而几天之后，当病情好转时，耐受量的限度又迅速降至正常值，即每天 4 ～ 15 g。

于是，他将确定肠道耐受量的方法称为肠道耐受量滴定法（titrating to bowel tolerance），并依此建立了一套使用维生素 C 治疗各种疾病的标准，根据患者个体生化特性的不同，亦即耐受量的不同，维生素 C 的用量也有多有少。由于接诊病人众多，他积累了用这种方法治疗多种感染性疾病的大量经验，并且总结出：只有维生素 C 的用量达到肠道耐受量的 80% ～ 90% 时，才会对急性感染症状有效。他还指出，在某些情况下，症状可能不会被全部控制，但效果往往是很明显的，而且病情的好转经常是既彻底又迅速，按他的说法，叫戏剧性效果。

1981 年，卡思卡特医生将自己的经验总结归纳成“卡思卡特维生素 C 肠道耐受量表”（表 1-2）。

表 1-2　卡思卡特维生素 C 肠道耐受量表（1981 年）

| 各种体况 | 耐受量（g /24 h） | 补充量（g /24 h） |
|---|---|---|
| 正常 | 4 ～ 5 | 4 |
| 轻感冒 | 30 ～ 60 | 6 ～ 10 |
| 重感冒 | 60 ～ 100 | 8 ～ 15 |
| 流感 | 100 ～ 150 | 8 ～ 20 |
| 柯萨奇病毒感染[注 1] | 100 ～ 150 | 8 ～ 20 |
| 单核细胞增多症 | 150 ～ 200 | 12 ～ 25 |
| 病毒性肺炎 | 100 ～ 200 | 12 ～ 25 |
| 枯草热、哮喘 | 15 ～ 50 | 4 ～ 8 |
| 烧伤、外伤、手术 | 25 ～ 150 | 6 ～ 20 |
| 焦虑、忧郁、轻度压力 | 15 ～ 25 | 4 ～ 6 |
| 癌症 | 15 ～ 100 | 4 ～ 15 |
| 强直性脊柱炎 | 15 ～ 100 | 4 ～ 15 |
| 赖特尔氏综合征[注 2] | 15 ～ 60 | 4 ～ 10 |
| 急性眼前房色素层炎 | 30 ～ 100 | 4 ～ 15 |
| 类风湿性关节炎 | 15 ～ 100 | 4 ～ 15 |
| 细菌性感染 | 30 ～ 200 | 10 ～ 25 |
| 传染性肝炎 | 30 ～ 100 | 6 ～ 15 |
| 念珠菌感染 | 15 ～ 100 | 6 ～ 25 |
| 环境因素过敏、食物过敏 | 0.5 ～ 50 | 4 ～ 8 |

［注 1］一种肠道病毒，可引发心肌炎。

［注 2］一种非淋病性尿道炎，男性多见，继之为结膜炎和关节炎。

上表中均为卡思卡特只用一种物质——维生素 C，即成功治疗的一些典型疾病。对每一种疾病，相信有大量（几十乃至上百例）的案例，才能得出上述数据。从该表可见，相对而言，普通感冒在感染性疾病中耐受量是最低的，但也达到 30 ～ 60 g/24 h。这说明，对成人普通感冒，只要一天服用 30 ～ 60 g 维生素 C，就能彻底治愈（参见第五章）。对病毒性肺炎，他的经验是每天 100 ～ 200 g，连续 3 天，一般可以基本控制。第三栏的补充量是说，在身体感觉病症已经基本消除后，仍要继续服用的剂量，坚持这个剂量数天，疾病才能完全治愈；否则，病症还会反弹。

上表还说明，疾病越严重，维生素C的耐受量即需要量也越高，其与疾病严重程度大体成正比。

绝大多数人患病时，其抗坏血酸的肠道耐受量均比平时增加。一个身体健康的人，24小时仅可以耐受口服维生素C 4～5 g，而在普通感冒时可达30～60 g，流感时100～150 g，单核细胞增多症或病毒性肺炎时最高达200 g。在这些情况下，只有达到或接近肠道耐受量，才有明显的治疗效果。卡思卡特称此效果为**抗坏血酸效应**。

开始时，他让大多数患者服用抗坏血酸粉剂（抗坏血酸钠），将其溶于水后，每小时服用一次。之后，当患者学会准确估计为获得抗坏血酸效应需要多少剂量时，也采用片剂或胶囊。只有当患者对需要的剂量通过口服不能耐受，而病情的严重性又需要这么大的剂量时，才静脉注射抗坏血酸钠。

根据欧文·斯通博士的理论，卡思卡特医生将抗坏血酸（维生素C）比喻成人类“失落的应激激素（lost stress hormone）”。

卡思卡特1981年曾经这样描述“失落”应激激素后，“诱发的抗坏血酸缺乏”可能造成的后果：

随着抗坏血酸的严重匮乏，以下疾病的发病率必然增加：

免疫系统功能紊乱（失调）。如继发性感染、类风湿性关节炎和其他胶原病；对药物、食物和其他物质的过敏反应；慢性感染，如疱疹、急性感染的继发症、猩红热。

凝血机制紊乱，如出血（hemorrhage）、心脏病、中风、痔疮，以及其他血管栓塞症。

因肾上腺功能被抑制，而不能恰如其分地应激的情况，如静脉炎等各种炎症、哮喘、各种过敏反应。

因胶原合成异常产生的问题，如康复能力减弱、伤疤过大、压疮、静脉曲张、疝气、瘢痕或皱纹扩展，甚至软骨磨损、椎间盘退化。

神经系统功能损害产生的问题，如抑郁、疼痛耐受力降低、肌肉痉挛，甚至神经错乱、老态龙钟。

因免疫系统功能被抑制而产生的癌症，以及因不能解毒而产生的致癌因素，等等。

这并不是说抗坏血酸盐的匮乏是这些疾病的唯一原因，而只是指出，这些系统功能的紊乱使得机体易染这些疾病。众所周知，这些系统功能的正常发挥有赖于抗坏血酸。

传染性单核细胞增多症又叫腺热，是一种急性传染病。许多病毒、细菌和寄生虫感染可导致该病，其中以EB病毒引起的最具代表性。该病主要侵袭年轻人，被戏称为“接吻病”，曾在美国的中学和大学里流行。其特征是全身淋巴结肿大，血液里有异常淋巴细胞出现。潜伏期为 5 ～ 15 天，发病时有头痛、疲倦、发热、畏寒，以及全身不适等不明确症状。时有继发性咽喉感染和因淋巴细胞障碍引起的肝脏损害，以及脾脏、神经系统、心脏和其他器官的损伤。该病十分顽固，常规治疗疗程短的可持续 1 ～ 3 周，多数情况需数月之久。

卡思卡特有用大剂量口服维生素 C 治愈单核细胞增多症的丰富经验。他确定了该病的肠道耐受量为 150 ～ 200 g/24 h，非急性阶段采用的治疗剂量是 12 ～ 25 g/24 h。他认为，急性单核细胞增多症对验证维生素 C 的效果有典型意义，因为这种病的疗程在用和不用抗坏血酸盐之间有明显的区别，而且可以由化验单来证明单核细胞增多症是否好转。他曾医治过几个滑雪场的巡逻，几天之内他们的淋巴结和脾脏就恢复了正常。当症状基本被控制住时，由于他们要回雪山一周时间，卡思卡特嘱咐他们带足维生素 C。

采用大剂量维生素 C 治疗感染性疾病时，必须连续、定时服用，当症状几乎完全被控制住时，也并不能说明疾病已经痊愈，细菌和病毒已经被彻底消灭，因此必须继续服用。对该病而言，急性阶段过后，维持剂量（12 ～ 25 g/24h）不超过 2 ～ 3 周，即可痊愈。需要多久，病人自己都能感觉到。在没有彻底康复之前，一定要维持耐受剂量，感觉完全康复也要逐渐减少剂量，否则症状将反弹、复发。

20 世纪 80 年代初期，世界上出现了一种可怕的疾病——艾滋病（AIDS），它的全称叫获得性免疫缺陷综合征。患者常常因为免疫力低下而患继发性感染，或者患一种癌——卡氏肉瘤，最后导致死亡。卡思卡特认为，艾滋病可能是缺乏某些卫生准则而衍生的疾病，而之所以出现这些卫生准则，是因为人类缺乏制造抗坏血酸的本领。

卡思卡特于 1984 年发表过一篇研究报告，报告称，他采用大剂量口服维生素 C 和静脉注射抗坏血酸钠的方法，每天剂量高达 50 ～ 200 g，治疗了 12 个艾滋病人。他一并考察了接受其他医生治疗但同时服用大剂量维生素 C 的另外 90 个艾滋病病人。从有限的个案中他得出的结论是，维生素 C 能抑制艾滋病的症状，减少继发性感染的发病率。据卡思卡特医生称，在旧金山和纽约已经有许多艾滋病患者从 80 年代起相互传递使用维生素 C 的经验。

鉴于维生素 C 在控制艾滋病和其他病毒性疾病方面的成功经验，卡思卡特医生、卡梅伦博士、鲍林博士在 20 世纪 80 年代初分别向美国主管医疗机构提出，用维生素 C 对付艾滋病，但没有得到响应。

近年来，非洲大陆乌干达等国出现一种由埃博拉病毒传染的疾病，卡思卡特医生大声疾呼：为什么不用维生素 C！

2003 年，SARS 肆虐。只要看看卡思卡特肠道耐受量表就会清楚，它是耐受量达到每天 200 g 左右的病毒性疾病，完全可以用维生素 C 治愈。我们有理由疾呼：

为什么不用维生素 C?!

维生素 C 的价值之所以一直有争议，卡思卡特认为，原因在于，以清除自由基为目的的应用维生素 C 时，它的用量不足。因为，一般在预防和治疗坏血病方面，小剂量使用维生素 C 即有效果，并无争议。

笔者认为，在许多人的头脑中，维生素 C 是药物。因为，为治疗坏血病，60 ～ 100 mg 就够了，也就一天一两片，跟药差不多。所有的药物（西药）都有共同的特征，就是力求要有神奇效果，一两片就能解决大问题。这就使许多人形成一种意识，对大剂量运用维生素 C 产生怀疑和抗拒，一次吃那么多，行吗?

卡思卡特发现，维生素 C 在非常大的剂量时极有功效。随着维生素 C 用量由小到大，它的功效体现在三个迥然不同的方面。1993 年，他形象地把这一发现描述为“维生素 C 的三个面孔”：

（1）用维生素 C 防治坏血病——最高 65 mg/d;

（2）用维生素 C 防治急性诱发性坏血病，放大维生素 C 的作用，1 ～ 20 g/d;

（3）用维生素 C 作为抗氧化剂，30 ～ 200 g/d。

维生素 C 的第一张面孔即最低剂量水平 65 mg/d。这时，维生素 C 行使特定的新陈代谢功能，作为维生素起防治坏血病的作用。这方面不存在争议。

维生素 C 的第二张面孔即第二个水平（1 ～ 20 g/d）。这时，维生素 C 仍作为维生素，但需要更大的剂量才能保证其发挥维生素的基本功能。因为此时，在中度患病或受损的组织中，维生素 C 为“消灭”过剩的自由基，迅速被消耗。卡思卡特把这种维生素 C 缺乏的结果称为“急性诱发性坏血病”，并且指出，许多文献提供了大量证据，说明在患病或体况紧张时，维生素 C 有这种急剧的消耗。

在第二水平，感冒发病率有所降低，感冒期间的并发症明显减少，病程明显缩短。许多感冒患者告诉卡思卡特，自从读了鲍林《维生素 C 与普通感冒》一书，服用维生素 C 以后，他们数年来再没有患感冒，这令卡思卡特印象深刻。慢性感染性疾病的患者经常苦于这些炎症经久不愈，在第二水平的维生素 C 使他们第一次获得痊愈。在维生素 C 的这一水平上，抗生素也可以协同发挥功效。许多中老年人在这一水平获益匪浅，因为他们可能都有欧文・斯通所谓的慢性亚临床坏血病。

维生素 C 的第三水平（第三张面孔）最值得关注，在卡思卡特之前尚没有人研究过。这时，剂量的范围为 30 ～ 200 g/24 h。卡思卡特认为，有一个最重要的概念需要弄懂，在这第三水平，维生素 C 在行使上述两个水平全部功能的同时，它几乎“贡献”了它所携带的全部电子。达到第三水平时，维生素 C 携带的电子可令身体饱和，中和过剩的自由基，并驱使氧化还原电位下降，进入病变组织。卡思卡特的研究表明，在这一水平，由自由基引发的炎症或者可以消除，或者可以明显减轻。在许多过敏性或自身免疫性疾病的病例中，患者的体液免疫功能得到控制，而细胞免疫功能则得到增强。

吞噬细胞在吞噬过程中会释放大量自由基。许多研究人员认为，体内的自由基清除剂如超氧化物歧化酶（SOD）、过氧化氢酶（CAT）、谷胱甘肽过氧化物酶（GSH-Px）等，会清除它们。但卡思卡特研究认为，失去制造抗坏血酸能力的高等灵长目动物，如果没有发展出抗坏血酸缺乏的补偿机制，比如酶类自由基清除剂超氧化物歧化酶、过氧化氢酶，以及谷胱甘肽过氧化物酶等，它们或许不能生存。**但是，在一次疾病过程中，以上这些自由基清除剂所携带的电子都会耗尽，从而造成自由基泛滥、自由基损伤，使疾病经久不愈。**卡思卡特指出，从本质上说，如果你洒一桶水灭火，是水浇灭了火，而不是水桶。同理，是自由基清除剂携带的电子消灭了自由基，而不是自由基清除剂本身。也就是说，水用完了，就不能再灭火，自由基清除剂所携带的电子用完了，也就不能再消灭自由基。

我们在生活中常有这样的感受，即“病来如山倒，病去如抽丝”。“病来如山倒”，按照欧文·斯通的理论，是因为“低抗坏血酸症”；而“病去如抽丝”按照卡思卡特的见解，原因则在于自由基清除剂不足，而最好的自由基清除剂就是维生素C，可惜我们的身体不能制造。

卡思卡特认为，自由基是某些疾病经久不愈的基本原因，也是某些症状的起因之一。在第三水平应用维生素C，可以使这些疾病有所好转或者完全治愈。

卡思卡特指出，所有获得否定或模棱两可结果的研究，原因都在于维生素C的用量不够。卡思卡特从下述事实得到启发：

一位23岁、体重36.5 kg的图书馆管理员患了严重的单核细胞增多症，在急性阶段的前两天，卡思卡特给她每2小时口服满满两汤匙维生素C（抗坏血酸钠），平均每天186.5 g，共耗用373 g。患者在第3、第4天已感觉良好，但仍每天依肠道耐受量服用20～30 g，连续服用约两个月。卡思卡特后来又接诊过许多年轻女性单核细胞增多症患者，反应也都与那位图书馆管理员类似，即在患病的急性阶段，肠道耐受量均等比增长，接近每天200 g。卡思卡特得到一个印象：全部非酶类自由基清除剂（主要指维生素C），一天之内要还原许多次。

笔者以为，这样大的用量一定会让许多人包括医生大吃一惊，但如果我们与可以在体内制造维生素C的动物相比，可能并不会感到惊讶。体重与我们相当的大多数哺乳动物，平均每天可以制造10～20 g维生素C，**应激时可达60 g以上。**

**卡思卡特发现，用口服维生素C的方法测量耐受量的大小，提供了一个有趣和实用的测量疾病毒性的手段，也许它还是疾病所含自由基的度量。**根据患者生病时对维生素C的耐受量，卡思卡特还为这些疾病起了相应的名字，比如感冒时恰好耐受50 g，就将它称为“50 g感冒”，如果恰好耐受100 g，就称为“100 g感冒”。于是笔者认为，应该还有“100 g、150 g或200 g病毒性肺炎”“200 g单核细胞增多症”等称谓。

从卡思卡特的大量医疗实践不难看出，与治疗肺炎、单核细胞增多症等疾病相比，用维生素 C 治愈感冒只是治愈各种感染性疾病这桌盛宴中的一碟小菜。

澳大利亚悉尼的伊恩 · 布莱特霍普博士（Dr. Ian Brighthope）是营养和环境医学专家，他的医院在应用静脉注射维生素 C 治疗普通感冒方面经验丰富。他告诉采访记者，普通感冒的耐受量是 60 g 左右，应用静脉注射效果十分显著。

有慢性感染的病人（同时具有健康的肠胃）可以摄入极大量的抗坏血酸。卡思卡特有一个慢性疲劳患者，他在过去几个月曾服用 24.2 kg 抗坏血酸，平均每天 80 g，即 80 000 mg。

卡思卡特个人在 22 年中摄入了大约 297.3 kg（4.3 倍于他的体重，卡思卡特体重 69.1 kg）抗坏血酸，因为他患有慢性过敏以及慢性单核细胞增多症（EBV），也就是说，他 22 年来每天平均摄入 37 g 维生素 C。

1981 年，卡思卡特曾突发因玫瑰过敏引起的干草热，他曾在 1.5 小时摄入 48 g 维生素 C（笔者也有类似经历）。

卡思卡特形容自己的抗坏血酸疗法好比救火，但与一般方式不同。一般的救火方式可作如下设想：你拥有一个农场，在农场的一端有一座谷仓，另一端有一口水井。一天，谷仓突然着火，众邻居提着水桶在谷仓与水井之间筑成一座“水桶桥”，不断打水，不断传递水桶，而当水井的水用干时，灭火也就停止了。

而卡思卡特的抗坏血酸疗法好比数十公里范围内成千上万个邻居一起行动，每人提来自家满满一桶水，将水浇在失火处，彻底灭火，然后离去。

卡思卡特的理论和实践揭示，一名患者对抗坏血酸的肠道耐受量与其疾病的毒性成正比。各种不同疾病的缓解或痊愈与自由基危害的严重程度（即毒性）有关，正是它造成一些特定疾病的经久不愈。当维生素 C 剂量接近或达到肠道耐受量时，对这些疾病才会有意想不到的明显作用。也就是说，**抗坏血酸效应**只有在大剂量水平才能出现。

许多感染性疾病患者（包括笔者感冒时）都有共同的明白无误的体验，在维生素 C 达到一定数量时，会出现戏剧性的效果，即所谓抗坏血酸效应。据卡思卡特说，静脉注射时这种效果尤其明显。而这种感觉本身即说明，大剂量使用维生素 C 没有任何毒副作用，如果有的话，就不会有这种感觉。我的一个小学同学用此法战胜感冒后告诉我，感觉像没生过病一样。笔者的感觉也是如此。

没有使用过大剂量维生素 C 的人不会有这种体验，这好像没有去过拉萨等高原地区的人不会有高原反应的体验一样。不过，虽然同为体验，但体验到的感觉却完全相反。出现高原反应是难过的，类似生病的感觉；而患病时使用维生素 C 出现抗坏血酸效应时，会有像没生过病一样神清气爽的感觉，即所谓戏剧性效果。

写到这里笔者深有感触，像欧文·斯通、卡思卡特这样的人令人敬佩，他们就像勇攀珠峰的英雄，值得树碑立传。

除了在用量上的创意外，卡思卡特的接诊方法也与一般医生截然不同。这就是，他教给病人大剂量使用维生素C的方法。自1970年以来，由于教会病人自己正确测定维生素C耐受量，自己把握服用量，卡思卡特已不需要再接收病人住院，包括急性病毒性疾病或由这些疾病引起的并发症。曾有三例病毒性肺炎需要静脉注射抗坏血酸钠，但并未住院。

写到这里笔者又深有感触，善用维生素C可以减少门诊病人和住院病人，可以减少医院的数量和医生的压力。

由大剂量口服抗坏血酸引起的腹泻是因为抗坏血酸在大肠中的高渗透压造成的。由于渗透压增加，水分被吸收进直肠内腔，从而导致良性腹泻。对于中毒性疾病，抗坏血酸被所在组织迅速耗尽，从而导致从小肠迅速吸收抗坏血酸。没有到达直肠的抗坏血酸不会引起腹泻，所以，采用静脉注射抗坏血酸盐不会引起腹泻。这时，抗坏血酸在血液和直肠均体现高渗性，结果令抗坏血酸的渗透压在肠道内外壁趋于相等，所以不会腹泻。

卡思卡特指出，对某些病理性腹泻，抗坏血酸还可以止泻。

笔者的经验是，口服维生素C达到腹泻剂量，是治疗便秘，特别是顽固性便秘的绝好手段。

静脉注射维生素C与口服的不同之处在于：静脉注射可以大大提升维生素C在血液中的浓度，还不会出现口服时常有的腹胀、放屁、腹泻现象。但注射的剂量是根据卡思卡特的口服维生素C的耐受量而定的。因此，口服维生素C测定自己的耐受量是一个基础。

本书第一章第七节介绍大剂量维生素C静脉注射治疗癌症，其中有更多关于大剂量维生素C静脉注射的资讯。

近年来，一项新技术成果被用于维生素C，这就是脂质体包封技术，亦称为脂质体包裹技术。用这种技术包封的维生素C被称为脂质体维生素C。它的好处是吸收率大大提高，提高到可以与静脉注射匹敌，也没有大剂量口服普通维生素C时令人不快的问题。

依笔者之见，卡思卡特的发现是一项伟大的发现，他的医疗实践是一项伟大的实验。他的发现与实践为欧文·斯通关于人类普遍存在抗坏血酸遗传缺陷的论断提供了佐证，难怪他将抗坏血酸比喻成人类“失落的应激激素”。动物体内仍普遍存在这种“应激激素”，在体况紧张时，可以根据程度轻重，同比增加这种“激素”的产量。而我们人类则丢失了生产这种“激素”（维生素C）的能力。

卡思卡特的“维生素C肠道耐受量表”其实反映了“应激激素”维生素C在

不同体况下应当产生的数量。能在体内制造维生素 C 的动物，在这些体况下，或许就是按类似这样的数量生产和利用维生素 C 的。当然，笔者有理由认为，动物体内也许不必生产数量如此之巨的维生素 C 即可战胜体况紧张。由于其体内可以制造维生素 C，所以，动物的应激反应速度比人类快。这就有可能尽早将体况紧张解决在萌芽状态。另外，体内制造的抗坏血酸可以直接进入血液、体液，形成大大高于口服的浓度，这也有利于将体况紧张解决在萌芽状态。而我们人类则没有这种机制。一般，当我们发现身体出现症状时，体况紧张可能已过了鸣警阶段。因此，如果采用维生素 C，最好尽早大剂量服用，否则难以压制已出现的各种症状。卡思卡特的“维生素 C 肠道耐受量表”中的第一个用量，就是过了鸣警阶段，在抗衡阶段和衰竭阶段的用量，亦即急性阶段的用量。

笔者以为，由于抗坏血酸制造功能的丧失，人类好似遗失了一项“护身法宝”，在对抗疾病时，经常显得软弱无力，备受困扰。

依笔者之见，维生素 C 与人类存在着一种先天的亲和性。生病的时候，人特别需要维生素 C，这一点克兰纳医生（见第四章第二节）已经观察到了。而卡思卡特医生则进一步从大量医疗实践发现，一个人生病时（体况紧张）维生素 C 的耐受量和需要量均随着疾病的严重性（即疾病的毒性）同比增长，最高时竟达到 200 g/24 h 以上。而动物在体况紧张时，体内维生素 C 的制造量也同比增长。笔者以为，动物的这种维生素 C 产量的“同比增长”和人的这种维生素 C 需要量的“同比增长”绝非偶然的巧合。原因何在呢？

笔者认为，只有一种解释是符合逻辑的，这就是：虽然人类不能在体内制造维生素 C，而绝大多数哺乳类动物则可以在体内制造，但我们与它们有共同的祖先，所以，我们仍然有许多共同点。依笔者之见，人类体内依然存在一套需要维生素 C 并适合维生素 C 代谢的机制。在这一点上，人类与可以在体内制造维生素 C 的绝大多数哺乳动物仍是相同的。也即是说，虽然人类丧失了在体内制造维生素 C 的机能，但仍保留了利用大剂量维生素 C 的机能。人类只是丢失了在体内制造维生素 C 的一道“工序”，然而，依然保留着利用维生素 C 的各道“工序”。而且，即使数量极大（最高 200 g/24 h 以上），我们的机体也能耐受，不会出现有害的毒副作用。

笔者将以上分析做成一个对比示意图，见图 1-12。

200 g 是多少？这是仅次于碳水化合物摄入量的一个量！我们一天蛋白质的需要量才 50 ～ 100 g（按每千克体重 1 g 计），食盐的需要量应该在 10 g 以下。如果不是具有先天的亲和性，我们怎么可能耐受这么大的量！

可以说，维生素 C 与我们人类有先天的“亲和性”，人类对维生素 C 有先天的“耐受性”。它是我们人类“早年”丢失的一个“护身法宝”！

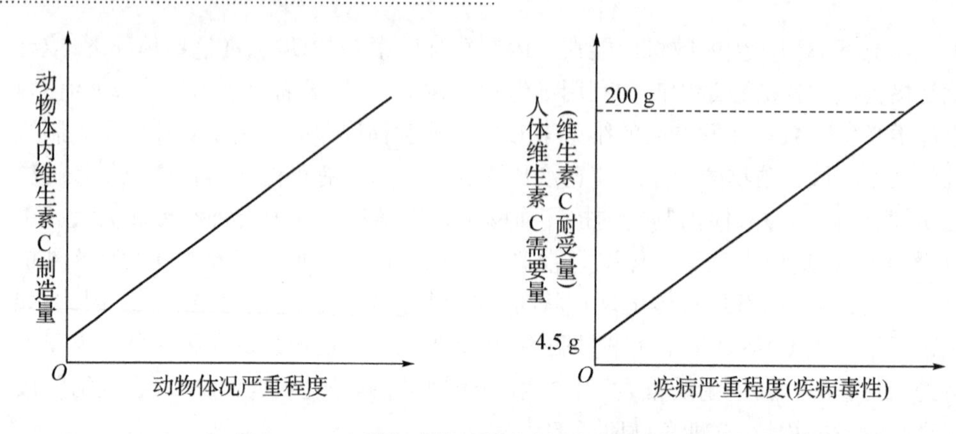


**图 1–12　人类与动物对维生素 C 需要量的对比图**

前面已经指出，依笔者之见，卡思卡特用大剂量维生素 C 治愈多种感染性疾病（包括感冒）的创举堪比巴斯德用疫苗治愈狂犬病。不过二者有同有异。相同点是，二者都可以战胜感染性疾病，包括各种传染病。不同点是，接种疫苗必须通过医生实施，包括制备疫苗、注射疫苗，而用大剂量维生素 C 相对来说比较简单，经过学习或指导，一般可以自己实施，而且风险也低得多。不过，静脉注射抗坏血酸盐要医护人员实施。静脉注射抗坏血酸可以加大抗坏血酸的耐受量，不会引起腹泻，因此对重症感染患者十分适用（参见第一章第七节“瑞欧丹的重大发现”及第四章第四节“一个新西兰人起死回生的故事”）。

卡思卡特的肠道耐受量表已成为美国、澳大利亚、新西兰、日本等国众多诊所和医生实施大剂量维生素 C 治疗的用量标准。

# 第六节 鲍林与拉舍破解人类冠心病之谜

## ——有关维生素C的第五个发现

所有冠状动脉阻塞的唯一根本原因是冠状动脉缺乏维生素C！数十年来“传统”医学关注的是冠心病症状的治疗和危险因素的限制，而不关注它们的根本原因：冠状动脉局部坏血病。

——Thomas E. Levy，美国执业心脏病医生，维生素C专家

1990年前后，一个关于冠心病病因的新理论浮出了水面。新理论揭示，人类冠心病的根本原因是维生素C遗传缺乏。而这个关于维生素C的第五个发现，依笔者之见，再次佐证了欧文·斯通博士的论断——人类普遍存在抗坏血酸遗传缺陷。

冠心病这个专业术语对普通人而言并不容易在头脑中描绘和理解，它的全称“冠状动脉粥样硬化型心脏病”更让一般人一头雾水。其实这个术语要表达的病症并不复杂，甚至可以说很简单。让我们看下图（图1–13），我们的心脏好比一个泵，负责给全身供血，但它自己也需要营养，匍匐在心脏上的冠状动脉就是给心脏本身供血的管道，它看上去像有几条分叉的河流。这条管道一旦堵塞，心脏就会因供血不足而生病，这个病就是冠心病。

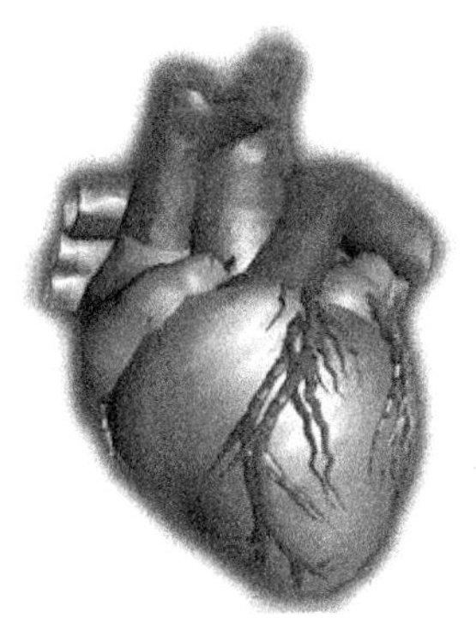

图1–13 冠状动脉示意图

而血管之所以会堵塞，则因为血管壁长了斑块，使血管越来越窄，通过的血液越来越少，最后甚至完全被封闭、断流。这很像一段水管子因为管壁结垢而发生堵塞的情况。

缺血的这块心肌会抽搐，由此引发所谓心绞痛。严重时几条冠状动脉同时堵塞，会致人死亡，术语称为心肌梗死，意思是因心血管堵塞、梗死，心肌缺血致死。

就全世界而言，根据统计，冠心病的死亡率高居各类死亡原因的首位。所以，可以毫不夸张地说，冠心病是人类健康的头号杀手。心血管病作为危害人类健康的“第一杀手”，已波及全球，是许多富裕国家的主要灾难。尽管在第一次世界大战时，心肌梗死作为冠心病的主要临床类型还很少见，但到1940年，冠心病已成为

美国和某些工业化国家的主要死因。

据世界卫生组织1990年公布的11个国家的资料来看，30～69岁冠心病死亡率以北爱尔兰最高，芬兰次之，日本最低。在美国，尽管冠心病的死亡率较30年前下降了40%，但仍居美国死因之首。1988年美国国家健康统计中心公布的美国1987年死亡人数及死因顺位的资料表明，心脏病占总死因的35%，其中冠心病死亡占24.1%，为十大死因之首。

美国人口总数约2.8亿，每年就诊的冠心病患者就有5 900万人，另有1亿人有冠心病危险。每34秒有一个美国人死于冠心病，即每年有100多万人死于冠心病。

与发达国家相比，我国仍属冠心病低发国家，但20世纪80年代以来，我国心血管病的发病率和死亡率均呈逐年上升趋势。据1984年报告，冠心病死亡率城市为36.9/100 000，农村为15.6/100 000。1996年有资料表明，心脑血管病死亡人数已占总死亡人数约1/3，其中脑血管病占45%，冠心病占15%。与西方国家相比，我国的特点是脑卒中高发，冠心病较低发。

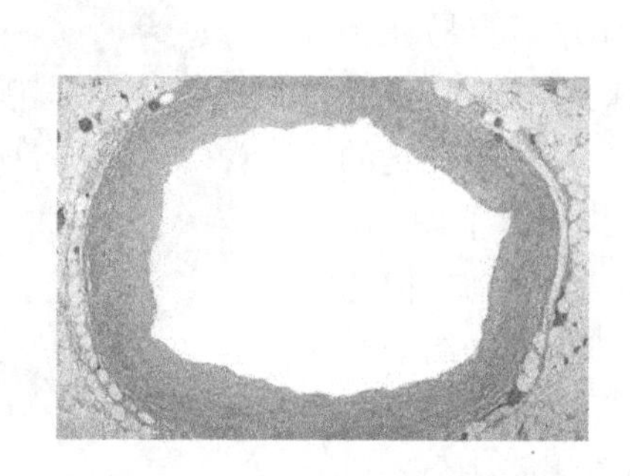

图1–14　正常冠状动脉剖面图

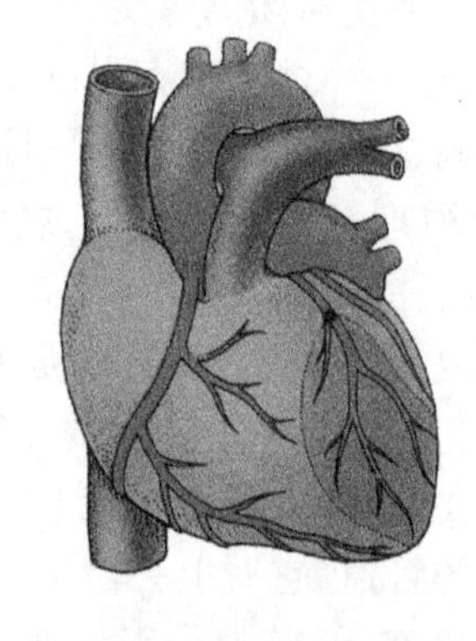

图1–15　心肌梗死示意图

冠心病常可引起突然死亡（猝死）。诱发的原因可能有：便秘时过于用力，突然遇冷或遇热，情绪激动，饮酒，劳累等，图1–15为发病示意图。

现在，心脏病专家已经很清楚，冠心病是人类的一种普遍疾病，尽管一百年前，这种疾病还很少见。专家更为清楚的是，冠心病的早期病变几乎人人都有而且不分长幼。2002年出版的《冠心病患者生活指导》由洪昭光等著名心脏病学专家编著，其开篇即说：“**动脉硬化病变几乎是人人都会发生的**。据研究发现：10岁儿童中，约有10%已有早期动脉粥样病变，中年以后多数人多有动脉粥样病变，平均每年管腔狭窄1%～3%。老年人没有动脉粥样硬化病变的是极少数，而且病变多属晚期；动脉高度狭窄，斑块可能形成溃疡，还可并发血栓，造成血流阻断，有关器官发生缺血性坏死（如心肌梗死、脑梗死）。”

由上述专家的论述可以清楚看出，冠心病是一种非常普遍的疾病。为什么如此普遍，为什么人类普遍易感冠心病？如果能找到冠心病的病因，就可以提前预防或对症下药。

那么，冠心病的根本原因是什么，或者说谁是真正的罪魁祸首？用医学术语说，什么是最危险的致病因素？

到1990年为止，医学界一直没有找到冠心病的根本原因。一般的医学教材都说，冠心病是一种多因素疾病，即致病因素很多。比如：

（1）高血压：高血压损伤动脉内皮而引发动脉硬化，并加速动脉硬化过程。

（2）高脂血症：血液脂质含量异常，如总胆固醇、甘油三酯、低密度脂蛋白增高、高密度脂蛋白降低，均易患此病。

（3）吸烟：吸烟是本病的重要危险因素之一。吸烟者冠心病发病率较不吸烟者高2～6倍。但不吸烟者一样会得冠心病，因此，吸烟本身并不是冠心病的根本原因。

（4）其他易患因素：① 糖尿病；② 肥胖；③ 体力活动减少；④ 职业：从事紧张的脑力劳动，经常有紧迫感的人易患冠心病；⑤ 饮食：进食含高热量、高脂肪、高胆固醇、高糖、高盐者易患此病；⑥ 遗传因素；⑦ 年龄：本病多见于40岁以上的中老年人；⑧ 性别：男多于女，比例为2 ∶ 1；⑨ 妇女绝经后患病率增高（其中⑥与正文的遗传因素不是一个概念）。

以上这一切均非人类冠心病的真正病因，只能说冠心病的发生与这些因素有密切关系，是重要条件，但并非绝对必要条件。多少年来，人类冠心病的真正病因一直扑朔迷离，真像一个难解之谜！

尽管有上述许多因素可能与冠心病有关，但长期以来，医学研究的重点一直集中在血液中的胆固醇上。

人们对食物中脂肪和胆固醇的担忧开始于1955年，当时，美国总统艾森豪威尔得了冠心病。总统的私人医生、哈佛医学院心脏病专家P.D. 怀特利用这个机会向公众指出，冠心病是胆固醇造成的，告诫人们要减少脂肪摄入量。

20世纪50年代，有科学家认识到心脏病与血液中脂肪和胆固醇的浓度有关。一系列的研究和统计表明，冠心病与血液中的脂肪和胆固醇含量呈正相关，即血脂和胆固醇高的人群患冠心病的概率高。自此，血脂与胆固醇一直被认为是引发冠心病的罪魁祸首，尽管一直也存在异议。

进一步的研究又发现，血液中有低密度脂蛋白（LDL）和高密度脂蛋白（HDL），它们是运载胆固醇的。低密度脂蛋白载着胆固醇穿过血管，它们可能会附着在血管壁细胞上，形成动脉粥样斑块。由此，低密度脂蛋白也成为冠心病的病因之一。而高密度脂蛋白则携带胆固醇进入胆囊,在胆囊中转变成胆汁酸,然后通过胆管排到肠道中,对血管则没有伤害。由此,胆固醇又被分成好的 HDL 与坏的 LDL。

后来又有人认为所谓"同型半胱氨酸"是冠心病的成因。它也存在于血液之中。

总之,冠心病的成因似乎在血液中。于是,防治冠心病的重点被提了出来——少吃含脂肪和胆固醇高的食物,使血液中的脂肪和胆固醇降下来。

然而,自 1970 年以来美国耗资数百万美元,就饮食对心脏的影响所做的研究表明,限制胆固醇的摄入,并不能减少血液中的胆固醇。这个相当惊人的结果其实并不奇怪,因为人体本身的细胞可以合成胆固醇,每天 3 000 ~ 4 000 mg。人的机体内存在一种反馈机制——当摄入量增加时,体内的合成率就降低;当摄入量减少时,体内的合成率就上升。

这样,饮食中的高脂肪、高胆固醇引起血液中脂肪、胆固醇上升的观点开始受到质疑。20 世纪 70 年代,有科学家提出,是蔗糖而非动物脂肪及胆固醇,当为心脏病的罪魁祸首。他们观察发现,在以色列居住时间不到 10 年的也门犹太人很少得冠心病,而居住时间达 25 年的人冠心病发病率很高。原来,在也门,他们的食物中动物脂肪高,糖分低;而在以色列,他们的生活习惯发生变化,像以色列人一样,糖的消耗量大增。这个观察似乎说明,吃含动物脂肪(饱和脂肪)高的食物未必是导致冠心病的原因,而高糖类食物加上动物脂肪可能导致了冠心病。

此外,东非有两个部落的居民主要靠牛奶和肉类生活,因此,动物脂肪的消耗很高,然而他们几乎没有心脏病。很久以前,所有的南非人几乎没有冠心病,但在蔗糖消耗量大量增加后,冠心病的发病率急剧上升。

一项可靠的临床研究表明,蔗糖的摄入导致血液中胆固醇浓度增加。此外,蔗糖-胆固醇效应还有它的生物化学基础:蔗糖在体内被分解后形成果糖,经体内生化反应生成乙酸盐,其中一部分乙酸盐变成胆固醇。

一直以来,对胆固醇的看法似乎是越低越好,胆固醇似乎成了健康的大敌。然而,这些看法是十分片面的。从根本上说,胆固醇是构成生命的重要基础物质。

尽管多数人将胆固醇看成是"血液中的脂肪",但事实上,胆固醇并不是真正的脂肪,它是一种珍珠色的蜡样物质,碰上去像肥皂般滑腻。人体内绝大多数胆固醇,即占总量 93% 的胆固醇,存在于身体的每一个细胞中。它令细胞膜结构完整,使营养素的流入和废物的排出规则化。而真正血液中的胆固醇只占人体胆固醇总量的 7%。

胆固醇的基本功能如下:

(1)胆固醇是我们身体制造多种重要激素的"建筑零件"。如肾上腺激素,它令血压正常；副肾上腺激素，它是体内自然的类固醇。如果没有足够的胆固醇，就不能产生足够的性激素。

（2）胆固醇是胆汁酸的重要成分，后者帮助食物消化，特别是脂肪类食物的消化。如果没有胆固醇，我们将不能吸收最基本的脂溶性维生素A、维生素E、维生素D、维生素K。

（3）对于脑和神经系统的正常发育和生长，胆固醇是必不可少的。胆固醇包附着神经，使神经脉冲的传导成为可能。

（4）胆固醇是皮肤制造维生素D的原料，当皮肤暴露于阳光时，紫外线将胆固醇转化为维生素D，从而供身体利用。缺乏维生素D会发生佝偻病、骨质疏松。

（5）胆固醇赋予皮肤散发水分的能力。

（6）胆固醇对结缔组织的生长和修复至关重要，因为每一个细胞的细胞膜和细胞器（细胞内的微细结构体，均有特殊功能）都含有丰富的胆固醇。正因如此，所以要喂新生婴儿奶或其他胆固醇丰富的食物，比如蛋黄。

（7）胆固醇在运输甘油三酯（血脂）通过血循环系统时扮演重要角色。

由以上七个方面我们可以看出，胆固醇有许多重要功效，对机体健康是不可或缺的。如果误以为胆固醇是令人生畏的健康大敌，应全力清除，那就完全错了。如果这样清除下去，我们的细胞将失去牢度和稳定性，容易受到感染及各种恶病侵袭。事实上，许多严重疾病，比如癌或关节炎，其重大特征就是胆固醇水平下降。

医学界认为：“由于人在20～30岁时已出现动脉粥样硬化病变，阻止最初病变的形成似乎不太可能。鉴于难以避免动脉粥样硬化，未来心血管医学的重要任务就是治疗缺血和组织损伤造成的后果。”（2001年《国外医学情报》第22卷第3期《动脉粥样硬化相关疾病的发病机理和治疗——新世纪血管生物学所面临的挑战》）。

通过这些话不难看出，对医学界来说，冠心病与癌一样，也是不治之症，而且几乎无从预防，重症患者只有等待抢救和手术治疗。于是，心脏病医学的重点就放在冠心病发生后的救治上。这主要就是手术治疗，比如所谓“搭桥”“支架”“介入疗法”“心脏移植”等。

没有找到冠心病的根本原因，医学对付它的措施必然是十分被动的。似乎你得冠心病只是迟早问题，如果得了，就只能交给医院处治了。难怪美国等西方国家心脏病医生如此繁忙，因为，成百上千万人在等待手术治疗。我国的情况也在“向前”发展。

我们知道，科学真理是经得起质疑的，而胆固醇－冠心病理论最大的弱点是经不住以下质疑：

（1）如果胆固醇抑或LDL（低密度脂蛋白）是冠心病的根本原因，为什么血管上的斑块不是随机分布在所有血管中，而只是集中出现在少数几处？**如果胆固醇或其他血液中的成分由于损伤血管壁而引发冠心病，那么，斑块（沉积）应该沿着心血管系统到处发展。氧化的胆固醇、脂蛋白和血液中的其他成分不仅会与动脉壁接触，也会与静脉血管壁、毛细血管壁接触，它们不仅应堵塞心脏的动脉血管，也应堵塞鼻动脉、膝关节动脉，乃至静脉。但是，任何人从来没有听说过鼻动脉梗死或膝关节动脉梗死（——拉舍）。**

（2）为什么只有人类和少数灵长目动物有冠心病，而绝大多数哺乳类动物则没有，特别是许多肉食类动物，它们的血脂和胆固醇都很高，但心脏很健康，没有冠心病。

（3）为什么有些人低胆固醇、低脂肪饮食，依然得冠心病。"一般说冠心病、心绞痛是那些生活优裕、体态胖硕的人所易得的病，但门诊中常常有一些清瘦的人。长沙有个开福寺，里面一个老和尚有冠心病，但他常年吃斋吃素，不吃荤，人是挺瘦的。检查他的胆固醇、血脂都是偏低不高，血压也偏低，他做的心电图、心脏B超检查却是冠心病心绞痛。"（湖南中医药大学第一附属医院教授王行宽）

**正因为无法解答上述疑问，冠心病的病因一直是一个谜团。**

德国医生马修斯·拉舍（Matthias Rath）博士是心脏病学专家，1955年生于德国南部斯图加特地区的一个农场，后在德国柏林读完医科大学，并获得医学硕士学位。随后相继在汉堡一间大学医院和柏林心脏病研究中心从事科研工作，其间获医学博士学位。20世纪80年代中后期，拉舍去了美国休斯敦，曾在著名的心脏病研究中心贝勒（Baylor）医学院从事心脏病学研究。他之所以走上研究心脏病的道路，源于父亲在他念大学时死于冠心病。

图1-16　拉舍

拉舍的科研小组是研究人类颈动脉粥样硬化斑块的。20世纪80年代，全世界心脏病研究机构的研究重点均放在"坏的胆固醇LDL"上，认为它是形成动脉斑块并最终造成心肌梗死和中风的罪魁祸首。

拉舍对以上研究兴趣不大，倒是对一个新的危险因素——类似于"黏结剂"的脂蛋白（a）[Lp（a）]发生了浓厚兴趣。1987年，他的研究小组以上万的测试数据表明，要使"坏的胆固醇"黏附到血管壁内侧，必需脂蛋白（a）这个"生物黏结剂"。他们发现，哪里有胆固醇沉积到血管壁，那里必定有带着"生物黏结胶带"的脂蛋白（a）。他们的研究表明，斑块沉积不取决于胆固醇的数量，而是取决于血液中"黏结剂"——脂蛋白（a）的数量。

如果将血管壁放大进行观察，可发现脂蛋白（a）黏附在血管壁的极细小裂缝处。从分子水平观察，这些裂缝是胶原蛋白断裂后形成的，好似一根木条从中间断裂，参差不齐。仔细分析，原来是一些赖氨酸与脯氨酸分子的“残枝”，而赖氨酸和脯氨酸这两种氨基酸是形成胶原蛋白的基础物质，即构筑血管壁的“建筑材料”。而脂蛋白（a）就黏附在这些“残枝”上。

在 1988 年，关于黏性的“脂蛋白（a）”的发现（不只拉舍的小组有这个发现），对美国心脏病学界来说是个新鲜事儿，美国心脏病协会（AHA）当年并没有认可这个发现，在 1988 年 12 月的年会上也未赞同介绍这些信息。他们还要用时间考验这些发现是不是真的。然而不到一年，1989 年 11 月，美国心脏病协会面对大量的研究成果，终于认可了这一发现，并在加利福尼亚州阿纳海姆举行的年会上邀请拉舍介绍了这个成果，并将这些发现刊登在学会的官方刊物《动脉硬化》上。这样一来，**“脂蛋白（a）”一下成了比胆固醇危险十倍的致病因素！（图 1–17）**

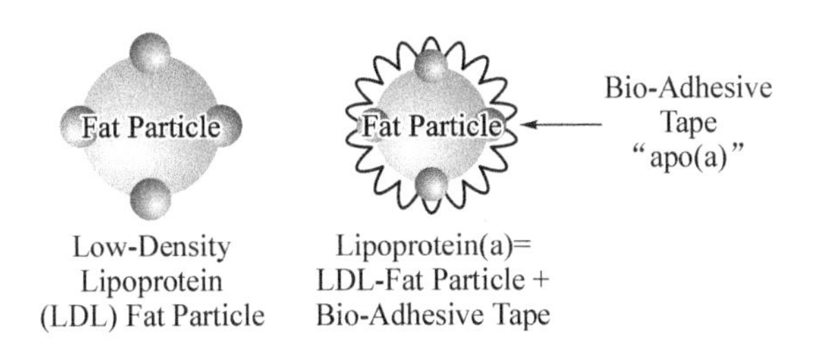


**图 1–17　脂蛋白（a）示意图**

既然斑块中的脂蛋白（a）是黏结在血管壁上许多成分中最危险的成分，难道不能想办法去除它吗？按照降低或清除胆固醇的思路，这样想似乎是符合逻辑的，且看医学界的回答。

美国《心脏病学》杂志（1997）写道：

“脂蛋白（a）即 Lp（a）指标偏高的治疗现在还是问题，大部分调整血脂的药物不能降低 Lp（a），只有烟酸、苯扎贝特和激素有效。新霉素和康力隆（stanozolol）亦可降低 Lp（a）。虽然降低 Lp（a）在理论上是引人注目的，但其临床效益尚未确定。由于 Lp（a）测定还不能普遍进行，改变 Lp（a）浓度的临床意义也不清楚，在现阶段，NCEP（美国胆固醇教育计划）并不建议常规测定 Lp（a）。”

虽然发现了所谓罪魁祸首，但却拿它束手无策。

拉舍并没有沿着这条思路走下去。他根据对动物的一般观察，萌生了一个推测：这种黏性的危险因素脂蛋白（a）分子可能仅仅在人类以及其他不能在体内制造维生素 C 的动物中存在。他意识到，在脂蛋白（a）分子和维生素 C 缺乏之间，可能存在着相反的关系。

1989 年，拉舍打算立即开始对维生素 C 和脂蛋白（a）进行实验研究，接着，再进行临床研究，看维生素 C 是否能降低脂蛋白（a）的水平。

据美国科学史学者瑞玛·爱波说，从20世纪70年代，在美国提倡维生素C会被看成庸医、江湖医生、江湖骗子（原因这里暂时忽略，笔者在后文介绍鲍林时会谈到）。因此，在1989年没有一家著名的医学研究机构愿意考虑从事与维生素C有关的临床研究。拉舍自己也碰到同样的问题：从事维生素C的研究不但不容易获得经费支持，而且会有来自同行的压力（笔者：用通俗的话来说，你研究维生素C，是不是脑子有问题）。而且，有关维生素C的许多重要知识在医学教育中被完全删除。

拉舍将自己对维生素C与脂蛋白（a）关系的研究介绍给几位知名科学家，其中包括诺贝尔奖获得者达拉斯西南医学院的米切尔·布朗（Michael Brown）。所有的人都否定他的想法，甚至认为他的想法疯癫。

米切尔·布朗和高尔斯滕（Goldstein）1985年因发现胆固醇进入细胞的途径而获得诺贝尔奖。他们之所以选定研究胆固醇，与当时的大环境有关。那个时代，无论学界还是媒体都把胆固醇视为心脑血管疾病最危险的因素，加之制药工业在生产和销售降胆固醇药物时的大力宣传，胆固醇成为人们心目中引发冠心病的罪魁祸首。遗憾的是，无论胆固醇也好，LDL也好，还是后来的同型半胱氨酸，都不是心脑血管疾病的决定性因素，即绝对必需条件，沿着这条思路研究下去，要解决心脑血管疾病的预防与根治，无异于往死胡同里走。更令人遗憾的是，诺贝尔奖把奖给了往错误方向走、往死胡同里钻的人。

拉舍原本希望继续在著名的贝勒心脏病研究中心进行研究，这样，他的研究成果就可以被主流医学认可。然而事与愿违，拉舍的课题没有得到支持。1990年1月，应大科学家鲍林的邀请，拉舍来到位于加州Palo Alto的莱纳斯·鲍林研究所。拉舍虽然也希望与鲍林合作，在他的研究所继续进行维生素C和脂蛋白（a）关系的研究，并在实验室证实自己的发现[他知道鲍林是研究维生素C的权威，1986年鲍林还写过一本《怎样健康长寿》（*How to Live Longer and Feel Better*），其中对冠心病的研究就颇有心得]，但是，他也知道，鲍林的研究所没有什么实力，经费和设备都比不上贝勒研究中心。

维生素C与脂蛋白（a）是否有关联这个想法需要验证，科学是讲究证据的，拉舍此时正寻求最有力的科学证据来证明它。

拉舍设计了一个用豚鼠进行实验的方案，在动物界，豚鼠与人类一样，都不能在体内制造维生素C（参见第四章第十一节）。按照逻辑推理，一旦给豚鼠饲喂缺乏维生素C的食物，它就会出现动脉沉积。这个历史性的实验进行了五个多星期。拉舍在显微镜下观察豚鼠动脉壁时发现，饲喂相当于人每天60 mg维生素C的豚鼠，其动脉壁长出了与人类相同的沉积物，而那些每天饲喂大量维生素C（相当于一个人每天5 000 mg）的豚鼠，其动脉壁则保持光滑。而这一明显的差别不是由增加饮食中的胆固醇或脂肪而获得，而仅仅是由于控制饮食中维生素 C 的数量而获得（图 1-18、图 1-19）。

**这个实验意义重大，它证明，维生素 C 缺乏是引发冠心病的根本原因，是冠心病最危险的致病因素。**

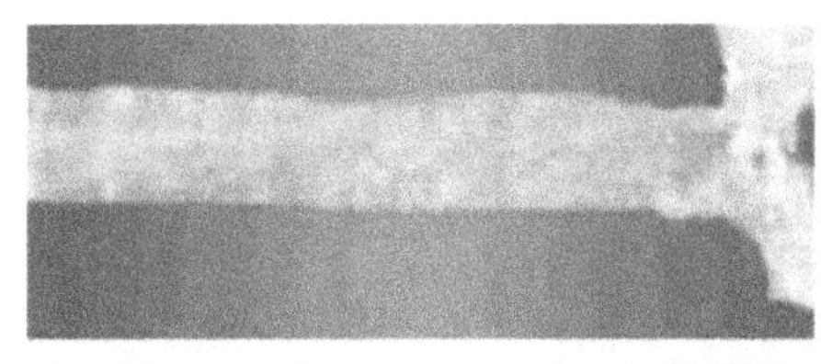

a. 饲喂高剂量维生素C饮食的豚鼠

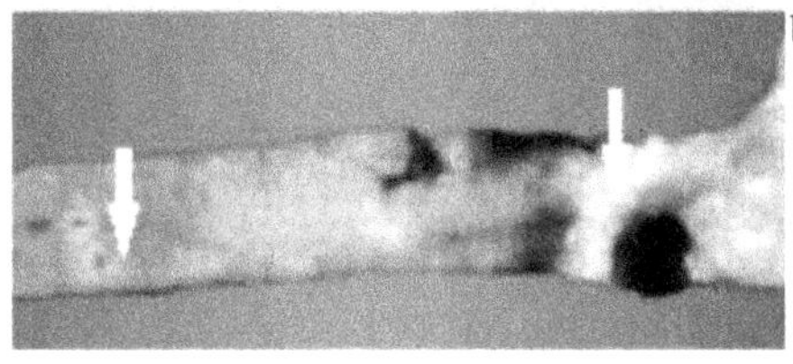

b. 普通饮食的豚鼠

图 1-18　豚鼠冠状动脉的纵剖面

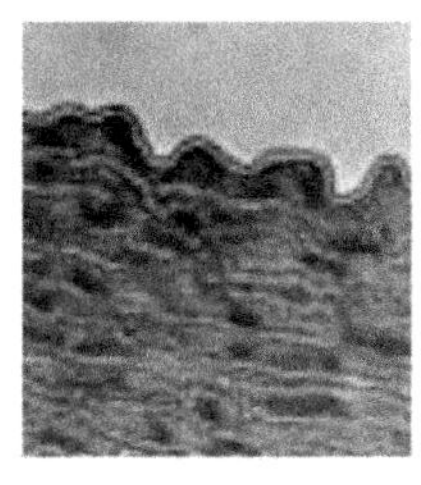

a

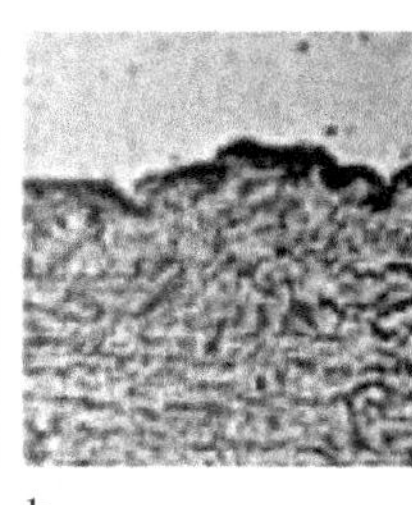

b

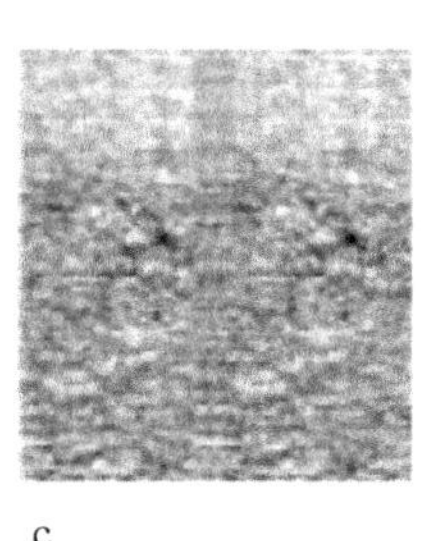

c

a. 饲喂高剂量维生素C饮食的豚鼠
b. 普通饮食的豚鼠
c. 人类冠心病患者

图 1-19　动脉管壁组织解剖图

2000 年初，美国北卡罗来纳大学的切派尔・希尔（Chapel Hill）等研究人员做了另外一个实验，同样证实了拉舍的发现。研究人员首先证实，正常的老鼠（通常为小白鼠）冠状动脉没有粥样病变。他们将小白鼠制造维生素 C 的关键环节——制造古洛糖酸内酯氧化酶（GLO）的基因切断，这种酶我们在第一章第四节已经提到，我们人类恰恰因为没有这个酶，所以不能将葡萄糖转化为维生素 C。于是，这个变异的老鼠就不能在体内制造维生素 C 了。这等于再现了我们人类的状况。

实验结果表明，这种变异的不会在体内制造维生素 C 的老鼠，仅靠低水平的维生素 C 饮食，它们的冠状动脉发生了损伤和裂纹，冠状动脉壁的结缔组织变得薄弱，其剖面类似前面那个实验。其次，变异老鼠的胆固醇水平明显增高。

这个实验不仅证明了拉舍的发现，而且也说明，胆固醇水平的上升是冠心病的后果，而不是前因（图 1–20）。

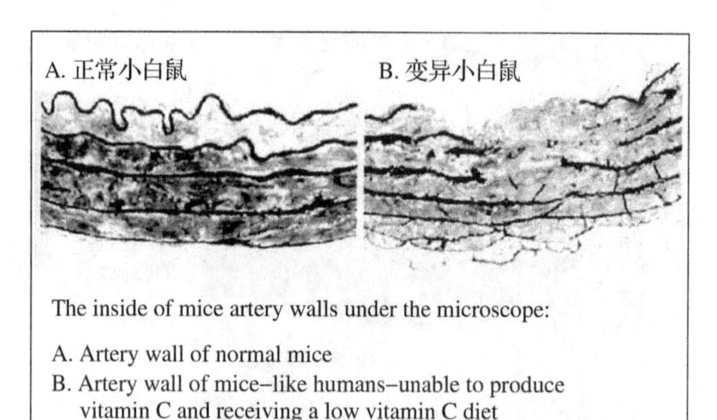


The inside of mice artery walls under the microscope:

A. Artery wall of normal mice
B. Artery wall of mice–like humans–unable to produce vitamin C and receiving a low vitamin C diet

Note the similarity to the pictures on the previous pages!

Maeda, et al. PNAS,Jan. 2000(1), 18

**图 1–20　小白鼠的实验结果**

不过，拉舍似乎没有在豚鼠血管壁的沉积物中发现脂蛋白（a）。但即使如此，这个实验依然证明，冠心病的最危险因素是维生素 C 缺乏。

**重新认识冠心病**

1991 年，拉舍与 90 岁高龄的鲍林共同发表了一篇重要论文《破解人类心血管病之谜》，又名《人类冠心病统一理论》。笔者认为，这是科学上的重大发现，而科学真理一旦被发现，原来复杂的事物就突然变得简单了。让我们按照拉舍的指引，重新认识冠心病。

我们知道，人体最大的器官是血管系统。我们体内动脉、静脉、毛细血管的总长度加在一起有近 10 万千米长，血管剖面的总面积有一个足球场那么大。而心血管剖面的总面积只不过相当于这个足球场中的一个足球那么大。然而，统计表明，95% 以上的血管堵塞都发生在心脏上，既然如此，心脏血管为什么容易堵塞的问题，其答案应该就在这个器官本身。那么，心脏与我们身体的其他器官有什么不同呢？

心脏是身体中唯一一个不停运动的器官。心脏每天跳动 10 万次左右，在所有器官中，心脏是承受机械压力最大的器官。而承受机械压力最特别的部位则是匍匐在心脏表面的冠状动脉，尽管它的总长度只有 2 米左右。伴随每次心跳，即每次收缩和舒张，冠状动脉被压扁一次。这种挤压是其他部位血管所没有的。

好比一根浇花用的塑胶水管，如果在某处以每分钟 70 ～ 80 次的频率连续踩踏，塑胶水管断面的两端必然出现应力集中，久而久之，必然产生损伤和裂纹。给心脏供血的冠状动脉与这根胶管的情况类似，日复一日，年复一年，也会失去强度和稳定性，出现应力损伤和裂纹（图 1–21）。

由此可见，心脏的冠状动脉比身体任何部位的血管都容易受到损害，通俗地说，最容易受伤。而这种损伤不是由血液中的“有害成分”胆固醇之类所造成，完全是一种物理机械损伤、应力损伤，这种损伤是由心脏工作的特殊性造成的。而心脏病专家早已通过尸体解剖发现，在人类的冠状动脉血管壁上确实普遍有损伤。

而斑块恰恰附着在冠状动脉的损伤处，这应该不是偶然的。

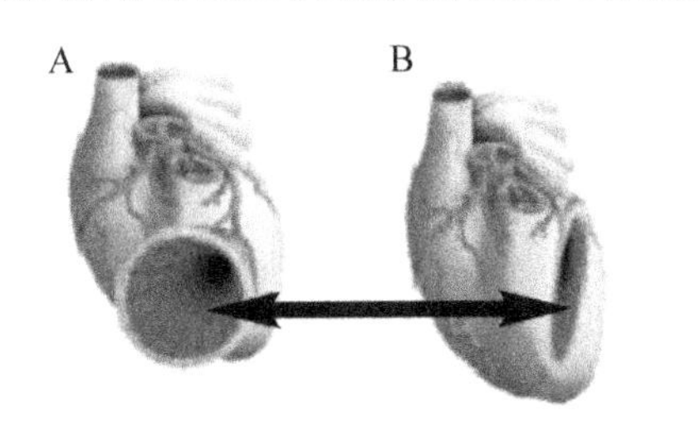


放大的冠状动脉，收缩时被压扁

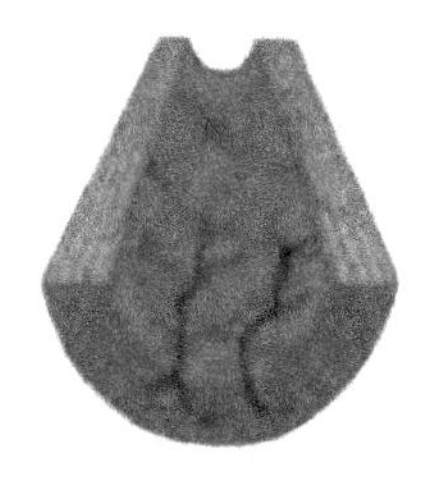

冠状动脉内壁损伤示意图

**图 1–21　冠状动脉受损示意图**

拉舍对豚鼠的实验说明，维生素 C 缺乏是动脉壁损伤的根本原因。会制造维生素 C 的动物没有损伤，而不会制造维生素 C 的豚鼠和人则有损伤。为什么会制造维生素 C 的动物没有心血管损伤？这里，就涉及血管的组织结构和维生素 C 的功能问题。

我们知道，血管是由平滑肌组成的，而平滑肌的基本材料是胶原蛋白。维生素 C 对动物和人的机体有许多功能，其中重要的一项就是参与制造胶原蛋白。胶原蛋白由两种氨基酸构成，即赖氨酸和脯氨酸。在赖氨酸与脯氨酸的合成过程中，必须有维生素 C 参与，这在化学上叫“羟化”，否则不能合成。没有足够的维生素 C，就不能合成足够的胶原蛋白，没有足够的胶原蛋白，平滑肌如有损伤就不能得到修复。

前文已述，大多数动物（除高等灵长目等少数以外），均可以在体内制造维生素 C，而且制造的量很大。这样，它们就有足够的胶原蛋白用于肌肉组织的修复，包括冠状动脉这类平滑肌的修复。多数动物之所以动脉壁光滑，不患冠心病，就因为它们的动脉血管有足够的维生素 C 供应，如有损伤可以得到及时的修复。比如，许多食肉类动物，像狮子、老虎等，单从饮食看，应易患冠心病，从机械力学和血流动力学分析，它们的动脉血管所受到的压力并不亚于人类，因此应该更易受到损伤。然而事实是，这些动物没有因血管损伤、斑块而引起冠心病。

前文已述，人类丧失合成维生素 C 的功能，曾经获得进化优势，但根据进化论，每一个进化适应都有代价，人类因缺乏胶原蛋白而易患冠心病就是代价之一，而随着人类步入文明社会，能够从食物中获取的维生素 C 呈逐渐递减之势，这个容易生病的代价则日益凸显。美国阿拉巴马大学切拉斯金博士（E.Cheraskin）研究发现："我们石器时代的祖先在寻找果蔬时，每天大约可吃到 400 mg 的维生素 C。"这个量与马、牛、狮、虎每天体内制造上万毫克的维生素 C 比较，已相去甚远。而今天人类每天从饮食中可获得的维生素 C 更是少得可怜，据统计，每日不到 60 mg。

鲍林与拉舍的理论认为：动脉粥样斑块沉积的根本原因是人类维生素 C 遗传缺乏，它限制了机体生成胶原蛋白的数量，因此动脉壁的损伤不能得到及时修复，在反复折磨中，血管倾向于变薄变弱，于是有斑块形成。

150 万年前，在地质时代的新生代第四纪，地球上的气温逐渐下降，出现了广阔的冰川，绿色植被面积大大缩小。人类的祖先——早期猿人或因缺乏食物来源而大批饿死，或因食物中缺乏维生素 C，患坏血病（血管破裂）而死亡。

他们推测，在此期间，我们祖先的一支变异出一种"本领"——会在肝脏生产黏性的脂蛋白（a），并将脂蛋白（a）沉积到血管损伤处，从而防止了血管因维生素 C 缺乏引起的渗漏出血。我们的有此功能的祖先也因此而存活下来，而没有这个功能的其他同类则消亡殆尽。

笔者以为，当初肝脏制造黏性的脂蛋白（a）可能是一种偶然，并非有黏附到冠状动脉损伤处的目的，更不是为了挽救人类。因为**"进化从来既没有计划也没有方向，只有机遇（chance）在起作用"**（*Why We Get Sick*）。如果是有目的的修复，就不应该过度修复，形成令血管堵塞的斑块。而且，目的论也是站不住脚的。

脂蛋白（a）被拉舍形容为在低密度胆固醇（LDL）周围包绕了一层生物胶带[Lipoprotein（a）=LDL（Fat Particle）+Bio-Adhesive Tape]，而这种带有黏性的胆固醇分子笔者估计应该就是氧化的胆固醇。它很可能是在第四纪冰川时代，在长期极度缺乏维生素 C 的情况下，肝脏制造的胆固醇被氧化的产物。维基百科说到脂蛋白（a）时指出：它的凝血功能似乎是可信的，因为其前身"载脂蛋白 A"的结构与"血纤维蛋白溶酶原"高度相似，而血纤维蛋白溶酶原（plasminogen）则是负责凝血的。

那么，脂蛋白（a）为什么会黏附到血管壁的损伤处？笔者分析，因为损伤处不光滑，有赖氨酸与脯氨酸分子的"残枝"，因此，有黏性的东西容易挂到（黏结到）"残枝"上。血液在心脏中流速是相当快的，应该超过每秒 100 mm[王立军，等．计帧法测定冠状动脉血液流速在急性心肌梗死（AMI）再灌注治疗中的应用．中国医学影像学杂志，2002，16]。在快速流动中，脂蛋白（a）能够黏附也许靠的是分子数量和接触频率。

笔者以为，当初肝脏制造黏性的脂蛋白（a）可能是一种偶然，或许是因为人类先天缺乏维生素 C 这样的抗氧化剂，肝脏制造的低密度脂蛋白（LDL）发生了氧化，成为脂蛋白（a）。而脂蛋白（a）具有黏性，偶然黏附到冠状动脉的损伤处。如前所述，从达尔文医学的观点看，**“进化从来既没有计划也没有方向，只有机遇（chance）在起作用”**。偶然性在进化过程中经常扮演重要角色。

在更早的时候，在几千万年前，在人类的不会制造维生素 C 的祖先出现的时候，肯定有相当长的时期，周围环境充满了富含维生素 C 的植物，我们的远古祖先肯定也特别喜欢吃富含维生素 C 的植物，尤其是水果。虽然他们丧失了制造维生素 C 的功能，但是，由于维生素 C 来源丰富，因此丧失制造抗坏血酸（维生素 C）的代价没有体现出来。

随着时间的推移，特别是从 150 万年前开始的冰川时代起，人类能够获得的维生素 C 越来越少，这个代价逐渐体现出来。不过，冰川时代的严寒并未殃及位于赤道附近的非洲，至少没有消灭人类的祖先，否则没有今天的我们。“我们石器时代的祖先无疑经常面临食物短缺，但他们一旦得到足够的热量，大概同时就得到足够的维生素和其他微量营养素。特定维生素和矿物质的缺乏只是最近一万年左右的事情”（*Why We Get Sick*），所以，严重缺乏维生素 C 影响到心血管的修复，可能也是最近一万年左右的事情。在此之前，应该有相当长的过渡时期，在此期间，因为丧失了制造维生素 C 的功能，对组织修复而言，维生素 C 已经不足，心血管已经受损。不过，即使是一万年以来的维生素 C 不足，似乎也并未影响我们这个物种的繁衍。就现有统计而言，冠心病是随着年龄增长而发展的。年轻时有冠心病的前期病变，即冠状动脉损伤，并不影响生儿育女，即基本不影响繁衍。按照进化论，**只要个体之间有遗传改变并影响他们的生存和生殖，自然选择就会出现**。所以，脂蛋白

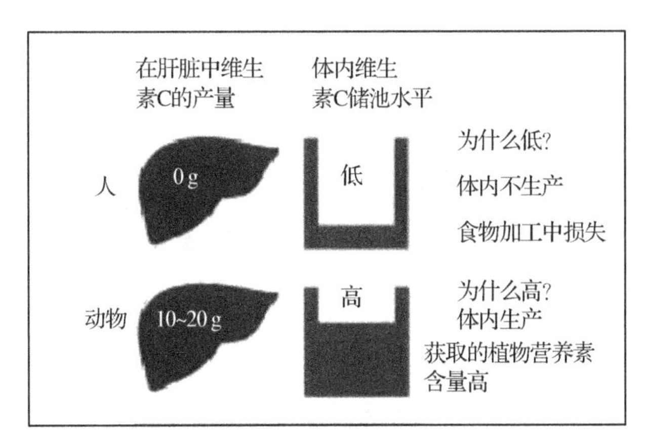


图 1-22　人类与动物维生素 C 的对比

(a)的出现,似乎并非自然选择的结果,而是一个偶然事件。如果是进化选择形成的修复,就不应该有过度修复,形成令血管堵塞的斑块。

不过,按照达尔文医学,**某些偶然性特征有意外的利益**。笔者以为,脂蛋白(a)就是这种有意外利益的偶然性特征。

无论如何,鲍林与拉舍的研究证明了冠心病的最危险因素是维生素C遗传缺乏。而且,他们的观点符合辩证法。他们认为:脂蛋白(a)乃至斑块并非完全是"坏人"。如果血管壁有斑块沉积,这说明你欠生命一种重要的材料——维生素C,结果使你的动脉壁受损,于是出现脂蛋白(a)和斑块来修补你的血管壁。所以,斑块其实是人体自身寻找出来的一种修复材料,好比衣服上的补丁、抹墙的泥灰,用于堵住受损的血管壁。如果没有斑块,我们脆弱的血管将破裂和渗漏,我们将因内出血形成血栓堵塞血管而死亡。所以拉舍和鲍林说,斑块其实是一种替代的治疗因子,是一个疗伤的过程。如果没有斑块,血管将渗漏出血,这与身体其他部位,如牙龈、皮肤、内脏因缺乏维生素C而出血的道理完全是一致的。依笔者之见,血管壁上的斑块有些类似我们皮肤划伤后出血凝结形成的伤疤。

鲍林与拉舍对人类冠心病的最终定义是:慢性坏血病或亚临床坏血病。也即是说人类冠心病的病因、人类冠心病的罪魁祸首,是维生素C缺乏。依笔者之见,这就是说,**冠心病是因为维生素C遗传缺乏,导致血管损伤不能及时修复,血管内壁"结痂",最终堵塞血管的一种心脏病**。我们一直在寻找冠心病最危险的致病因素,这个最危险因素、罪魁祸首不是脂蛋白(a)、胆固醇等血液中的成分,而是维生素C遗传缺乏,由此造成血管壁的损伤得不到修复,其病因不在血液中,而在血管上。

拉舍与鲍林的重要论文《破解人类心血管病之谜》完成后,立即投稿给美国最具权威的一些医学杂志,但稿件没有获准发表,只有不甚著名的、不被主流医学认可的加拿大《正分子医学杂志》成为他们论文的园地。

自从1991年论文发表至今已20多年了,尽管拉舍因为一些商业行为和所谓营养品"不当宣传"而受到南非方面的批评,但医学界还没有文章反驳鲍林和拉舍有关心脏病的理论。

科学界尚未认可这一伟大发现。原因何在呢?据分析这与美国的"心脏手术业"有密切的关系。因为如果承认鲍林、拉舍的理论是正确的,那就是承认,冠心病的根本原因是维生素C缺乏。反过来说,补充维生素C这样简单的措施就可以预防甚至治愈冠心病。这岂不是要砸掉数以百万计的医生的饭碗,毁掉与此相关的许多药厂的财源,断掉经营医疗手术器械厂商的活路!要知道,美国的心脏手术业是十分兴旺的!据悉,美国每年有上百万人接受各种心脏手术,但愿我们在这方面不要再走美国人已经走过的弯路!

拉舍和鲍林不仅发表了论文，创立了一个全新的冠心病成因理论，而且根据自己的理论和实验，发明了一组治疗冠心病的口服配方。这一发明于 1991 年登记美国专利（No. 5278189），并于 1994 年鲍林去世之前公布。我们知道，专利有四个特点，即要求科学性、新颖性、独创性、实用性。同时我们也知道，专利是要公开的，要公布的，而配方一般不登记专利，以防公开之后被他人仿制，比如可口可乐的配方等。

笔者有理由认为，拉舍和鲍林之所以登记这些专利，主要目的并不是限制他人的无偿使用，而是向世人宣布，有一种很简单的方法可以预防和治愈冠心病。

拉舍和鲍林的口服配方可以使脂蛋白（a）黏结到受损动脉壁的作用失效。它可以从两个方面发挥效用，即有一石二鸟的功效：① 在化学上起溶剂作用，既可预防也可化解已存在的斑块（去除斑块）；② 同时攻击产生斑块的根本原因，刺激和加速胶原蛋白的生成，修复受损的血管壁。因为这正是血管壁正常疗伤所需，可以从根本上杜绝对脂蛋白（a）的需求（维护血管）。

根据鲍林和拉舍 1991 年专利，氨基酸中的赖氨酸（或类赖氨酸）、脯氨酸与维生素 C 一起，配合其他抗氧化剂，比如维生素 E、维生素 A、辅酶 Q，以充分的浓度，就可以限制脂蛋白（a）黏结到暴露的赖氨酸、脯氨酸“残枝”上，从而制止并逆转斑块的形成，所以这一配方也被称为脂蛋白（a）黏结限制剂。

鲍林与拉舍同时还拥有另一项美国专利。该发明将脂蛋白（a）黏结限制剂制成一种溶剂，用于器官移植或搭桥手术中，以溶解动脉壁上的粥样斑块。如果将有斑块的器官浸泡在脂蛋白（a）黏结限制剂中，任何表面的斑块都可被溶解掉。

以上两项专利被称为鲍林 / 拉舍疗法。它的好处是：

（1）加强并修复血管，根治冠心病；

（2）降低血液中脂蛋白（a）的浓度，保持其低水平；

（3）制止脂蛋白（a）分子黏结到血管壁上；

（4）不像常规药物，没有副作用；

（5）相对手术治疗，费用大大节省。

据说，冠心病的介入疗法使用一种金属支架，每个仅 0.2 g，价格却高达 2.5 万元人民币，一次手术往往要用数枚支架，因此费用往往高达 10 万元以上。而用维生素 C 预防和治疗心脑血管疾病则价格十分低廉。

目前在美国，已有众多的冠心病患者通过鲍林 / 拉舍疗法治愈心脏病，重获健康。

维生素 C 的补充有助于心脏病的康复，还可以从以下事实中得到证明。20 世纪 70 年代美国的心脏病死亡率明显下降了 30%，这在全世界是绝无仅有的。原因何在呢？有识之士公认，由于鲍林在 1970 年出版了《维生素 C 与普通感冒》一书，美国人大吃维生素 C，维生素 C 消耗量倍增。他们本来目的是防治感冒，但客观上也预防了冠心病，降低了冠心病的发病率和死亡率。美国的冠心病发病率在世界的排名已非往日的“名列前茅”，而是下降到中游水平。

笔者认为，鲍林与拉舍的“人类冠心病统一理论”是一项伟大发现，是对人类健康的重大贡献。鉴于冠心病是目前人类的头号杀手，鉴于人类心脑血管疾病的普遍性，因此，该理论具有重大的现实意义。同时，这一伟大发现也是科学上的重大事件，笔者认为，他们有理由获得诺贝尔奖。

笔者认为，鲍林与拉舍的理论符合辩证法，抓住了事物的本质，找到了真理。真理往往很简单，这个理论真是极其简单：冠心病 = 维生素 C 缺乏，简单到令许多专家学者都不敢相信。但是，中国古代哲人说过，大道至简。爱因斯坦在建立相对论的过程中，也始终坚信一个思想：**一个科学理论逻辑上的简单性，是这种理论正确性的重要标志。**

哲人有言：**一切没有解决的问题都显得很复杂，而一切解决了的问题都显得很简单。**

血管上的斑块一向被看作是应该去除的坏东西，而新理论则辩证地看问题，认为它有好的一面，是修复的材料、疗伤的手段。这一点被认清以后，笔者联想到我们皮肤上的伤疤。其实，血管上的斑块不正是血管内壁上的伤疤吗？

我们是如何去除皮肤上的伤疤的？不用特意把它揭掉吧。随着皮肤的修复，伤疤会结痂，然后血痂会自然脱落。在皮肤尚未修复以前就揭掉伤疤，疼痛不说，还会再次出血。血管斑块其实就是血管内壁上的血痂，也不应该生硬地铲除。有一种激光除斑手术，颇有些类似于硬铲硬除。这样的血管手术实在令人担忧。即使所谓的“降胆固醇药”，也有这种风险。

笔者认为，要去除血管上的斑块，首先应该修复和加强血管壁。在血管本身未获修复和加强之前，任何清除血管斑块的药物治疗和手术治疗都存在危险性，都有引起血管内壁出血的可能。

笔者还认为，以往研究冠心病的思路在真理的面前被证明是完完全全错了。回想起来也颇具讽刺意义，血液在血管里流，为什么只研究血液而不研究血管。好比我们的自来水管锈蚀了，我们不从管子入手，而是一味地责怪水质不好，研究水是不是罪魁祸首。

鲍林与拉舍的理论建立在科学实验的基础上，它为斯通理论提供了一个重要佐证。前文已述，卡思卡特的医疗实践已为斯通理论提供了证据，那主要是在抗坏血酸（维生素 C）之于免疫功能方面，而鲍林与拉舍所提供的证据则在抗坏血酸之于胶原蛋白方面。可以说，在抗坏血酸（维生素 C）的两个最重要的功能上，斯通的理论都获得了支持。

人类普遍易患冠心病的事实（人类普遍存在心血管损伤及冠心病的高发病率

和高死亡率）也提示我们，这里面应该有遗传的因素。

目前，应用鲍林/拉舍理论成功治愈冠心病的个案数量已经越来越多，笔者以为，随着时间的推移，这方面的证据还会越来越多。此外，这些成功经验本身也极为值得推广。

“我们对许多病人进行了临床研究，先用超速CT（ultrafast computed tomography）拍下治疗前的冠脉沉积，然后安排定量维生素疗程。临床研究获得了肯定的结果，组织硬化过程明显减缓，你可以从X/CT片看到，某些病人的血管损伤完全消失。”（拉舍）

因为找到了冠心病的根本原因，因此，解决的方法就变得简单了。应用鲍林/拉舍理论治疗冠心病根本不用动手术，只要服用大剂量维生素C（每天500 mg到数千毫克以上），同时大量食用富含赖氨酸和脯氨酸的优质蛋白（笔者建议用蛋白质粉，多吃蹄筋等胶质含量高的食物），辅以适量维生素B、维生素E、维生素A等。当然，如果冠心病急性发作，最好的手段还是去医院接受抢救。

我们无法知道还要等多久鲍林和拉舍的理论才能被医学界认可，但可以预知的是，在此之前，每年仍会有成百上千万冠心病患者被推上手术台，人类头号杀手依然洋洋自得！

2002年，拉舍在斯坦福大学心脏病学系演讲结束时说：“现在，我们已经确定了冠心病的本质，根除冠心病只是时间问题。我以成百万心脏病患者的名义，号召斯坦福大学和其他医学研究机构与我们联合，消灭冠心病！”

# 第七节　瑞欧丹的重大发现：维生素C杀死癌细胞

——有关维生素C的第六个发现

依我现在的观点，维生素C不是杀死癌细胞，而是使癌细胞解体。

——笔者 2016.12.18

2005年8月，美国国家科学院院刊刊载了一篇**划时代的重要论文**，题目为“药理浓度的抗坏血酸选择性杀死癌细胞：以前体药物为组织提供过氧化氢而发挥作用”。

该论文由以马克·莱文（Mark A. Levine）为首的8位科研人员共同完成。他们分属于美国国立卫生研究所（NIH）旗下两个权威研究机构（国立糖尿病、消化道疾病、肾病研究所和国立肿瘤研究所）、美国食品及药品监督管理局（FDA）旗下的药物评估及研究中心生物化学实验室，以及爱荷华大学自由基和辐射生物学计划项目。由于其权威性，该论文被认为是一篇划时代的论文。它正式阐明，高浓度维生素C只杀死癌细胞，不影响正常细胞，是没有副作用的理想抗癌制剂。

维生素C是否具有抗癌功效的争议出现于20世纪70年代后期。苏格兰肿瘤专科医生卡梅伦与大科学家鲍林合作，验证大剂量维生素C的抗癌功效。临床实验数据（病例对照）表明，用静脉滴注加口服大剂量维生素C（10 g/d）救治晚期肿瘤病人，效果明显（参见第五章）。

此后，美国梅约医疗中心（Mayo Clinic）采用双盲方式进行临床试验，但只单纯口服维生素C。试验结果表明，维生素C对患者存活时间和存活质量均无助益，从而否定了卡梅伦和鲍林的结论。虽然这个试验因选择的病人均经过化疗而引起争议，但梅约医疗中心没有再进一步进行研究。当年的美国国立肿瘤研究所对此大力宣称：梅约医疗中心的研究最终明确表明，维生素C对晚期癌症没有价值，没有必要再做进一步的研究。

梅约医疗中心按英文字面直译应该是梅约诊所，百年前它也的确就是个诊所，但熟悉美国医学界的人都知道，这不是一间普通的医院，维基百科称其为美国乃至全球最顶尖的临床医院，也是美国乃至全球最顶尖的医学研究机构。因此，它的权威性毋庸置疑，它的双盲试验结果代表美国医学界的立场，相当于最高法院的终审判决。自此，大剂量维生素 C 疗法在正规肿瘤疗法中被否定被遗弃，而鲍林更因此蒙受了许多“耻辱”。

莱纳斯·鲍林是两次诺贝尔奖得主，英国《新科学家》杂志把他列为人类迄今为止最伟大的 20 位科学家之一，与伽利略、牛顿、达尔文齐名，认为 20 世纪只有他能与爱因斯坦比肩。

此前鲍林已经因倡导维生素 C 可以预防和治疗感冒，被医学界组织的双盲试验所否定，招来医学界的围剿、批判，乃至人身攻击，经常被嘲讽为“庸医”“江湖骗子”（详见本书第五章鲍林）。

试想，经过这样的打击，在这样的环境下，大剂量维生素 C 疗法还能存活吗？

好在鲍林的事业后继有人。沉寂 30 年后，鲍林的继承者瑞欧丹（H. D. Riordan）通过长期不懈的努力，用科学实验和医疗实践成就了重大发现：通过静脉滴注大剂量抗坏血酸（维生素 C），令其在血液中达到一定浓度，可以杀死多种癌细胞，因而，可视其为能有效治疗恶性肿瘤的化疗药物。

有鉴于瑞欧丹的成就，前述 2005 年的论文认为，最近的临床证据表明，维生素 C 在肿瘤治疗中的作用有必要重新评估。鲍林与卡梅伦研究用的方法是静脉滴注加口服，而梅约医疗中心只用口服。人们当时没有意识到，维生素 C 的给予方式不同，它在血液中的浓度会有巨大差别。最近的药代动力学研究表明，同样是 10 g 维生素 C，经静脉滴注与口服对比，前者在血液中的浓度是后者的 25 倍以上，如果剂量更大，则浓度的差别可达 70 倍以上。

图 1–23　瑞欧丹

原来当年，梅约医疗中心并没有完全重复鲍林与卡梅伦研究用的方法，除了在选择病人上与鲍林他们不同外，还忘记了静脉滴注。由于鲍林与卡梅伦的研究被梅约医疗中心否定，于是，这种疗法不能成为正规的治癌手段。而这一拖就是 30 多年，其间，不知有多少鲜活的生命失去了康复的希望。由此我们可见，双盲试验虽是一种科学的方法，但用得不好，亦可能成为阻挡科学创新和进步的绊脚石。我们也有理由质疑梅约医疗中心当年的行为取向（参见第五章）。

有人并没有忘记静脉滴注。用静脉滴注大剂量维生素 C 治疗恶性肿瘤的临床实践始于 1986 年，由鲍林事业的继承者瑞欧丹医学博士在美国堪萨斯“人体机能改善中心（The Center for the Improvement of Human Functioning, International, Inc.）”首创。

开始，他们仅用大剂量静脉滴注抗坏血酸（IAA）对癌症病人进行辅助治疗，每次使用 15 克抗坏血酸静脉滴注,每周一次或两次。这种方法增强了病人的幸福感,减轻了疼痛,并令许多病人寿命延长,大大超出肿瘤专家的预言。

1990 年,他们使用每次 30 g 抗坏血酸静脉滴注,每周两次,对一名男性进行治疗,结果发现,因原发性肾细胞癌而转移到肺和肝的肿瘤在几周之内消失。

当时他们认为,大剂量静脉滴注抗坏血酸之所以能帮助癌症病人,其机理只是基于两种生物反应调节剂机制(biological response modifier mechanisms):① 细胞外周胶原蛋白的合成,正如卡梅伦和鲍林所提出的,"阻隔"肿瘤;② 增强免疫功能。

1995 年,在一篇论文中,他们提出证据,证明抗坏血酸和抗坏血酸钠可能不仅限于生物反应调节剂的作用,而具有优先毒死癌细胞的毒性作用(preferentially toxic to tumor cells),这说明抗坏血酸可以作为化疗药物使用。这种优先的毒性作用在体外实验中对多种癌细胞均有体现(图 1-24)。

他们使用密集生长的单层细胞,中空纤维肿瘤测定法(HFA),以及人类血浆作为培养基,以准确模拟发生在体内的环境。[HFA:将一定数量的某种肿瘤细胞装入中空纤维管(hollow fibers, HFs),再将 HFs 通过手术接种到裸鼠体内,然后给予受试药物,应用各种方法(如 MTF 法)观察药物在体内抗肿瘤作用的一种实验方法]。

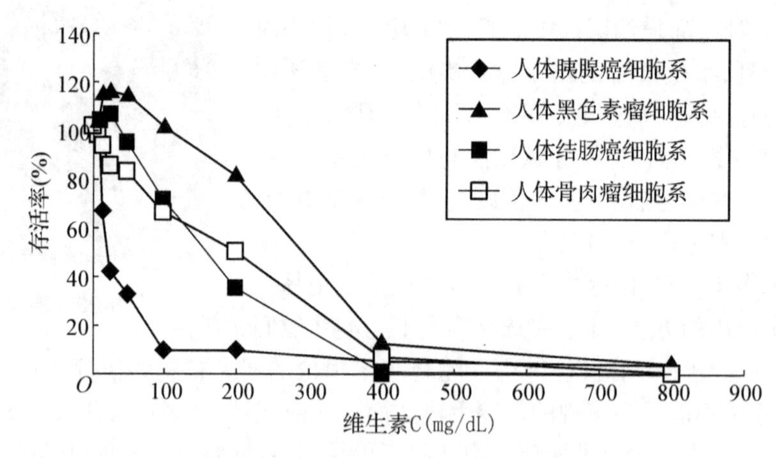


图 1-24 维生素 C 体外抗癌细胞实验

图 1-24 表示人体癌细胞在高浓度抗坏血酸培养皿中的存活率(survival)。曲线表示它们对不同浓度抗坏血酸钠的反应(12 个样本的平均数),全部样本都来自 ATCC(美国标准生物品收藏中心)。结果反映所有细胞的存活率。维持培养基为高葡萄糖培养基 DMEM, wf10% 热灭活胎牛血浆 + 抗生素 + 两性霉素,置于 5%$CO_2$ 湿润培养器,温度 37℃。实验培养基分别来自确诊患这些肿瘤的病人的血浆。在加入抗坏血酸钠后培养 3 天。在 96 个培养皿中种入 24 000 个癌细

胞。使用微板荧光计测定活细胞的绝对数量。

他们发现，400 mg/dL 的 AA 浓度可以杀灭几乎所有类型的癌细胞（最初，他们报告，40 mg/dL 已经足够，但这些早期的数据是使用稀疏生长的细胞层以及标准培养基从体外研究所得）。

他们还提出数据说明，杀死癌细胞所需的抗坏血酸血浆浓度在人体内可以达到。自此，他们开始将大剂量维生素 C 作为首选化疗药物用于治疗各种恶性肿瘤。

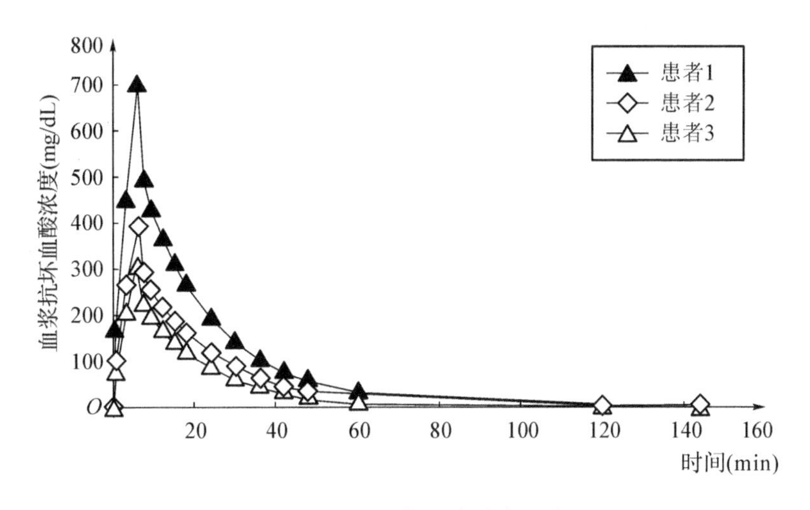


图 1-25　维生素 C 内抗癌实验

图 1-25 表示三位有代表性的患者接受 IAA 治疗时血浆抗坏血酸浓度随时间的变化。患者 1 是一名 74 岁男性，被诊断为前列腺癌，没有转移。他在过去两年曾接受超过 30 次 IAA 静脉滴注，并已临床治愈。他的血浆抗坏血酸浓度达到一个峰值 702 mg/dL。患者 2 是一名 50 岁男性，患非霍奇金淋巴瘤，曾接受 16 次 IAA，仍在继续治疗。患者 3 是一名 69 岁男性，患空肠癌，已转移，曾接受 16 次 IAA，仍在继续治疗。他们分别达到更低的血浆抗坏血酸浓度 396 mg/dL（患者 2）和 309 mg/dL（患者 3）。

静脉滴注方案：在 500 mL 注射用水中加入 65 g 抗坏血酸钠，以每分钟 1 g 的速度静脉滴注，用时 65 分钟。同时监测血浆抗坏血酸浓度。全血在接受输液的另一侧手臂通过静脉留针取得。血浆维生素 C 浓度（AA）使用高性能液相色谱仪测定。

从图 1-24 和图 1-25 的数据可以看出，杀灭癌细胞所必需的人体血浆 AA 浓度可以在短时间内获得。图 1-25 提示，需要测定静滴 AA 后血浆抗坏血酸浓度，以确定是否取得所期望的足够浓度。

前述 2005 年 8 月美国国家科学院院刊刊出的论文再次验证了抗坏血酸在药理浓度下可直接杀死癌细胞，其所谓选择性杀死（selectively kill）与瑞欧丹的优先毒死（preferentially toxic）含义是一样的，意为只杀死癌细胞而不伤害正常细胞。

2005 年论文的作者使用 9 种人体癌细胞和 4 种人体正常细胞，模拟临床应用时的体内环境，进行体外实验。这些实验的目的是：验证通过试管实验能否取得与人体静滴维生素 C 同样的效果。

人体维生素 C 的血液浓度在一般情况下为 0.1 mM，试管内也模拟这种环境。临床药代动力学分析表明，静滴维生素 C 时，血液中维生素 C 的浓度可上升到 0.3 ～ 20 mM，试管也同样再现这种环境。而这样的浓度也只能用静滴达到，通过口服同样的数量，因为小肠吸收能力所限，最高只能达到 0.22 mM。临床静滴时最高浓度保持 1 小时，为模拟此项，受试细胞均在上述浓度下（0.1 mM 和 0.3 ～ 20 mM）培育 1 小时。1 小时以后，将这些细胞移至没有维生素 C 的培养液，在 24 小时以后用细胞核着色或 MTT（噻唑蓝）测定细胞的死亡率。

实验结果表明，9 种癌细胞中的 5 种显示出明显效果，在低于 5 mM 的浓度下存活率下降 50%（$EC_{50}$ values），即 50% 被杀死。5 mM 以下的浓度通过静滴很容易达到。而 4 种人体正常细胞直至 20mM 的高浓度仍然没有反应（insensitive），显示高浓度维生素 C 不伤害正常细胞。另外 4 种癌细胞在 5 mM 浓度下放置 1 小时，1 小时后移至没有维生素 C 的培养液放置 14 天，观察细胞生存繁殖状况，结果发现，有 3 种癌细胞的增殖至少被抑制 99%。

虽然不是全部，但并不算高的维生素 C 浓度即可杀死 50% 的癌细胞，由此可以推论，如果维生素 C 的浓度更高，癌细胞的死亡率也会更高。他们选用人体淋巴瘤细胞（JLP-119）对此推论进行验证。之所以选择淋巴瘤细胞是因为该细胞对维生素 C 反应敏感（sensitive）。他们将维生素 C 浓度从 0.1 ～ 5 mM 分为 8 个档次，再将淋巴瘤细胞分别放入，1 小时后取出放回普通培养液，然后观察 18 小时后细胞的死亡率和死亡类型。

结果表明，维生素 C 浓度越高，癌细胞的死亡率也越高，在 2 mM 时几乎 100% 死亡。而且，癌细胞的死亡类型与细胞因过氧化氢（$H_2O_2$）致死的类型极为相似。而正常的淋巴细胞和单核细胞则近乎 100% 未被维生素 C 杀死。

高浓度维生素 C 优先杀灭癌细胞而不损伤正常细胞的机理如下：由于上述“癌细胞的死亡类型与细胞因过氧化氢（$H_2O_2$）致死的类型极为相似”，研究人员推测，维生素 C 杀死癌细胞的机理可能与过氧化氢（$H_2O_2$）有关。经过具体的实验和细胞死亡类型的比较，根据所得数据他们得出结论，是细胞外的维生素 C 在氧化过程中通过产生过氧化氢（$H_2O_2$）杀死了癌细胞。因此，他们的结论是，药理浓度的抗坏血酸并非直接杀死癌细胞，而是以前体药物的形式为组织提供过氧化氢（$H_2O_2$）

杀死癌细胞(参见该论文标题)。而维生素 C 在接触正常细胞时虽然产生过氧化氢($H_2O_2$),但会被正常细胞产生的过氧化氢酶中和,因此对正常细胞不造成伤害。

瑞欧丹则推测,在 350 ~ 400 mg/dL 的浓度下,维生素 C 在细胞外作为前体药物与金属离子作用产生 Fenton 反应,生成大量过氧化氢($H_2O_2$),而癌细胞之所以被过氧化氢($H_2O_2$)杀死,是因为癌细胞缺乏过氧化氢酶(CAT)。另外,由于癌细胞膜产生大量葡萄糖受体(癌细胞有捕捉葡萄糖的特征),而维生素 C 分子与葡萄糖分子形状非常接近(图 1-26),因此维生素 C 在癌细胞周围的浓度可达正常细胞周围的 5 倍以上。

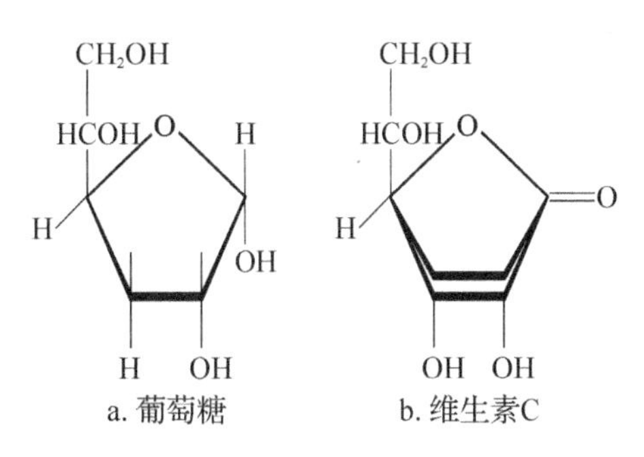


**图 1-26 葡萄糖与维生素 C 的分子形状极为相似**

研究人员发现,维生素 C 即使在血液中氧化产生过氧化氢($H_2O_2$),也会被立即清除,以致检测不出。于是,在有血液的地方即使有维生素 C,红细胞也不会受到破坏,这保障了维生素 C 的正常运输。

经过近 30 年的医疗实践和研究,堪萨斯“人体机能改善中心”出台了修订版的规程(*The Riordan IVC Protocol* 2009),该规程指出,维生素 C 的其他功能也帮助机体战胜癌细胞,比如:维生素 C 提升线粒体的功能;刺激免疫系统增产干扰素;增加 NK 杀伤细胞的数量;放大吞噬细胞的吞噬和杀伤能力;降低因化疗和放疗而产生的对 P53 基因(调节细胞凋亡的基因)的氧化损伤。这有利于防止正常细胞 DNA 的损伤和突变。对纤维组织的形成而言,维生素 C 帮助形成胶原蛋白和肉毒碱,有利于形成阻断癌细胞的壁垒。它同时有利于形成结缔组织、软骨、骨基质、牙本质、皮肤和肌腱。维生素 C 参与氨基酸转化为神经递质;降低生成前列腺素 E2,从而减少炎症;增加干细胞生成,帮助组织修复。而所有这一切反过来会让癌细胞非功能性死亡。

2002 年,他们总结了历年来用大剂量抗坏血酸静脉滴注治疗 50 名各种类型癌症病人的经验,其中包括:一胰头癌病人,只靠大剂量抗坏血酸静脉滴注作为唯一的治疗手段,生存了 3 年半;乳腺癌骨转移和许多非霍奇金淋巴瘤的消退;原发性肝癌的消退；转移性结肠癌的消退和缩小；伴有广泛转移的卵巢癌的消退及生存期超过 3 年。

他们只碰到过 2 例转移性肾细胞癌，这种癌被公认为是一种无法治疗的疾病。因为结果非常显著（dramatic），他们认为，患这种癌的人可能从大剂量静脉滴注抗坏血酸治疗（IAA）获得最大的利益。

这两名转移性肾细胞癌病人的病例如下：

（1）一名 52 岁的白人女性，有肾细胞癌病史，第一次到诊所是 1996 年 10 月。

此前，1995 年 9 月，左肾发现一个原发性肿瘤，立即做了肾切片检查，组织学证实是肾细胞癌。当时没有发现任何转移。1996 年 3 月，X 光检查发现肺转移。9 月，X 光检查发现肺部有 4 个 1 ～ 3 cm 肿块。一个月之后，肺部发现 8 个 1 ～ 3 cm 肿块（7 个在右肺，1 个在左肺）。没有接受过任何化疗、放疗和外科手术。

给她的起始剂量是 15 g，两个星期后，增加到 65 g，每周 2 次；她同时口服下列营养补剂：维生素 C 片剂，每天 9 g。其他营养措施：N–乙酰半胱氨酸（生产商：Vitamin Research Products, Carson City, NV）500 mg，每天 1 次；beta–1, 3–葡聚糖（一种巨噬细胞激活剂，生产商：NSC–24, Nutrition Supply Corp., Carson City, NV）2.5 mg，每天 1 次，每次 3 片；鱼油（超级 EPA，生产商：Bronson Pharmaceuticals, St. Louis, MO；含 300 mg 二十碳四烯酸，200 mg 二十二碳六烯酸）每天 3 次，每次 1 粒；β 胡萝卜素（Beta Carotene 25，生产商：Miller Pharmacal Group, Inc., Carol Stream, IL），每天 2 次，每次 25 000 国际单位；L–苏氨酸（生产商：The Solgar Vitamin Co, Inc., Lynbrook, NY）500 mg，每天 1 次（为纠正验血时发现的缺乏）；杆状乳酸菌（Lateroflora，生产商：International Bio–Tech U.S.A., San Marcos, CA）280 mg，每天 1 次，每次 2 片，为治疗肠道酵母菌 / 念珠菌感染；复方肌醇烟酸酯（生产商：Niaplex, Karuna Corp., Novato, CA；含 500 mg 烟酸，100 μg 铬）每天 1 次，每次 2 片。营养措施还包括：饮食中不含精炼糖。

大剂量抗坏血酸静脉滴注治疗（IAA）一直持续到 1997 年 6 月。此时，胸部 X 线照片显示，原来的 8 个肿块中的 7 个已消退，第 8 个也已缩小。医学影像报告说："从前在左肺以及覆盖心脏的部位看到的结节性浸润消失。在左上部看到的结节性浸润体积明显缩小，同时，只看到 1 cm 左右的模糊阴影。"

病人在 1997 年 6 月停止大剂量抗坏血酸静脉滴注治疗（IAA）。自此，她仍坚持营养支持方案，而在 4 年后，她仍然健康，没有任何病情进展的证据。

（2）1985 年 12 月，一名 70 岁男性老人的右肾下端发现一个肿块。肿块的病理学检查证实是肾细胞癌。他由另一间诊所的一名肿瘤医生随访。大约在手术切除后 3 个月，病人的 X 光照片以及 CT 扫描显示："有多发性肺部病变（lesions），在肝脏发现多处异常病灶（lesions），以及主动脉周围淋巴结肿大（lymphadenopathy）。”

1986 年 3 月，病人来到“人体机能改善中心”求医。他决定不进行传统化疗。在他的要求下，诊所开始实施 IAA 治疗，30 g，每周 2 次。

1986 年 4 月，在 X 光照片和 CT 扫描检查后 6 周，随访的肿瘤医生这样报告：“……病人感觉重回良好。他的检查结果完全正常。他的胸片显示，对比 6 周前，肺部病变有根本性好转。主动脉周围淋巴结肿大已完全消退……抑或病毒性感染带来的肺部病变、肝脏异常病灶及主动脉周围淋巴结肿大之消退，抑或复发性肾癌的消退，都因为对你们诊所的维生素 C 治疗有所反应。”

1986 年，第一疗程 7 个月，病人持续接受每周 2 次，每次 30 g 静脉滴注治疗。之后，第二疗程 8 个月，减少为每周 1 次。第三疗程 6 个月，每周 2 次，每次 15 g。无论治疗期间和治疗后，病人都没有任何毒性反应，他的血液生化学检查及尿液分析全都正常。

10 年后，1996 年 7 月，肿瘤检查报告指出：“没有任何进行性癌症的证据。他看来健康……今天的胸片提示：完全正常。肺部结节（nodules）完全消失。无论如何，今天没有任何肺转移、肝转移或淋巴结转移的证据。”

病人状况一直良好，并且定期在该诊所复查，直至 1997 年初去世。他去世时 82 岁，没有癌症，这是确诊后的第 12 年。

至 2009 年的 25 年间，美国堪萨斯“人体机能改善中心”共实施大剂量抗坏血酸静脉滴注治疗（IAA）近 4 万例（1994 年不足 1 500 例，2006 年增至近 3 000 例）。没有一起意外死亡，极少副作用。好事传千里。虽然美国国立研究机构尚在进行临床验证，但在美国，运用该法治疗癌症的医生在 2009 年已超过 1 万名，而且还在稳定迅速增长。

2009 年，美国堪萨斯“人体机能改善中心”发表最新版操作规程，它以本疗法的创始人瑞欧丹的名字命名，称为“2009 瑞欧丹维生素 C 静脉滴注规程（*The Riordan IVC Protocol* 2009）”。其中包括：大剂量抗坏血酸静脉滴注治疗的原理和人体对它的反应，适用人群及规范，注意事项及副作用，滴注液配制、实施等。25 年间，该中心按照这个规程实施了超过 4 万例大剂量抗坏血酸静脉滴注治疗，没有一例意外死亡，极少副作用，这一事实说明，这个规程是安全的。

日本的柳泽厚生医生是从一个美国癌症患者那里得到这个信息的。柳泽医生在日本神奈川县镰仓市开设一间私人诊所，用静脉滴注螯合剂治疗冠心病等血管疾患。2006 年 9 月，一名美国癌症患者造访，他 40 岁左右，患淋巴癌且已全身转移，因惧怕化疗的副作用，不想做。听说柳泽医生是做静脉滴注的，于是造访，希望医生给他做维生素 C 静脉滴注，每天 50 g 以上。

对如此大的剂量柳泽医生感到惊讶。经查阅网络资料和电话咨询，他了解到，这种方法正在美国稳定地普及，于是决定一试。10 月 6 日开始，每周 1 次，从每次 16 g，到 40 g，再到 60 g。

2007 年 1 月 24 日，经主治医生对病人做胃肠内窥镜检查、PET 检查和 CT 检查，病人被告知：虽然没有治疗，但肿瘤明显自然退缩。主治医生原来可以轻易触摸到鼠蹊部位的淋巴肿块，这次费力探查已不见踪迹，他对此感到惊讶。本计划从 2 月开始的化疗说要等到 4 月再讨论。静脉滴注治疗半年，2007 年 4 月 10 日的检查结果表明，比上次检查时进一步改善。无疑，这明显是大剂量维生素 C 静脉滴注治疗的效果（原文有 PET 检查对照图）。

2007 年 5 月，柳泽医生赴美国堪萨斯“人体机能改善中心”学习，回国后立即开始正式实施，并将普及这种疗法视为自己的使命。很快，在他的带动下，许多民间诊所开始采纳。当他 2009 年 9 月出版《超高浓度维生素 C 点滴疗法手册》时，日本已有 215 间实施大剂量抗坏血酸静脉滴注治疗（IAA）癌症的民间诊所。他们还经常举行讲座和学术交流。

日本实施 IAA 时间虽短但普及速度之快说明，IAA 有强大的优势，非常好的效果。柳泽医生的书中列举了 15 个典型病例，因为篇幅所限，只能将描述这些病例的标题罗列如下：

（1）乳癌多发性转移活不过一个月的设计师重返岗位。

（2）结肠癌术后与化疗并用，癌性腹膜炎全部病变消失。

（3）最低限度的化疗药 + 高浓度维生素 C 滴注，克服宫体癌再发。

（4）结肠癌肝肺转移，术后与化疗并用，生存质量显著改善。

（5）70 岁胰腺癌男性，化疗药物副作用消失，可以上半班或全班了。

（6）坚持禁烟和食疗，克服膀胱癌。

（7）Ⅳ期胃癌患者可以吃饼子了。

（8）前列腺癌骨转移男性，因 QOF 改善，愿意继续治疗了。

（9）晚期肺癌胸水减少，体况恢复。

（10）乳癌肺骨转移母亲为幼子与癌抗争。

（11）手术前用维生素 C 滴注，肿瘤缩小。

（12）仅用维生素 C 滴注，不宜手术的多发性肝内胆管癌好转。

（13）被告知无望恢复的弥漫浸润型胃癌（scirrhus）患者重新上班。

（14）79 岁肺内转移肺癌患者不宜手术，被告知活不过 3 个月，结果能骑车上坡。

（15）被告知活不过 1 个月的卵巢癌淋巴结转移患者，明显超过预期。

下面简要介绍一个病例：

2008 年 11 月，东京涩谷塚田诊所的塚田博医生迎来一位女性患者，50 岁，是一名职业设计师。2003年7月发现右乳乳癌，且已确诊有肺和骨转移（第4期）。在其他医院经化疗后手术切除了右乳癌，出院后再经口服抗癌药、化疗和激素治疗，一度有所恢复。

2008年6月，即发现乳癌后5年，患者出现胸水，10月被确诊有多发性肝转移。主治医生告诉她丈夫，她最多只能活一个月。这时，他们听说塚田诊所有这种新的疗法，于是选择转院。

患者来的那天戴着氧气面罩，由丈夫抱着进了诊所。住院后一直躺着，生活不能自理。据此，塚田决定每周3次实施大剂量静脉滴注维生素C（抗坏血酸钠）。

第一次静滴后就出现了令人惊奇的变化。喉咙发干要喝水是正常现象，但该女士在喝水后竟然提出想吃肯德基炸鸡，而且一下子就吃了一大块（笔者认为，该女士之所以得乳癌，可能与她好吃肉有关，但仍为她能迅速恢复感到高兴。参见第二章第三节）。

以后剂量增加到75 g，定期滴注。每做一次，体力即恢复一回。一个月以后，生活已可自理，于是出院。3个月后可以徒步15分钟去附近超市购物，6个月后，居然重新上班，继续职业设计师的工作。CT检查确认，因多发性肝转移而肿大的肝脏已恢复正常大小，转移性肿块缩小，胸水消失。

塚田医生治疗癌症已经20多年，晚期癌症患者恢复如此显著的个案还是第一次经历。该女士来诊所做静滴结束后，丈夫来接她。看着夫妻手牵手回去的背影，塚田医生从心底涌出久违的做医生的喜悦。

目前，该法面临的唯一问题是，尚未纳入医保系统，患者要自己负担治疗费用。在日本，单次治疗费约为200美元，价格不算低，但与传统化疗比仍然低得多。

维生素C可以杀死癌细胞，可以作为化疗药物有效治疗癌症，而且已经有大量成功案例，这是医学界乃至科学界的重大事件。

维生素C战胜癌细胞的机理令人赞叹！它诉说的是“身体的智慧”：维生素C分子以貌似糖分子的样子，利用癌细胞亲糖的特性，骗过癌细胞，包围癌细胞，在癌细胞周围释放毒素（过氧化氢），利用癌细胞的弱点（没有过氧化氢酶），令癌细胞解体。而对正常细胞，维生素C不会造成伤害，因为正常细胞含有这种解毒物质（过氧化氢酶）。我们应当尊重进化而来的身体的智慧（wisdom of the body）（尼斯与威廉姆斯）。

医药界一直在苦苦寻觅投入巨资研发的，效果最佳、毒副作用最小、适用范围最广的理想化疗制剂居然就在我们身边，竟然就是一直被否定、被排斥、被藐视的维生素C，这一事实发人深省。它说明：① 人类易患肿瘤可能是丧失制造抗坏血酸功能的后果，而这个抗坏血酸遗传缺陷仅靠饮食中微小含量的维生素C是不能弥补的。② 会制造抗坏血酸的动物之所以少有恶性肿瘤，原因可能恰恰在于，体内应激制造的抗坏血酸可以直接进入血液，形成足以致癌细胞解体的较高浓度。而所谓人体静脉滴注抗坏血酸，只不过就像恢复了人体应激制造抗坏血酸的功能而已。③ 维生素 C 是大自然的伟大创造，轻视它代价巨大。

笔者将瑞欧丹的发现列为有关维生素 C 的第六个重大发现，这个发现再次佐证了欧文·斯通的理论（第三个发现）：人类不能制造抗坏血酸是一个严重的遗传缺陷，是许多疾病的根源。欧文·斯通早就怀疑，癌与维生素 C 遗传缺陷直接相关。现在，他的疑问得到了解答。

美国总统奥巴马 2009 年拨款 10 亿美元进行的所谓"癌症基因起因研究和靶向癌症治疗"，笔者以为可能已经有了答案。人类抗坏血酸遗传缺陷可能就是癌症的基因起因之一。而大剂量静脉滴注维生素 C 可能就是最精确地只解体癌细胞而不伤害正常细胞的靶向治疗。

六个有关维生素 C 的重大发现特别是瑞欧丹的发现令人警醒，值此维生素概念诞生百年之际，重新评估维生素，特别是维生素 C 在治疗医学和预防医学中的作用，应该是科学界和医学界的重要课题。

瑞欧丹疗法的确立不仅对恶性肿瘤的预防与治疗意义重大，而且对其他疾病的预防与治疗，如冠心病、感染性疾病包括炎性疾病，也有不可估量的意义。

上述日本的柳泽医生自认为可能有家族性的恶性肿瘤易感基因。他的父亲有 6 个兄弟姐妹，5 人患癌；他的母亲也有 6 个兄弟姐妹，也有 5 人患癌。因此，他自知自己得癌的概率很高，但不想坐以待毙。根据他掌握的维生素 C 治疗癌症的机理，他认为，这个办法可能可以预防癌症。于是，他自己主动采取定期静脉滴注维生素 C 的办法预防癌症。许多医生也效法他，采用这个办法进行预防。

实施静脉滴注大剂量维生素 C 治疗感染性疾病包括炎性疾病的民间诊所在一些国家，比如澳洲和新西兰，早已有之（参见第五章）。

美国媒体关注维生素 C 疗法，从 2005 年至今已有许多报道，令人充满期待。学界正在进行临床验证，鲍林重新受到尊重。

2007 年 1 月 11 日，《芝加哥论坛报》报道，美国食品药品监督管理局（FDA）同意美国癌症治疗中心（CTCA）进行临床试验，评价维生素 C 对癌症的效果。CTCA 得到 FDA 的同意，开始进行大剂量维生素 C 疗法的第一阶段实验。

2007 年 9 月，美国约翰·霍普金斯大学在《癌细胞》杂志发表论文，论述了他们进行动物实验的结果。关于这篇论文，约翰·霍普金斯大学医学情报中心评述说："莱纳斯·鲍林 30 年前提出的维生素 C 抑制癌细胞生长的主张，在一定意义上是正确的。"

虽然美国国立研究机构尚在进行临床验证，但在美国，运用该法治疗癌症的医生已超过1万名，而且还在迅速增长。日本2007年底起步，至2009年9月采用该法的诊所已超过200间，发展极为迅速，这反映了社会的需求以及患者的向往和选择。

不过，笔者认为，维生素C“杀死”癌细胞的机理仍然需要深入研究。首先，按照笔者创立的肿瘤成因假说（参见第二章第二节），肿瘤不是异己也不是敌人，癌细胞是第二免疫系统的免疫细胞。因此用“杀死”一词本身就是一个错误，是基于癌细胞是叛逆细胞的成见。其次，笔者怀疑他们推理的严密性，因为，带着成见推理，容易发生谬误。笔者认为，大剂量维生素C并不是杀死癌细胞，而是令癌细胞解体（凋亡）。这很可能像食肉动物一样，尽管它们体内的铁很容易过量，容易引发癌症，但因他们会制造大量的维生素C，将铁保护在还原状态，因此普遍没有癌症。当然，这是一个值得大力研究的课题。不过，用大剂量维生素C治疗肿瘤的成就仍然是值得肯定的。

## 第一章小结

20世纪60年代，美国科学家欧文·斯通（Irwin Stone）博士通过研究，证明坏血病是一种遗传病，将丰克提出的"坏血病饮食维生素C缺乏假说"（"Vitamin C-Dietary Deficiency Disease Hypothesis", Funk, 1912）提升为"医学遗传学假说"（"Medical Genetics Hypothesis"）。他指出："对绝大多数哺乳动物来说，抗坏血酸并不是作为微量维生素C起作用，而是应激反应中肝脏的代谢产物，每天都在体内大量制造，但人类却不能。"他将这种人类潜在的致命的遗传肝酶疾病称为"低抗坏血酸症（Hypoascorbemia）"，并指出，这才是坏血病的真正原因。"如果没有饱满的抗坏血酸，任何应激都会进一步耗尽仅有的一点儿储备，只能加重患者的慢性低抗坏血酸症。"这里所谓的患者，是指各种疾病的患者。

欧文·斯通还搜集了大量病例资料，这些资料均反映用大剂量维生素C成功治疗形形色色疾病，特别是感染性疾病的事实。由此他推测，这些疾病可能是这个缺陷基因（defective gene）的后果："在史前和有历史记录以来，这一缺陷基因的严重后果和负面作用，对比其他任何单一因素，导致了更多生命的死亡，带来了更多的疾病和苦难。"这里，欧文·斯通已经提出了一个人类病因学假说的雏形。

笔者根据后来出现的卡思卡特医生的发现（第四个发现）、拉舍医生的发现（第五个发现），以及笔者的发现，于2006年在欧文·斯通理论的基础上提出"人类抗坏血酸遗传缺陷学说暨人类第一病因学说（Theory on ascorbate genetic defect of human, that is, theory on primary reason of human disease）"。现在，瑞欧丹医生的发现（第六个发现）和成就再次佐证和丰富了这个学说。

## 参考文献

[1] A H 恩斯明格 . 食物与营养百科全书：营养素 [ M ]. 北京：农业出版社，1986.

[2] Allan Cott.MD Dr Irwin Stone：ATributer [ J ]. Orthomolecular Psychiatry，1984：150.

[3] Bio-Communications Research Institute. The Riordan IVC Protocol 2009 [ R/OL ]. chelationmedicalcenter. com

[4] Cathcart R F. A unique function for ascobate [ J ]. Medical Hypotheses，1991，35（1）：32-37.

[5] Cathcart R F. The method of determining proper doses of vitamin C for the treatment of disease by titrating to boweltolerance. [ J ]. Orthomolecular Psychiatry，1981，10（2）：125-132.

[6] Cathcart R F. The third face of vitamin C [ J ]. Journal of Orthomolecular Medicine，1993，7（4）：197-200.

[7] Cathcart R F. The vitamin C treatment of allergy and the normally unprimed state of antibodies（Submitted to Medical Hypotheses February 13，1986）[ J/OL ].http：//www.vitamin c orthomed.com.

[8] Cathcart R F. Vitamin C in the treatment of acquired immune deficiency syndrome（AIDS）. Medical Hypotheses，1984，14（4）：423-433.

[9] Cathcart R F. Vitamin C：The nontoxic，nonrate-limited，antioxidant free radical scavenger [ J ]. Medical Hypotheses，1985，18：61-77.

[10] Dr E Cherashin，et al. The vitamin C connection [ M ]. New York：Harper and Row，1983.

[11] In Memoriam Irwin Stone（1907—1984）[ J ]. Orthomolecular Psychiatry，1984，13（4）：285.

[12] Intravenous Ascorbate as a Chemotherapeutic and Biologic Response Modifying Agent. http：//www.brightspot.org/ivc/ivcagent.html（19 Feb 2002）.

[13] Irwin Stone. Eight decades of scurvy——the case history of a misleading dietary hypothesis [ J ]. Orthomolecular Psychiatry，1979，8（2）：58-62.

[14] Irwin Stone. On the genetic etiology of scurvy [ J ]. Acta Geneticae Medicae et Gemellologiae，1966，15（4）：345.

[15] Irwin Stone. The genetics of scurvy and the cancer problem [ J ]. Orthomolecular Psychiatry，1976，5（3）：183-190.

[16] Irwin Stone. The natural history of ascorbic acid in the evolution of the mammals and primates and its significance for present day man [ J ]. Orthomolecular Psychiatry，1972，1（2-3）：82-89.

[17] Levine M，Riordan H D. Vitamin C pharmacokinetics：implications for oral and intravenous use [ J ]. Ann Intern Med，2004，140：533–537.

[18] Levine M. Pharmacologic ascorbic acid concentrations selectively kill cancer cells：Action as a pro-drug to deliver hydrogen peroxide to tissues [ J ]. Proceedings of the National Academy

of Sciences, 2005, 102(38): 13604-13609.

[19] Mark Levine. New concepts in the biology and biochemstry of ascorbic acid[J]. The New England Journal of Medicine, 1986, 4: 3.

[20] Nesse R M, Williams G C.Why we get sick[M]. New York: Vintage Books, 1995.

[21] Padayatty S J, Levine M. Reevaluation of ascorbate in cancer treatment: emerging evidence, open minds and serendipity[J]. J Am Coll Nutr, 2000, 19: 423–425.

[22] Pauling L. How to live longer and feel better[M]. Corvallis: OSU Press, 2006.

[23] Rath M , Pauling L. A unified theory of human cardiovascular disease leading the way to the abolition of this disease as a cause for human mortality[J/OL]. http: //www.orthomed.org.

[24] Rath M. Celluler health series: the heart[M]. Santa Clara: MR PublishingInc, 2001.

[25] Rath M. The stanford speech: eradicating heart disease[M]. Dr Matthias Rath Health foundation , 2002.

[26] Rath M.Why animal don't get heart attack—but people do[M]. Dr Matthias Rath Health foundation, 2002.

[27] Riordan H D, Riordan X. Intravenous ascorbate as a tumor cytotoxic hemotherapeutic Agent [J]. Medical Hypotheses, 1995, 44(3): 207-213.

[28] Riordan H D, Jackson J A, Schultz M. Case study: high-dose intravenous vitamin C in the treatment of a patient with adenocarcinoma of the kidney[J]. J Ortho Med, 1990, (5): 5-7.

[29] Riordan H D, Riordan N H. Improved microplate fluorometer counting of viable tumor and normal cells[J]. Anticancer Res, 1994: 927-932.

[30] Simons E L. Human ancestors—the early relatives of man[M]. San Francisco: Freeman, 1964.

[31] Steve Parker.The dawn of man[M]. Quantum Books, 2006.

[32] B A 鲍曼, R M 拉赛尔 . 现代营养学[M]. 荫士安,汪之顼,译 . 8 版 . 北京: 化学工业出版社, 2004.

[33] 付亚龙 . 冠心病[M]. 北京: 科学技术文献出版社, 2001.

[34] 李难 . 进化论教程[M]. 北京: 高等教育出版社, 1990.

[35] 柳沢厚生 . ビタミンCがガン細胞を殺す[M]. 东京: 角川ＳＳＣ, 2007.

[36] 柳沢厚生 . 超高濃度ビタミンC点滴療法ハンドブック[M]. 东京: 角川ＳＳＣ, 2009.

[37] 那开宪 . 心血管系统疾病防治[M]. 北京: 华文出版社, 2000.

[38] 宋永刚 . 心血管系统疾病病理[CD-ROM]. 北京: 人民卫生电子音像出版社, 2013.

[39] 托马斯·哈格 . 鲍林——20世纪的科学怪杰[M]. 周仲良,等译 . 上海: 复旦大学出版社, 1999.

[40] 张科生,黄山鹰 . 人类抗坏血酸遗传缺陷学说暨人类第一病因学说(上)(下)[J]. 医学与哲学, 2006, 27(7): 55-58;(8): 61-64.

[41] 张科生 . 从达尔文医学看人类抗坏血酸遗传缺陷——纪念维生素概念诞生百年[J]. 医学与哲学, 2012, 8(1): 17.

[42] 朱洗 . 维他命与人类之健康[M]. 上海: 文化生活出版社, 1950.

# 第三章 笔者的发现：对第一遗传缺陷的补救措施

进化没有周密计划，它总是在原有基础上做小修小补。

——尼斯与威廉姆斯

## 亡羊补牢

——人类的另一种进化

笔者的发现是随着对达尔文医学的研究展开的。

我们知道，在哺乳动物体内，能否制造抗坏血酸的关键差异在于，是否存在 L- 古洛糖酸内酯氧化酶（GLO），也就是说，有没有制造 GLO 的基因。人类和高等灵长目动物（猿猴亚目 Anthropoidea）就是缺失了这个基因，因此不能制造抗坏血酸。

从达尔文医学的观点看，这个变异的基因就是所谓**变态基因（Genetic quirks），它在远祖所处的环境中有益，或至少无害，但在现代环境中要付出代价。**正如达尔文医学创始人尼斯与威廉姆斯所说：“**我们不希望把这些基因称为缺陷基因（defective gene），而乐于称之为变态基因（quirk）。除非人们遇到新的环境影响，否则它们并没有负面作用。**”

根据基因研究，这个基因可能属于**错义突变**，结果成为高度突变的**假基因**，最终导致生物体无法表达GLO并合成抗坏血酸。所谓假基因是指，在结构上类似于基因，但不具有功能，是以前的基因由于突变丧失了功能后遗留下的**分子化石**。它可能含有“旧码”，就是在进化过程中丧失功能的基因部分。

按照达尔文医学，任何进化适应都有代价，任何进化特征的出现必然有利也有弊。在远古时代，在人体设计中改变（取消）制造抗坏血酸的设计，可以说是一次重大的设计变更，应该是一个进化适应，应该有**最有价值的利益**。

制造抗坏血酸需要大量的能量，失去这个功能则可以节省这部分能量。而节省的能量或者可能使体能得到加强，或者可能使脑力得到加强，从而加强竞争优势，有利繁衍后代。

观察高等灵长目动物，似乎在脑力的加强和体力的加强方面都超过低等灵长目动物以及其他哺乳动物，而且，脑力的加强似乎更加突出，一直没有停步，最终进化出像黑猩猩这样非常聪明的动物，以及像人类这样绝顶聪明的物种。

至于这个基因是突变还是渐变形成的，以及是否在几千万年前形成，则存在一些不同的见解。

然而，正如尼斯与威廉姆斯所说，**任何适应都是有代价的，任何利益也是有代价的，“即使最有价值的利益，也可能要健康付出高昂代价（cost）。”**

笔者对维生素C的主要功能进行了梳理，将其概括为五大功能：应激、解毒、免疫、抗自由基和组织修复。人类因为失去抗坏血酸制造能力付出的代价，主要就集中在这些功能的削弱上。应该不只这些，维生素C有多少功能，这些功能都会被削弱。而这些功能的削弱就意味着容易生病。近五万年以来，由于人类遇到新的环境影响，即周围环境能够提供的维生素C越来越少，于是健康付出的代价越来越高昂，甚至威胁到生殖成功这个进化的**核心利益**。

珍妮·古德尔观察到，脊髓灰质炎等疾病也在黑猩猩中流行。可见，高等灵长目动物可能均因这个遗传缺陷而付出代价。

笔者经过研究，总结出以下重大代价：

① 易患各种感染性疾病（因五大功能削弱）；

② 妊娠反应加重（因解毒功能削弱）；

③ 月经失血加重（因解毒及抗感染功能削弱）；

④ 新生儿黄疸普遍（因抗自由基功能削弱）；

⑤ 尿酸水平提升（因抗自由基功能削弱）；

⑥ 变态反应出现（因五大功能削弱）；

⑦ 易患恶性肿瘤（因五大功能削弱）；

⑧ 血管损伤出现（因组织修复功能削弱）；

⑨ 其他代价（因其他功能的削弱）。

笔者将与这些代价相关的疾病都命名为“**第一遗传病**”。

人体的设计犹如飞机的设计，似乎也有总体设计，以协调各个系统之间的相互关系。飞机是由许多部分和许多系统构成的，如果某一部分要增减，必然牵涉到其他部分的改动。在飞机设计中，像这样“牵一发而动全身”的事例不在少数。

人体的各个部分、各个系统也应该相互协调。然而，我们这架身体机器的“原型”是数千万年前在当时的环境设计的，就是在所谓“**进化适应的环境（Environment of evolutionary adaptation–EEA）**”中设计的。当时，不能制造抗坏血酸的设计（应该说是一次重大的设计变更）是进化适应，应该有**最有价值的利益**。但是，时过境迁，数千万年后环境发生了巨大变化，这个设计不适应了，而那个当初的设计又不能改变回去，于是，牵一发而动全身的结果出来了，抗坏血酸的所有功能都受到影响。

正如尼斯与威廉姆斯所说：“**医学的巨大奥秘就在我们面前：在一个设计得如此精巧的人体机器上，缺点和败笔以及权宜之计，成就了大多数疾病。**”而这里所谓的缺点和败笔，笔者以为，最大的一个就是制造抗坏血酸基因的改变。它在远古时代本来是优秀设计，并不是缺点和败笔，只是由于环境改变，才变成缺点和败笔，于是成就了大多数疾病。**自然选择永远无法消除这些对疾病的易感性，因为，正是自然选择造就了疾病的易感性。**

一个基因的变态，好比飞机总体设计中一个参数的改变，牵一发而动全身，许多参数都要相应改变，才能保证飞机性能良好。人体一个基因的变态也是一样，必然牵动许多基因相应改变，许多生理生化过程相应改变。

抗坏血酸遗传缺陷的日益凸显，也让人类的身体在许多方面进行了调整，**在原有基础上做小修小补**，似乎又进化出一些新的特征（补救措施）以弥补这些功能上的损失。笔者发现的这些补救措施是：

① 限铁机制强化，包括女性月经失血量增加，因解毒及抗感染功能下降；

② 妊娠反应加重，因解毒功能削弱；

③ 新生儿黄疸，因抗自由基功能削弱；

④ 尿酸和其他抗氧化剂地位提升，因抗自由基功能削弱；

⑤ 脂蛋白（a）出现，修复血管损伤，因组织修复功能削弱。

而主要的调整（前三者）均围绕生殖成功这个**进化的核心利益**。

笔者在2006年的论文《人类抗坏血酸遗传缺陷学说》中曾经推测，癌症的出现可能也是一种代偿性措施。此后（2012年），在研究限铁机制的过程中，步步深入，发现癌症是限铁机制的体现，是饿死细菌的无奈手段。2016年3月，最终发现，癌细胞是第二免疫系统的免疫细胞，其功能是聚集过剩铁，不让细菌得到，从而防止细菌感染。

以下几节即笔者对以上五个方面的详细阐述。

# 第一节　限铁机制及其强化

——兼论女性月经之谜

1984年，美国微生物学家尤金·温伯格（E.D.Weinberg）以一篇论文《限铁机制：一道抗感染及抗癌的防线》（*Iron Withholding: A Defense against Infection and Neoplasia*），奠定了限铁机制理论。

该理论发现并证实，在脊椎动物，包括我们人类体内，存在一道天然的、原始的免疫机制，叫做限铁机制。这个免疫机制是在动物与细菌为争夺铁这个对双方都至关重要的营养元素中发展出来的。这个术语的英文叫 iron withholding，iron 是铁，withholding 意为扣押、扣留，合起来的直译是铁扣押、铁扣留。这个词笔者第一次接触是在《我们为什么生病》一书，书中把它译为“铁的管制”。经笔者研究，认为译为“限铁机制”比较贴切，含义很简单——限制细菌得到铁的机制。

**笔者研究发现，由于人类体内不能制造维生素C，维生素C的五大功能被削弱，这种原始的限铁机制反而代偿性地有所加强。月经失血量的增加即其体现，癌症的发生及其普遍性也可能与这个机制相关。**

## 一、铁的正面作用

地球上铁资源非常丰富，然而，能够为生物所利用的铁（可溶性三价铁）却相当缺乏。科学家发现，为获得这种稀缺资源，生物之间存在着你死我活的争斗。

自然界中有大量的铁。在构成地壳的所有元素中，铁是最丰富的元素之一，排在氧、硅、铝之后，排名第四。

在进化的历史长河中，在构建第一批早期生命时，铁就成为生命体的关键组成部分。因此，到如今，铁成为几乎所有生命形态都不可或缺的一种成分（只有极少数例外）。

生命体利用了铁的一个活泼性质，即可以在不同形态之间转换。铁在生命体中主要参与：① 光合作用，② 固氮作用，③ 生成甲烷，④ 氢的生成和消耗，⑤ 呼吸作用，⑥ 三氯乙酸循环，⑦ 氧气运输，⑧ 基因调节，⑨ DNA 合成。

红细胞所以能携带氧，就因为其中有铁。红细胞的主要成分是血红蛋白，而血红蛋白则由含铁血红素组成。每个红细胞含有四个含铁血红素分子，每个含铁血红素分子可以携带一个氧分子，因此，一个红细胞可以携带四个氧分子。血红素利用铁的独特性能，即可在二价铁与三价铁之间转换，完成加载氧与卸载氧的使命。加载氧以后，血液呈鲜红色，这就是动脉血；卸载氧以后，血液呈暗红色，这就是静脉血。

如果机体缺铁，血液输送氧气的功能必然下降，机体将因缺氧而出现一系列症状，这就是通常所谓缺铁性贫血，这是大家的常识。

肌肉中的肌红蛋白，其基本功能与血红蛋白相似，是在肌肉中储存氧和转运氧，以满足肌肉在运动中对氧的需求，而肌红蛋白的血红素也是利用铁完成加载氧与卸载氧的使命。

铁还参与造血。铁与甘氨酸和琥珀酰辅酶 A 共同合成血红素，合成主要在骨髓和肝脏进行。

此外，铁还在人体生化反应中担当催化剂的角色，即所谓"酶"或"辅酶"。合成胶原蛋白有两个原材料——赖氨酸与脯氨酸，但这个合成必须有酶的参与和帮助，这就是脯氨酸羟化酶和赖氨酸羟化酶，而这两种酶的活性中心均含有铁或铜。维生素 C 对上述羟化酶的作用，就是保持它们活性中心的铁或铜离子处于还原状态。

脑与中枢神经系统的发育也离不开铁。

然而，生命体对铁的依赖是有高昂代价的。当**生氧光合作用**在 25 亿年前开始制造氧气时，大气层被氧气"污染"，铁的化学作用发生显著变化，此前占绝对优势的相对可溶的二价铁形态转变成极度难溶的三价铁形态。这样一来，现今生命体如此倚重的这种本来相对次要的营养素逐渐变成**珍稀难得**的限制生命发展的重要营养成分。对人类是如此，对微生物，特别是细菌，也是如此。

在这种条件下，人与细菌为争夺铁而用尽浑身解数就不难理解了。

## 二、铁螯合蛋白的发现

至少在莎士比亚（1564—1616）时代，人们就已经知道蛋清有抗感染的能力。莎士比亚的剧作中曾描写过用蛋清医治伤口感染。在《李尔王》第三幕第七场有："仆丙：你先去吧，我还要拿些麻布和蛋白来，替他贴在他流血的脸上。"麻布涂上蛋清贴在伤口上，颇有些类似今天的"创可贴"。

但是，直到 1944 年，蛋清的抗感染功效之谜才被初步揭开。这一年，沙德与卡罗兰（Schade and Caroline）偶然发现，蛋清含有一种防止痢疾杆菌生长的因素。这个制约因素在 70℃时被破坏，在 pH 值低于 5.8 时失去活性，而在 pH 值高于 6.4 时，有高度活性。他们用 10 种维生素和 31 种元素进行测试，最后发现，只有铁可以抵消蛋清的抗菌能力。

他们还发现，不像其他类似因素比如溶解酵素（lysozyme）和细胞溶解酶（ß–lysin），这种自然防御因素更加广谱，它不仅抑制革兰阳性菌和阴性菌，而且抑制真菌。

蛋清中的这个活性成分数年后被确认为伴清蛋白（conalbumin），现在亦称卵蛋白(ovalbumin)。

尽管伴清蛋白可以和所有过渡金属螯合,但它对铁的亲和力最强。科学家发现,铁是几乎所有细菌不可或缺的第一位的营养素。第一个细菌生长要素的发现就是“嗜铁素分枝杆菌生长素(siderophore mycobactin)”,这显然并非巧合。

沙德与卡罗兰发现,由于伴清蛋白热望与铁结合,因此迟滞了细菌和真菌的生长。他们推测,在体液中也应有类似的蛋白质以类似的方式阻截、扣押微生物所需的铁。很快,他们发现,人体血浆蛋白(Cohn 片段 IV-3,4)中有一种类似的抗微生物分子,并将其命名为“铁传递蛋白(siderophilin)”。后来有两个科研人员证实,猪的血浆中也有这种分子,但他们强调这种蛋白质分子的主要功能是将铁运输到宿主细胞,而不是阻截、扣押微生物入侵者所需的铁。于是,他们将这种蛋白质重新命名为“运铁蛋白(transferrin,Tf)”。这种新型铁螯合蛋白“运铁蛋白”的发现应该说是一个新发现。

第三种具有铁螯合能力的蛋白质虽然 1939 年即在人的乳汁中被发现,但直到 1960 年才被纯化并证实。因为这种乳汁中的蛋白质在许多方面都与血浆中的铁螯合蛋白“运铁蛋白”相似,其分子又来自乳汁,因此起先被命名为“乳铁运输蛋白(lactotransferrin)”,后来被简化为“乳铁蛋白(lactoferrin,Lf)”。

第四种铁螯合蛋白叫铁蛋白(ferritin),它的主要功能是贮存铁。

以上四种铁螯合蛋白中,伴清蛋白是卵生动物的蛋卵特有的。哺乳动物普遍有三种铁螯合蛋白,即铁蛋白、运铁蛋白和乳铁蛋白。从进化的观点看,乳铁蛋白是哺乳动物进化的产物。哺乳动物体内的这三种铁螯合蛋白尽管功能不同,但目标只有一个,就是牢牢抓住游离铁,不让细菌获得。

乳铁蛋白通常是高不饱和的,它主要行使铁螯合的功能,而不是铁运输的功能。运铁蛋白的铁螯合能力虽不及乳铁蛋白,但它却同时承担铁螯合与铁运输这两个功能。

在正常情况下,人体内的铁蛋白、运铁蛋白、乳铁蛋白控制了绝大多数可以被病原微生物利用的铁,使得病原微生物能够利用的铁不超过 $10^{-15}$M 数量级。因为病原微生物的铁需求在 $10^{-6}$M 数量级,因此,在进化中它们也发展出各式各样掠取铁的机制。

## 三、限铁机制概念的提出

1978 年,尤金·温伯格发表论文《铁与感染》,第一次提出限铁机制的概念。1984 年,他发表论文《限铁机制——一道抗感染及抗癌的防线》,系统而详细地论述了这个机制,成为限铁免疫机制理论的奠基人。

依笔者的理解,这个概念其实包含两个方面:一是铁螯合蛋白及其功用,这第一方面好比武器及其功能。二是当机体受伤或者受到病原微生物入侵时,宿主如何运用铁螯合蛋白以及其他相关措施限制细菌得到铁。这第二方面好比战略战术和调兵遣将。

2008 年，尤金·温伯格在 1978 年、1984 年和 1999 年等十多篇论文的基础上，将感染与炎症时机体调动铁的过程系统化。笔者结合其他科研人员最近十年的研究成果，将其概括为：在正常情况下，人体内存在一个与血液循环既有联系又有区别的铁的循环流动。在血浆中，除了血红蛋白持有铁以外，运铁蛋白（负责螯合游离铁）、中性粒细胞（含有乳铁蛋白，负责螯合病原微生物的铁）、巨噬细胞（负责吞噬衰老的红细胞以及病原微生物）也含有铁。后三者所含的铁统称为非血红素铁。尽管所占比例微小（4 mg），但却十分重要。

（1）在感染与炎症时，白细胞释放的细胞因子白介素（interleukin）IL-6 和/或 IL-1，可显著诱导铁调素（hepcidin）表达，即刺激肝脏合成铁调素以抑制十二指肠吸收铁；同时，令巨噬细胞放大 DMT-1（二价金属离子转运蛋白 1，又称 Nramp2）表达，并加强限制膜铁转运蛋白（FPN-1）合成，以抑制巨噬细胞回收的铁转化为运铁蛋白释放回血液；令巨噬细胞内加速合成铁蛋白，以便稳固地扣留已被螯合的铁。以上截流措施可以减少铁的吸收 80%，降低血浆非血红素铁 70%（4 mg 70%）。图 2-1 为铁的调控。

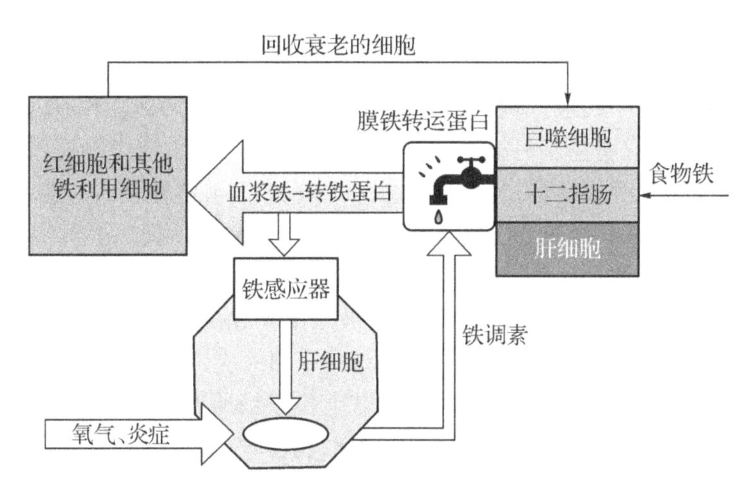


**图 2-1　机体铁稳态的调节（引自 Ganz，2004）**

**FPN-1 作为肝抗菌多肽调素调节的开关，控制着循环铁、饮食铁和储存铁的释放**

（2）从骨髓释放中性粒细胞进入血液循环，中性粒细胞带着事先制备好的**无铁乳铁蛋白**（apolactoferrin）奔赴感染部位。乳铁蛋白是这种“多形核中性粒细胞（PMNs）”中特殊颗粒的主要成分。在感染区域，中性粒细胞在去颗粒过程中释放乳铁蛋白。而乳铁蛋白即刻与感染处的铁螯合，不让细菌获得。然后，饱和了铁的乳铁蛋白被巨噬细胞吞噬。

（3）肝脏释放触珠蛋白（haptoglobin）和血液结合素（hemopexin），分别螯合细胞外血红素和血晶素（hemin）。

（4）在B淋巴细胞合成免疫球蛋白时，导入抑铁细胞表面蛋白（iron-repressible cell surface protein），它可以与亚铁血红素、含铁铁传递蛋白（ferrated siderophilin）、含铁嗜铁素（ferrated siderophore）结合。

除上述一系列调动铁、螯合铁的措施外，机体还有一系列措施抑制病原微生物的铁代谢：

（1）巨噬细胞合成并分泌嗜铁蛋白（siderocalin），用于夺取微生物的嗜铁素（siderophore）。

（2）巨噬细胞用1-精氨酸合成氮氧化物，用于抑制运铁蛋白受体（TfR），并扰乱入侵者的铁代谢。

（3）巨噬细胞通过增加合成Nramp1，抑制体内微生物细胞的生长（Nramp1为具天然抗性的巨噬细胞蛋白1，nature resistance-associated macrophage protein 1）。

此前，1978年，温伯格曾经提到，在运用铁螯合蛋白方面，宿主还有一个对策：预先在病原微生物可能入侵的地点布设铁螯合蛋白（相当于埋伏）。这方面伴清蛋白和乳铁蛋白表现得尤为明显。

众所周知，鸡蛋的营养很丰富，它成为细菌攻击的目标也就不足为怪。细菌可以通过蛋壳上的小孔侵入鸡蛋内部。然而我们也知道，鸡蛋可以在相当长的时间里保持新鲜，这说明它不易被细菌攻入。原来，母鸡在蛋清中不仅没有放入铁，而且还在其中布设了伴清蛋白（占蛋清蛋白质的12%），这种蛋白质能与铁牢固结合，使入侵的细菌得不到铁。鸡蛋含有丰富的铁（1 mg），但都在蛋黄中。

乳铁蛋白顾名思义存在于乳汁中。但研究发现，它还存在于眼泪、鼻涕、唾液、支气管黏液、肠胃液、胆汁、子宫颈黏液、精液之中。乳铁蛋白之所以布设在这些分泌物中，恰恰说明有这些分泌物的地方容易遭受细菌攻击，或者说这些地方是应该重点防御的地方。如果细菌在此得不到它生长繁衍所必需的铁，它就不能滋生。乳铁蛋白还存在于滑膜液中，滑膜液是关节的润滑剂，关节处有铁会带来危害（氧化压力），布设乳铁蛋白似乎意在扣押游离铁，以免引发炎症。

如此，细菌因得不到铁而消亡，这就是乳铁蛋白的抑菌作用。除了在限铁机制中起作用外，乳铁蛋白还有固有的杀菌能力（intrinsic bactericidal capacity）。除了广谱的抑菌作用外，乳铁蛋白可能在杀伤微生物细胞的过程中，帮助铁催化的羟自由基形成。近来有研究表明，摄入乳铁蛋白在肠内有抗菌抗病毒感染的作用，并且对病原体有部分直接作用。

运铁蛋白也可以说是蛋白质在血浆、淋巴和脑脊液中的布设，目标也是螯合游离铁。在正常情况下，人体血浆中运铁蛋白的铁饱和度为 20% ～ 30%，所以，在血浆中的游离铁实际上为零。这解释了人体血浆的抑菌作用。

## 四、假性贫血（炎性贫血，aoI—anemia of inflammation）

正常红细胞的生存周期或平均寿命为 90 ～ 120 天，而在感染或炎症时，它缩短为 60 ～ 90 天。这种缩短的原因被认为是巨噬细胞的清理作用（disposal）所致，巨噬细胞的正常功能是从循环中移走衰老的红细胞，而被炎症激活的巨噬细胞完全可能扩大了这一正常功能。被清理的“垃圾”本应抛弃，但是人类和其他哺乳动物却缺乏有效的铁排泄机制。尤金·温伯格说：“在微生物入侵过程中增加体内铁向体外排泄之所以明显不可取，是因为病好后铁的储备肯定需要重新补足（repletion）。”所谓巨噬细胞的清理作用，即包括将清理出的铁转化为贮存状态。

笔者认为，能够为生物利用的铁是稀缺资源，在生病期间储备铁增加、流动铁减少，是机体与病原微生物争斗的结果，是限铁机制的体现。

如上所述，在感染与炎症期间，储备铁增加、流动铁减少，是限铁机制的体现。但这时验血会发现血红蛋白稍稍降低（9 ～ 13 g/dL）。以往，在没有限铁机制的概念时，这种贫血一贯被认为是“缺铁性贫血”，或称为慢性病贫血（anemia of chronic disease）。按照缺铁性贫血的概念，缺铁会引起免疫功能下降，因此生病。那么，这种病的治疗措施中有补铁似乎是符合逻辑的。

然而，此时补铁却频频发生意外。

有一位慢性肺结核病人，被检查确定有缺铁性贫血，一位医生诊断认为，纠正缺铁性贫血可以增强病人的抵抗力，于是给他补铁。结果，病人的感染状况恶化。

非洲的祖鲁人经常喝一种用铁罐酿造的啤酒，因此，他们每天摄入的铁是 35 ～ 215 mg，正常成人每天只需要 5 ～ 20 mg，结果他们经常患严重的阿米巴肝脓肿。与此相对，非洲的马赛部落只有不到 9% 的人患阿米巴肝脓肿，他们是游牧部落，经常喝大量的牛奶（牛奶缺铁）。有研究人员给一组马赛人实施补铁，不幸的是，很快，阿米巴肝脓肿的发病率上升到 83%。

在另一项研究中，善意的调查人员给缺铁的索马里流浪者补铁，一个月 9 g（平均每天 300 mg）。一个月后调查发现，有 38% 的人发生感染，而未补铁的对照组只有 8% 发生感染。

有人为不满一个月的新生儿补铁，每天按 mg/kg 体重 10 mg 的量注射葡聚糖铁（右旋糖酐铁），结果发现，在一周内败血病和脑膜炎的发病率增长 7 倍。

以上实例正如温伯格 1984 年所说的：压制限铁机制导致感染和肿瘤的发病率和严重程度提高。在那篇论文中，他还列举了大量这方面的其他实例。

朱拉德（Rafael L. Jurado）建议，摈弃“慢性病贫血”这个错误名称，而代之以“炎性贫血（AoI）”。笔者则认为将AoI译为“假性贫血”，既通俗又不失准确。

朱拉德还将限铁机制称为营养性免疫（nutritional immunity），笔者认为，它的含义是：为争夺营养素铁的免疫机制。

## 五、发热可能是限铁机制的一个分支

限铁机制还有重要的一个方面。有科研人员认为，在感染和炎症时，白介素不仅调动体内的铁重新分布，带来假性贫血，同时刺激体温升高。

有人曾经将白介素-6（IL-6，旧称LEM）称为白细胞热质（leukocyte pyrogen）或内热质（endogenous pyrogen）。在革兰阴性菌感染中，发热可以通过压制微生物制造嗜铁素（siderophore）帮助宿主。克鲁格（Kluger）的研究报告指出：在宿主防御中，发热与降低血铁协同作战。发热对宿主抗击肿瘤也有贡献，但现在还不清楚这种机制是否涉及干扰恶性肿瘤细胞获取铁。朱拉德则认为：“体温升高可以抑制嗜铁素及其受体的合成。”嗜铁素是病原微生物与宿主争夺铁的有力武器。

“发热的有益作用之一可能是微生物铁饥饿（iron famine）的恶化，这一点阻碍了潜在的微生物入侵。发热的温度本身同样压制微生物二级代谢必需物质（比如外毒素和其他有毒因素）的形成。”“万幸的是，体温升高似乎与宿主的限铁机制是协调一致的。”由此看来，发热有可能是限铁机制的一个分支。

图2-2表示细胞因子白介素IL-6和/或IL-1同时催生了营养性免疫的“双臂”。左臂通过诱导发热，降低细菌生产嗜铁素的能力；右臂通过急性相反应，参与假性贫血（AoI）的生成。这两种作用均指向一个目的——剥夺细菌生存与繁衍所必需的铁。

以上为限铁机制的基本知识。

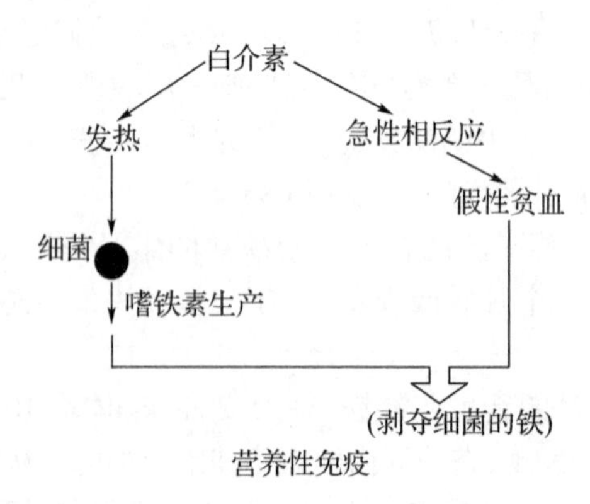


图2-2 发热与AoI——营养性免疫

## 六、限铁机制小结

（1）20 世纪 80 年代中期由美国微生物学家尤金·温伯格创立的一项免疫理论。此前熟知的是获得性免疫理论，因其为后天获得，故而不能遗传。主要手段是杀死。

（2）限铁免疫机制属于自然免疫系统，或称故有免疫系统，可以遗传。涉及饿死病原微生物、细菌的手段。

（3）饿死细菌的关键养分是铁。铁是细菌难得的养分，为此它与人体展开争夺。

（4）因为体内的铁既重要且稀有，故演化出“易进难出”的调节机制。无论摄入吸收多少，至多每天平均排出（1 ± 0.5）mg（见图 2–3）。

（5）在生命诞生和成长的薄弱环节为抵御细菌感染，人体会主动降低血清铁含量。比如月经、妊娠反应、新生儿排铁。生病时、妊娠反应时均偏爱清淡。

（6）感染性疾病时，降低血清铁，增加肝储备，出现贫血假象。

（7）发热，削弱细菌争夺铁的能力。

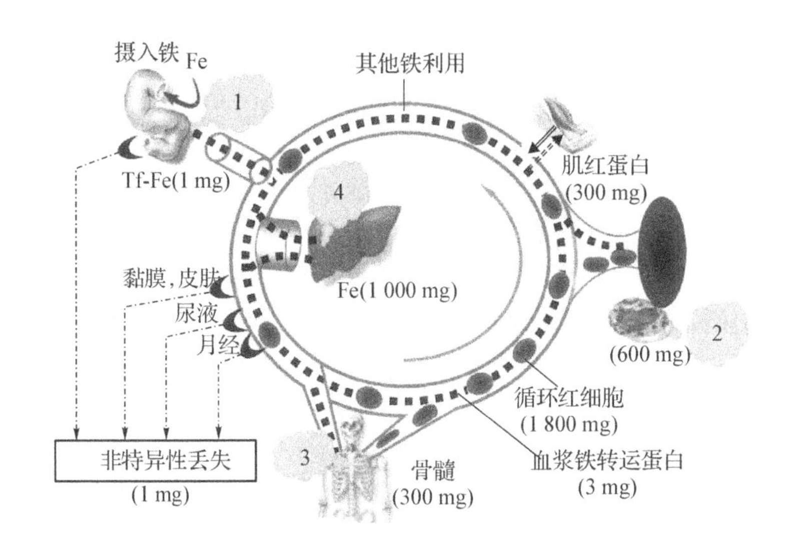


图中数字编号表示调节部位

**图 2–3 铁的转运（引自：钱忠明，柯亚．铁代谢与相关疾病．北京：科学出版社，2010）**

上图展示体内铁的转运，注意图的左侧，无论平均每天摄入多少铁，非特异性丢失均为 1 mg 左右。如果每天仅吸收 1 mg 铁，即可达到铁的收支平衡，在这种情况下，体内铁的总量 4 000 mg 基本不变。

（8）担任限铁机制重任的两种细胞：白细胞属下**中性粒细胞**在去颗粒过程中

释放乳铁蛋白，收集散落的游离铁；**巨噬细胞**吞噬饱和的乳铁蛋白，清理衰老的红细胞，将铁储存，同时，加速合成铁蛋白，稳固已扣押的铁。

（9）人类免疫系统的两支大军：第一方面军负责杀死病原微生物；第二方面军负责饿死病原微生物。白细胞是第一方面军的主力；巨噬细胞则是第二方面军的主力。

## 七、第一方面军的天生缺陷

由于人类存在重大遗传缺陷，不能在体内制造维生素 C，致使第一方面军战斗力大大削弱。主要存在以下弱点：

（1）反应慢（应激水平低）。

（2）缺少后勤支援，战斗力差（免疫支援弱）。

（3）战斗中不能减少误伤，即炎症及其损伤（抗自由基水平低）。

（4）体能恢复慢（解毒能力差）。

（5）组织修复慢（缺乏胶原蛋白）。

这些弱点均涉及维生素 C 的功能。

## 八、饿死的手段（即第二方面军）代偿性地有所加强

（1）人乳中含有丰富的乳铁蛋白，是牛乳的 10 倍，且饱和度低。（堵）

（2）婴儿出生后的排铁，降低运铁蛋白饱和度。（排）

（3）感染性疾病时肝脏将铁集中，减少游离铁，同时饮食偏爱清淡。（堵）

（4）妊娠反应时偏爱清淡。（堵）

（5）月经是限铁机制的体现，天然的放血疗法。（排）

堵即堵住铁的来源；排即将铁排出体外。

## 九、铁过剩的危害——铁与各种代谢性疾病以及癌症的关系

既然读者已经知道我们体内有一个限铁免疫机制，那么我们就要维护这个免疫机制，不能与这个机制对抗。而促使体内铁过剩或放任体内铁过剩，很明显是对限铁机制的对抗，必然带来严重后果。

限铁机制首先是对抗细菌的，要剥夺细菌的铁营养。而体内铁过剩使这个机制负荷加重甚至不堪重负。限铁机制被压制和削弱的结果必然是游离铁的出逃和泛滥，从而让细菌等病原微生物获得它们难得的营养，最终造成感染性疾病，即细菌感染。这方面的实例在上文“假性贫血”中已经列举，在本章第三节“走出小儿缺铁性贫血诊断误区”中将再列举一些。这里不再重复。

关于铁过剩与糖尿病、心脑血管疾病、阿尔茨海默病（俗称老年痴呆）等所谓代谢性疾病的关系，已经有一些研究报告。结论均为铁过剩有利于这些疾病的发

展。读者如有兴趣可参阅以下文章：

新疆汉族与维吾尔族健康体检者血清铁蛋白检测结果分析. *Labeled Immunoassays & Clin Med*, 2009, 4(16).

血清铁蛋白放射免疫分析的临床应用价值. 放射免疫学杂志, 2005, 18(1).

血清铁蛋白检测的临床价值. 中国误诊学杂志, 2001, 1(7).

铁蛋白检测在临床中的应用. *Labeled Immunoassavs & Clin Med*, 2012, 6(19).

*Weinberg. Hazards of Iron Loading. Metallomics*, 2010, 2(2).

*Serum Ferritin Is Associated with Metabolic Syndrome and Red Meat Consumption.* PubMed, 2015.

Iron Withholding: A Defense against Disease. *Journal of Alzheimer's Disease*, 2008, 13.

Weinberg E D. *Exposing the Hidden Dangers of Iron*, 2004.

铁代谢与相关疾病. 北京：科学出版社, 2010.

铁过剩与癌症的关系将在本章第二节“破解癌症之谜”专门论述。而铁过剩与吃红肉等高含铁食物的关系在“肿瘤标志物”专门论述。

20世纪二三十年代，德国有位格尔森医生创立了一套治疗癌症的疗法，后人称之为格尔森疗法，笔者在2004年曾做过专题介绍。格尔森疗法很重要的一条就是禁止吃肉。现在，结合限铁机制分析，他的办法有科学的一面（肉类普遍含铁量高，且容易吸收）。我国中医瘤科世家刘太医的办法也类似，不吃红肉，但吃蹄筋。

许多人诟病大科学家鲍林，认为他主张大剂量服用维生素C可以抗癌是错误的，因为他自己晚年仍然死于癌症。笔者经过研究发现，鲍林之所以得癌，与他大量补铁有关。他补铁的数量是每天18 mg（非亚铁血红素铁），加之饮食中也有铁，按美国人平均18 mg/d计，估计他每天吃进的铁近40 mg。加之维生素C有助于非亚铁血红素铁的吸收，估计他每天吸收的铁可能在4 mg左右。正常人每天吸收的铁和排出的铁均为1 mg左右，这样就收支平衡。前文已述，人类和其他哺乳动物缺乏有效的铁排泄机制。每天铁的收入大于支出，日积月累必然出现铁过剩。

著名营养专家戴维丝70岁即死于癌症，令许多人不解。有人曾经做过分析，提出了种种可能原因。笔者再次回顾这些理由时发现，有一个重要原因可能被忽视了，这就是戴维丝女士经常摄入大量肝粉或新鲜肝脏，而肝是高含铁的（25 mg/100g）。

反观自由基理论的创始人哈曼（1916—2014），他每天也补充各类营养素，但是唯独不补充铁。他认为，自由基是引起机体衰老和各种疾病的根本原因，补充抗氧化剂可以延缓衰老；但过量的铁是很危险的，因为这会加剧自由基对细胞的损害。

笔者依然认为，补充维生素C确有抗癌功效（参见第五章），但前提是要限铁。

美国的一项调查表明，1 401名67～96岁的老人中，70%的人铁蛋白水平高于60 mg/mL（0.06 g/mL），仅有2.7%缺铁，1.2%有缺铁性贫血。血铁水平的上升明显与消费量增加有关：一是服用非亚铁血红素铁补充剂，二是红肉消费量增加（亚铁血红素丰富），三是水果消费增加，所含维生素C丰富，会提高非亚铁血红素铁的吸收率。

另一项为期12年对9 229名35～70岁的人所做的研究表明，凡运铁蛋白饱和度高的人、高铁饮食的人、肉类消费高的人，在调研期间死亡的风险为对照组的3倍。

关于铁致癌与癌的本质请参见下一节“破解癌症之谜”。以下仅简要谈谈铁与心脏病的关系。

尤金·温伯格在2004年出版的《揭露铁的潜在危险》一书中指出：“现在已经十分清楚，无论对心血管还是对心肌，铁过剩的影响都是有害的。”

2008年他又在论文 *Iron Withholding*: *A Defense against Disease* 中指出：

“心肌对铁负载（iron loading）高度过敏，铁过剩可以加重心肌炎并导致死亡，还可以加重心脏肥大症状。这一点不难理解，如前所述，压制限铁机制会使感染和炎症加剧。许多研究都认为，铁过剩与冠心病有关。一方面有研究发现，动脉损伤形成的斑块中，铁过剩病人的铁含量是对照组的3～17倍；另一方面，有研究认为，由铁诱导的脂质的氧化压力可能在动脉损伤中起重要作用。”

笔者在《人类抗坏血酸遗传缺陷学说暨人类第一病因学说》中已经阐明，抗坏血酸遗传缺陷是冠心病的根本原因（参见第一章第6节）。因此笔者认为，铁过剩是加剧冠心病的重要原因，而不是根本原因。这一点可以从许多食肉动物得到验证，比如北极熊等，它们尽管完全食肉，摄入了大量的铁，但冠状动脉十分健康，没有损伤和斑块。这是因为它们可以制造抗坏血酸，因此可以随时修复心血管损伤，并对抗铁的氧化压力。由此可见，采取措施限铁可以减轻铁的氧化压力，有利于预防冠心病。

据医学统计，行经的女子每年约丧失500 mg的铁，与献血的男子一样，心脏病发病率较低。饱和脂肪酸和胆固醇在没有铁的氧化效应下，对人体无害。

尤金·温伯格说：“有过量铁压力的人，最经常的死因是心衰（heart failure），尸检显示，死者心肌有明显的铁沉积。心肌比骨骼肌和平滑肌对铁更亲和。不幸言中，**铁心并非强大的心，而是脆弱的心**。”笔者由铁心想到“铁青的面孔”，这或许也是铁过剩的真实反映。

## 十、铁过剩加剧自由基损伤

一方面，铁是病原微生物不可或缺的营养元素，另一方面，铁又是一个易氧化的因素。因此，铁过剩会从这两方面危害机体健康，即一方面给细菌提供营养，另一方面加大氧化压力，助长自由基的危害。

除加剧感染、炎症、心脑血管疾病和阿尔茨海默病以外，铁过剩还会通过增加自由基加剧关节炎、类风湿性关节炎、血色素沉着症、肝炎等等疾病。

在铁摄入量过多的情况下，或者机体出现某些病变的情况下，氧自由基也会大量产生。典型的实例就是婴儿溶血症，或称婴儿溶血性贫血。许多早产儿在食用铁强化配方食品或口服补铁剂后，发生溶血性贫血。原因在于，早产儿血浆中缺乏抗氧化成分，摄入过多的铁会促使自由基大量产生，继而破坏血红蛋白本身。

## 十一、铁的吸收率，铁的收支平衡

我们饮食中的铁可以分为血红素铁和非血红素铁，血红素铁主要来自肉、禽和鱼的血红蛋白和肌红蛋白，虽然在膳食中血红素铁比非血红素铁所占的比例少，但其吸收率却比非血红素铁高 2 ～ 3 倍，且很少受其他膳食因素包括铁吸收抑制因子的影响。**男性可吸收总膳食铁量的 6% 左右，而育龄妇女则可吸收约 13%**。

许多因素可促进或抑制非血红素铁的吸收。最明确的促进剂是维生素 C（抗坏血酸）。肉类中存在的一些因子也可促进非血红素铁的吸收。在膳食中即使添加较少量肉类或维生素 C，就可增加整餐膳食中铁的吸收。由肉、鱼或鸡组成的膳食中，非血红素铁的吸收比等量牛奶、奶酪或鸡蛋组成的膳食高 4 倍多。

铁的损失（约 0.6 mg/d）主要通过胆汁、脱落的黏膜细胞和少量血液通过粪便排出，汗液和皮肤脱落细胞也损失少量铁（0.2 ～ 0.3 mg/d），从尿液丢失的铁很少（<0.1 mg/d）。男子铁损失的总量平均为 1.0 mg/d（0.5 ～ 2 mg/d）。绝经前妇女每个月经周期约失血 30 ～ 40 mL，折合每天损失 0.3 ～ 0.4 mg 铁。再加上其他途径的丢失，其失铁总量达 1.3 ～ 1.4 mg/d。

总之，铁缺乏排泄的渠道，每天摄入 0.6 ～ 1.4 mg 铁即可“收支平衡”（参见图 2–3）。

## 十二、铁过剩的预防和治疗

针对越来越多的铁过剩人群，笔者综合专家意见提出几个对策：

（1）少吃红肉，包括肝、血和骨髓。如果你有补充维生素 C 的习惯，则还要少吃其他含铁丰富的食物，比如菌类、藻类，或者将补充的时间与餐饮时间错开。喝酒有利于铁的吸收，因此也要限制饮食中的铁。每天摄入的铁在 10 ～ 15 mg 即可，这样吸收的铁可在 1 mg 左右。

（2）不额外补铁。即使明确诊断为缺铁性贫血，也应先补充蛋白质。因缺乏蛋白质而受苦的人，体内的运铁蛋白不到正常人的 10%。如果不改善蛋白质营养不良，不恢复运铁蛋白的供应量，而先补充铁，血液中的游离铁就可能造成致命感染。对铁过剩者，输血要慎重。

（3）喝茶。绿茶和红茶含有天然铁螯合剂茶多酚，对非亚铁血红素铁亲和力特强，因此对降低铁的吸收率特别有用。

（4）戒烟。烟草含铁，吸入的铁也同样危害健康。除非通过改变基因，培育出低铁烟草，彻底让烟草无害。同理，采矿工人应做好防护，避免吸入过量的铁。

（5）献血。定期献血以减少体内的铁，是降低生病风险的有效手段。全血含铁 0.5 ～ 1 mg/mL，献血 200 mL 可释放 100 ～ 200 mg 铁（注：按人体血液总量 4 000 mL 含铁 4 000 mg 计算）。

（6）作为医疗措施，研制并使用铁螯合剂；研究用纯化的白介素（IL）提高体温；研制适当的疫苗和化疗药物。

## 十三、放血疗法

放血疗法一直被研究医学发展史的人认为是一种愚昧无知、愚不可及的举措，备受批评。但《我们为什么生病》的作者说过：“古老的医学有过放血疗法，现在被认为是一种典型的愚昧无知，然而克鲁格（Kluger）指出，这样降低血铁水平也许曾经使某些病人获益。”

其实，对某些特殊疾病，现代医学仍然采取放血疗法。比如对遗传性血色素沉着病，“目前临床治疗的主要方式仍然是静脉切开术（phlebotomy，或称放血术）。至于进行手术治疗的次数则要由铁增高的水平决定。在治疗期间，大约每周释放 1 单位血（等于 200 mL，大约含 200 mg 铁）”。

无论按照自由基学说，还是基于限铁机制，患感染性疾病时，铁过多都是不利的，而放血疗法则排出了一部分游离铁。

专家提出的定期献血以降低生病风险的措施，与放血疗法其实是同样的道理，只不过前者是预防，后者是治疗而已。

与放血相对的是输血。与备受贬损的放血疗法相反，输血可谓是备受关注和赞扬。的确，输血拯救了难以数计的生命。但是，一个颇为严重的问题（不是再灌注问题）在输血中完全被忽视，这就是，现代人的血液铁含量普遍偏高。接受这种血液后，容易造成铁过剩，而如前所述，铁过剩容易导致感染。

许多病人或者因为手术失血或者因为被认为贫血，需要输血，而这种病人又往往需要或正在进行抗感染治疗。一方面在用各种手段（主要是抗生素）抗感染，另一方面又通过输血提高血液的铁含量，向细菌提供它难得的营养，难怪许多病人的感染难以控制。常常听说，某某病人手术很成功，但终因感染无法控制、多器官衰竭死亡。这中间，输血中铁含量高的“贡献”不可不追究。

湖南长沙解放军 163 医院肖创清、何云南的研究报告称：“临床上在治疗恶性肿瘤贫血时往往给病人输注全血，少数医生只重视铁对贫血的治疗价值，而忽视了铁超载可引起恶性肿瘤恶化或复发的潜在危害。恶性肿瘤患者输血 400 mL，SF（即铁蛋白，同 Fer）就明显升高，且与输血量明显相关，SF 越高，预后越差。手术后输血可明显增加恶性肿瘤病人复发率和死亡率。因此，对于恶性肿瘤患者确需输血，应以输成分血为首选，输全血时应尽量少于 400 mL。”（《血清铁蛋白放射免疫分析的临床应用价值》，《放射免疫学杂志》.2005.18）

从这个研究报告可见，输血即为补铁，可造成铁过剩（铁超载），增加癌症患者死亡率。

目前，对于献血者还没有血液铁含量（铁蛋白）指标的要求。由于现代人肉食量普遍增加，血液含铁量超标值得警惕。这种血液输给病人，无异于雪上加霜。笔者曾经接触过一名儿童的母亲，她的 8 岁有严重疾病的孩子在一次输血后，铁蛋白上升到 1 000 μg/L 以上，不久就因为多器官衰竭而死亡。这里，可能就有输血的“贡献”。

至于血液含铁量的标准请阅读本章“通过检查肿瘤标志物 Fer 预测癌症风险”。

## 十四、月经可能也是限铁机制

定期献血，比如每月一次，每次 50 ～ 100 mL，颇有些类似女性的月经。正常月经大约平均每月失血 30 ～ 40 mL。大约 10% 的妇女月经失血严重，大于每月 80 mL，子宫内避孕装置可使经血量增加 30% ～ 50%，而口服避孕药却可减少约一半的月经失血量。

虽然月经这种生理现象的机理早已被正确解析，但人类女性为什么会有月经，月经的功能是什么，却一直是个不解之谜。按照达尔文医学，有一个特征，就应该对应有一个功能。那么，月经是为什么功能而设计，即成为一个值得探究的问题。月经并不是人类女性所独有，某些高等灵长目动物的雌性也有月经。仅就一般观察而言，某些人科动物的失血量，特别是黑猩猩，似乎并不比人类女性少（参与黑猩猩月经研究的王兴金提供）。

20 世纪 90 年代，科学家认识到，精子会携带细菌、病毒进入女性生殖系统，从而威胁女性健康。而人类频繁的性交活动更增加了女性生殖系统感染的危险性。生物学家玛吉·普罗菲（Margie Profe）从进化的角度分析，认为月经付出的物质代价相当大，因此推断，它应该带来一定补偿性利益。她推测，月经可能是另一种消灭病原体的防御手段，因为它可以冲走初发的感染（sweep away the beginnings of infection）。

笔者认为，大自然进化出如此独特的人类女性特征（也许是整个高等灵长目雌性的特征），应该是适应的结果。正常月经大约平均每年排泄 180 ～ 360 mg 铁，等于平均每天 0.5 ～ 1 mg，一般不影响健康。它不是疾病，基本对健康无害，即使短时间有碍健康（体力下降），应该是为更大的利益——生殖成功付出的代价。毕竟，**“生殖是激烈的生存竞争的真正核心”**。那么，月经怎样有利于生殖成功即成为问题的关键。笔者认为，月经有可能是进化赠予的天然放血疗法，其目的未必是将细菌、病毒带出体外，冲走初发的感染，而有可能是排铁、限铁，不让细菌得到它繁衍必需的这个关键营养物质，从而降低细菌感染的风险，以备可能交配时，受精以及受精卵有一个良好的环境。即是说，月经可能也是限铁机制。

月经一般 3 ～ 7 天，失血 30 ～ 40 mL。而 1 mL 血含铁 1 mg，由此可以算出每次月经排铁 30 ～ 40 mg 左右。月经结束后即进入新一轮排卵期。如果每天铁的收支平衡，估计这种低血铁状态可以维持到排卵期结束。当然，前提是不要补铁。

这种由于月经形成的低血铁状态颇有些类似假性贫血（AoI）。然而，月经的失血似乎是预防性的，而假性贫血则是治疗性的。不过，这个治疗不是从外部施治，而是身体智慧在内部施治。月经的失血也应该是身体的智慧吧。

前文已述，乳铁蛋白存在于宫颈黏液、精液之中，由此也可见，为了生殖成功，限铁免疫机制似乎颇有预见性。

如果说月经属于限铁机制这一假说解开了月经之谜，笔者认为它只完成了一半。因为，按理，除了人科动物以外，其他哺乳动物也应该与人一样有月经，也应该大量失血。然而仅就一般观察而言，草食类哺乳动物只是经历动情周期，或者只有少量脱落子宫内膜，而基本没有失血。

在失血与不失血中间似乎应该有一道分界线。由于缺乏观察资料，笔者只能推测，它可能介于高等灵长目与低等灵长目之间。笔者的推测基于欧文·斯通的调查：能否制造抗坏血酸的分水岭恰好在它们之间。而能否制造抗坏血酸关系到应激、解毒、免疫、抗自由基和组织修复等功能，如果能够制造抗坏血酸（维生素 C），那么，这些功能就强，同样属于免疫机制的限铁机制似乎就不必加强，从而也不必以排出大量经血为代价实现降低血铁。

1968 年，派史克和瓦斯特林（Paeschke and Vasterling）发现，在月经周期的过程中，维生素 C 的消耗利用急剧增加，特别在排卵期。

**笔者推测，这可能意味着在排卵期特别需要对抗细菌感染和解毒。人类女性由于维生素 C 水平低下，缺乏对抗细菌感染和解毒的能力，于是在进化中强化了**

**限铁机制,通过更大量地(与其他哺乳动物比较)排放经血,排出更多的铁,从而减少细菌感染的机会。**

据不完全的观察,母狗在每年两次的发情期前也有失血现象。笔者推测,这可能也是限铁机制在发挥作用,说明肉食动物摄入的铁过多,有可能被细菌利用。为保障生殖成功,特别在受精前后为保障弱小的生殖细胞和受精卵不被细菌侵害,通过排出经血降低血铁可能是进化选择的结果。虽然它们能够制造抗坏血酸协助免疫和解毒,但在受精前后这个生殖细胞最容易受到细菌和毒素伤害的时期,似乎仅有这个防御手段仍然不够。

人类女性的月经失血可能有个渐进的过程。在人类远祖主要以食素为主的时期,可能没有失血问题。当人类祖先食肉比例越来越高的时候,铁过剩的情况可能越来越严重,特别在长达两百万年以上的采集狩猎时期(旧石器时代)。笔者推测,人类女性的月经失血可能就是在这个时期随着食肉比例的上升逐渐形成的。

既然失血,那么补血似乎是顺理成章的。但如果认定月经是一种保护机制,是限铁机制,那么,补血补铁就是与限铁机制对抗,应该没有必要。

## 十五、人类的乳铁蛋白更加强大

人类的乳铁蛋白似乎与其他哺乳类动物不同。某些哺乳动物的乳汁并没有乳铁蛋白,比如食蚁动物、兔子、大鼠,而只含有运铁蛋白。而它们乳汁中的运铁蛋白很明显是由乳腺细胞合成的。猪、牛虽然乳汁中有乳铁蛋白,但水平大大低于人类。

布洛克(Brock)指出,在所有被研究的动物中,人与豚鼠的乳汁中乳铁蛋白的水平是最高的。笔者认为,这种最高,绝非偶然的巧合,人与豚鼠的共同点恰恰在于,二者都不会在体内制造维生素 C。

人乳的蛋白质中含有 20% 的乳铁蛋白,而牛乳中只含有 2% 的乳铁蛋白;人乳中乳铁蛋白的浓度为 1.0 ~ 3.2 mg/mL,是牛乳(0.02 ~ 0.35 mg/mL)的近 10 倍。笔者认为,这种浓度的差距与能否制造抗坏血酸直接相关。牛可以在体内制造抗坏血酸,它在应激、解毒、免疫、抗自由基和组织修复等方面优于人类,由此似乎不需要制造那么多乳铁蛋白用于截杀病原微生物。而人由于不会在体内制造抗坏血酸,为了保障哺乳的安全,亦即为了保证生殖成功,加倍制造乳铁蛋白似乎是符合逻辑的。

成熟妇女乳汁中的乳铁蛋白的铁饱和度只有 9%,在产后 5 ~ 10 天,则小于 5%,拥有强大的铁螯合能力(iron-binding capacity)。人的初乳中,乳铁蛋白浓度可达 6 ~ 14 mg/mL,占母乳总蛋白量的 28%。进而,与运铁蛋白比较,在 pH 值低至 4.0 时,仍有牢固的螯合游离铁的能力。婴儿胃内容物的 pH 值为 5.0 ~ 6.5,这样，乳铁蛋白比运铁蛋白更能在婴儿的胃中从潜在的病原微生物扣留铁。

母亲喂给婴儿的奶水中有铁螯合剂，即乳铁蛋白，它相当于一种组织消毒剂。人类母乳中乳铁蛋白含量相对较高，这被认为是对婴儿健康的贡献：喝母乳的婴儿比喝牛奶或喝配方奶的婴儿的感染性疾病的发病率大大降低。

## 十六、所谓无缘由出血

某些出血现象并非疾病，而可能是排铁措施。

笔者通过查阅资料发现，至少有四种出血现象属于这种情况，它们均被归为原因不明。

（1）流鼻血：儿童中有一部分长期、反复鼻出血。这种反复发作的鼻出血的原因还不太清楚，医学上称为特发性鼻出血，俗称沙鼻子。

（2）牙龈出血：通常的口腔理论认为，牙龈出血是牙龈组织缺乏维生素 C 引发一种厌氧菌的滋生和暴发而导致的。这种说法只是从表面现象进行解释，实际上并没有找到问题的根源。

（3）尿血：无症状性血尿，部分患者既无泌尿道症状，也无全身症状，见于某些疾病的早期，如肾结核、肾癌或膀胱癌早期。

（4）近年来，眼睛流出血泪的新闻时有报道（2010 年美国“探索频道”），一则是美国 17 岁黑人男孩凯文诺 · 英曼，一则是印度 27 岁女子拉希达 · 贝根。医生均未能查明原因。有医生认为，这可能是“自限性疾病”，即自己会好转的疾病。

以上几种出血中，对鼻出血说得很清楚，“原因还不太清楚”。对牙龈出血，最终也“没有找到问题的根源”，似乎还有其他原因。对尿血，所谓“某些疾病的早期”，也只是估计。笔者认为，在以上几种出血中，有可能存在因铁过剩而发生的出血。在这方面，鼻出血可能最有代表性。国外有人在大规模调查后发现，容易发生鼻出血的小儿都不喜欢吃蔬菜、水果等富含维生素的食物。缺乏维生素 A、维生素 B、维生素 C、维生素 D 可引起黏膜上皮变性、血管脆性和通透性增加而致鼻出血。这个调查只列了儿童不喜欢吃的东西，却未提及他们普遍喜欢吃的东西，这些东西就是肉类和糖类。这样的饮食很容易造成铁过剩。

笔者并不排除以上各种出血的原因，笔者只是提醒，还有另外一种因为铁过剩而出现的出血。如果遇到上述出血现象，首先不要惊慌，看看有没有可能是铁过剩出血。或许，减少饮食摄入的铁就能使情况好转。老年人遇到尿血，也应该考虑到有这种铁过剩的可能。如果已经高龄（80 岁以上），建议轻易不要做手术性探查。即使是膀胱癌，首要的措施也离不开限铁。有些妇女月经失血量过大，有可能并非健康问题，可能源于食肉过多。

## 十七、新生儿排铁

人类的限铁机制在婴儿诞生前后表现非常显著。在怀孕晚期，母亲会给胎儿两种重要的微量元素——铁与铜，而且必须充分，因为，在生产过程中，铁与铜对脑和中枢神经系统是一剂兴奋剂，在分娩时，母亲与婴儿均必须十分清醒、警觉。

这种在怀孕晚期临近分娩阶段输送给婴儿的铁会充满婴儿的肝脏，总量大约有 400 ～ 500 mg，胎儿可贮存 200 ～ 370 mg。对平均体重不到 4 kg 的新生儿来说，相当于每千克体重大约 55 ～ 100 mg。按成人平均体重 75 kg、体内平均铁含量 4 g 计算，成人每千克体重只有 53 mg 铁。可见，胎儿体内的铁含量明显高于成人。

婴儿出生以后，开始排铁，以降低身体内铁的含量。在生命的第一周，一个完全吃母乳的健康婴儿排出的铁是其吸收的 10 倍以上，其粪便中所含“乳铁蛋白”是牛奶喂养婴儿的 20 倍以上。在头两个月，婴儿还是高铁的。到两个月左右时，健康婴儿的铁饱和水平（血浆运铁蛋白）从 69% 降到 34%，6 个月时更降到 25%。铁饱和水平低于 30% 被认为对预防感染有利。

另一方面，母乳喂养的婴儿的降铁过程完成得比牛奶喂养的快，这有利于正常心肌的成长。在 4 ～ 6 个月时，婴儿已经变为低铁的。而从第 7 个月开始，婴儿开始吃各种固体食物，并能以正常方式通过消化道获得铁。同时，婴儿开始自己制造与成人相同的铁蛋白，而铁蛋白可以控制铁，限制它超过人体需要，并使细菌得不到铁。

关于限铁机制对儿童缺铁性贫血诊断的指导意义，参见本章第三节。

## 十八、所谓发物

当我们患感染性疾病时，我们对食物的喜好也会发生变化，含铁的肉类变得不受欢迎，而胃口则偏爱清淡。笔者认为，这种口味的改变应该是限铁机制带来的保护性反应。中医主张，在患感染性疾病时不吃荤菜等含“发物”的食物。我们知道，荤菜特别是肉类，大多含铁丰富。所以，笔者认为，中医根据经验提出的主张是有道理的，并可在西方医学的分支“限铁机制”中找到根据。而中医所谓的发物，看来首先就是铁。遗憾的是，西医绝少提到忌口。在这一点上，限铁机制或许应该成为西医也提倡忌口的理论支持。

限铁机制作为一种免疫机制属于固有免疫，对机体健康至关重要。笔者的宗旨是希望普及这一知识，以加深对机体运作的理解。

这里，笔者还要强调，采取补充维生素 C 的措施时，一定要限铁，特别是在患有感染性疾病和癌症时。补充维生素 C 是为了增强应激、解毒、免疫、抗自由基和组织修复等功能，此时如果补铁，明显与补充维生素 C 的目的背道而驰。

另外，补充维生素 C 会促进铁吸收，因此，不要在饭后补充维生素 C。

表 2-1　主要含铁丰富的食物

| 食品名称 | 重量(g) | 铁含量(mg) | 食品名称 | 重量(g) | 铁含量(mg) |
|---|---|---|---|---|---|
| 猪肝 | 100 | 25 | 紫菜 | 100 | 33.0 |
| 牛肉(瘦) | 100 | 2.6 | 口蘑 | 100 | 35.2 |
| 猪肉(瘦) | 100 | 2.4 | 海带 | 100 | 150 |
| 猪肉松 | 100 | 16.8 | 木耳 | 100 | 185 |
| 鸡蛋 | 100 | 1.5 | 菠菜 | 100 | 2.0 |
| 鲫鱼 | 100 | 2.5 | 雪里蕻 | 100 | 4.0 |
| 鸡肉 | 100 | 1.5 | 芹菜 | 100 | 11.5 |
| 河蟹 | 100 | 5.9 | 芝麻酱 | 100 | 58 |
| 对虾 | 100 | 3.5 | 豆腐(北) | 100 | 2.1 |

吸收率：动物肉22%，鱼11%，植物性食物低于10%。

笔者认为，今后，如果铁过剩问题受到重视，有关食品含铁量的数据可能需要进一步完善，比如河蟹，是整体的含量，还是蟹肉的含量，均需要标明。

## 第二节　破解癌症之谜　抓住要点预防与治疗癌症

### ——癌细胞是特殊的免疫细胞，其功能是噬铁以饿死细菌

科学家经过数十年的研究和临床观察发现，在细菌、真菌、原生动物、肿瘤入侵者与其脊椎动物宿主之间，为争夺生长不可或缺的铁，存在一场龙争虎斗。

——尤金·温伯格

在本书即将完稿的时候，大约在 2012 年 8 月中旬，笔者在研究限铁机制的过程中注意到，铁过剩的危害之一是可以致癌。而限铁机制理论的创始人——微生物学家尤金·温伯格反复强调，癌细胞与宿主之间，也像细菌与宿主之间一样，存在铁的争夺战。他认为铁不仅诱发癌症，而且癌都长在体内铁过多的地方。

他在研究铁的致癌机理时发现，癌细胞有强大的夺取铁的能力，癌细胞聚集铁。他 40 年来一直把铁看作**肿瘤入侵者**为了生长而必需的营养物质。

我因为在 2006 年之前即有"癌未必是敌人，也肯定不是入侵者"的想法，认为癌可能是对人类第一遗传缺陷的一种无奈补偿（2006 年我的论文提到），所以，反复阅读有关文字后，突然有所感悟、有所发现。我发现，癌这样夺取铁、扣留铁，不就是在做限铁机制要做的工作吗？经过一番求证，我确信这个新的发现和立论可以成立，于是有了一篇论文《癌症是限铁机制的体现，其功能是防卫细菌》。论文于 2013 年发表在中国医学的领军刊物《医学与哲学》上。

现在，我把这三年多对这个问题的更多思考加入，请读者判断真伪。其实，回想起来，破解癌症之谜，就好比侦破犯罪疑凶。笔者自比刑侦队长、原告或公诉人，而将读者诸君比作陪审团成员。我们现在就开庭审判。

### 一、肿瘤是异己还是异常

关于肿瘤，这里指恶性肿瘤，通称癌，一个首要的问题是：它是什么。几乎所有谈及肿瘤的文章、著述，均把癌细胞称为"叛逆细胞"，将肿瘤称为敌人。

有一本书的名字就叫《细胞叛逆者》（*One Renegade Cell*），作者是全球著名癌症权威罗伯特·温伯格（Robot Weinberg）。许多文章、著述都使用了以下词汇：敌人、异己分子、叛徒、入侵者（enemy / alien / dissident / traitor / renegade / invader）。

以下文字非常典型，颇像癌的定义：癌细胞是一个叛逆的细胞，它反叛整个身体，可以把它看成一个追求自身利益、与宿主利益冲突的寄生虫（A cancer is a cellular renegade that has rebelled against the polity of the body and can be regarded as a parasite pursuing its own interests in conflict with the host——*Why we get sick*)。

可以说，迄今为止，西方肿瘤学界的一切有关癌症的理论均建立在“癌细胞-叛逆细胞”假说的基础之上。

对肿瘤的恐惧、厌恶，许多晚期肿瘤病人的痛苦，以及诸如死刑缓期等恐怖的描绘，使得肿瘤更显可憎、可怕，由此人们普遍认同，癌细胞是叛逆细胞，肿瘤是我们的敌人。

对一个现象、一件事，看错了，判断错了，寻找其原因的努力可能全部前功尽弃。这很像100多年前科学工作者寻找脚气病(beriberi)、坏血病和癞皮病的原因，他们一直在找细菌，一直在细菌学的框框里打转。最终，除了时间和金钱的浪费，可以说一无所获。

将肿瘤看成敌人，看成异己分子，看错了，随之，带着偏见的研究开始了。这种研究似乎很深入，但永远不会有正确的结论。

将肿瘤看成敌人，看成异己分子，看错了，随之，一切做法就都错了。对肿瘤的杀、烧、毒，就是体现。《众病之王：癌症传》的作者说，癌是什么还没有弄清就给它下毒。

对叛徒、异己分子提问：我待你不薄，你为什么反叛？你这个坏蛋。

笔者认为，肿瘤长在自己身体上，它绝对是自己身体的一部分，它只是异常(abnormal)而已。我们应该问的问题是：你为什么异常？我们有没有不善待身体的地方？是什么导致了身体异常？

## 二、肿瘤的特征

研究一个事物，必须抓住事物的特征。

人类患肿瘤比率的逐年上升，已经使肿瘤成为人体进化的一个特征。我们有理由发问：肿瘤这个特征是身体的故障，还是身体的防卫？

几乎所有肿瘤在或长或短的初始阶段对身体并无大碍，并不体现为故障。许多人带癌生存直至因其他疾病而去世。

如果不是故障，那就可能是防卫。如果是防卫，那肿瘤防卫什么？

这就需要从肿瘤的特征入手，进行研究。几十年前，人们说，肿瘤有三大特征。近年，罗伯特·温伯格为肿瘤总结了十大特征。

其所谓十大特征，依笔者之见，其实都是一件事：细胞失控猛长。猛长要有供应(通过血管再造及增加能量)，要抵抗阻力，要发出信息，**避免被免疫系统摧毁**，抗拒凋亡，不断复制、浸润、转移。有人评论：40年就搞清这些事儿，可悲可叹！

这其中，**避免被免疫系统摧毁**又称为**免疫逃逸**，倒是值得反思的一个特征。

笔者经过研究认为，**值得关注的是一个在所谓十大特征中未被提及的特征：肿瘤细胞积累非常高水平的游离铁**［Cancer cell accumulate very high levels of free iron.（Thomas E.Levy，*Primal Panacea*）］。这意味着肿瘤富含铁，可以比喻成富铁矿。**证据见后文**。

这样，在笔者看来，肿瘤主要有两个特征：**一是积累非常高水平的游离铁，二是避免被免疫系统摧毁**。第二个特征是肿瘤学界的发现；第一个特征是微生物学界的发现，也可以说是细菌学家的发现。细菌学家关注到我们身体内的铁是细菌最难得的营养物质，进而关注到癌细胞与细菌一样，也与我们的身体争夺铁。所以尤金·温伯格说："在细菌、真菌、原生动物、**肿瘤入侵者**与其脊椎动物宿主之间，为争夺生长不可或缺的铁，存在一场龙争虎斗。"

发现第一个特征（癌细胞避免被免疫系统摧毁）的肿瘤学界，做了一件在逻辑上与这个发现完全相反的大动作，即摧毁癌细胞。而发现第二个特征的微生物学家，则做出了一个错误的推理和判断，认为癌细胞争夺铁是为获得其生长不可或缺的营养物质。

## 三、铁致癌的证据——过量铁与肿瘤呈正相关

意识到铁的致癌作用始于20世纪中叶，尤其在20世纪的后30年，大量强有力的证据表明，铁过剩与癌症的发生率呈正相关。

1981年，美国微生物学家尤金·温伯格即指出："负担过剩铁的动物和人显然比正常者罹患一种或多种主要肿瘤的风险大得多。"

"无论人与动物，主要肿瘤均发生在有**铁过量沉积**的地方。吸入的铁与呼吸道癌相关，吃进的铁与结肠癌相关，皮肤接触的铁与肉瘤（sarcomas）相关，全身性的**铁过载**与肝癌相关。"

"因**过量摄入铁和 / 或非正常肠道吸收铁**而发生肺铁末沉着症的人群中，发现大量原发性肝癌和其他肿瘤病例。比如南非金矿的青年矿工中发生的癌，52%是原发性肝细胞癌。高加索人常患先天性血色素沉着病，而肝细胞癌和其他类型的肿瘤经常是他们共同的死因。"

2014年，我国台湾的一篇研究报告揭示，血清铁增高与癌症风险增加相关。该研究以台湾地区309 443个成人为对象，在1997—2008年期间应召登记时均无癌症病史，同时血清铁水平被检测保留。随后，通过癌症登记和死亡登记，将后来患癌者与最初检测的个人血清铁水平比对。**研究认为，高水平的血清铁既与普通疾病的风险增加相关，也与若干癌症的风险增加相关。**

"**高水平的体铁**通过其对产生氧自由基的贡献而增加肿瘤的风险。血清铁、全铁螯合力（TIBC）和运铁蛋白饱和度的水平已经被研究用于预测各种肿瘤，对象

是一组41 276名，年龄在20～74岁的男女，初期均无肿瘤。经过平均14年的跟踪随访，诊断出2 469名原发性肿瘤。研究发现，运铁蛋白饱和度水平超过60%的个体患结肠癌和肺癌的风险大大增加。调整年龄、性别和是否抽烟的因素后，与运铁蛋白饱和度水平低的人群对比，结肠癌是3.04倍，肺癌是1.51倍。”

“饮食行为（习惯）对**体内铁过度积累**也有重要影响。红肉中的亚铁血红素很容易吸收，因此备受关注。对90 659名绝经前妇女的研究中，1 021人发生浸润性乳腺癌。**吃红肉越多，患乳腺癌的风险越高**，强烈正相关。”

2000—2009年美国研究人员在上海进行的一项调查表明，中国近几十年来，乳腺癌发生率和死亡率急剧增加，可能的因素与饮食铁过剩即肉类消费的急剧增长相关。在研究中，他们对266 000名年龄在17～83岁的女性开展乳腺自查，发现1 429例有乳腺肿块，并诊断出346名有良性病变，622名有囊性病变，436名有乳腺癌。然后将其血清铁水平（Fer）与饮食铁摄入水平与控制组1 040名女性进行对照。最终结论，无论储存铁水平（即血清铁水平）还是饮食铁水平，均与乳腺纤维性囊肿和乳腺癌发生率显著相关。

2011年在日本原爆幸存者中进行了一项乳腺癌的巢式病例对照研究，总共107个病例和212个对照。**血清铁蛋白被认为是健康人体铁储备的最可行指标。**血样均测定了铁蛋白（Fer）水平，铁蛋白与辐射剂量对乳腺癌的风险进行了联合统计分析。结果支持如下假说：体铁储备的增加会提高患乳腺癌的风险。

中国自从开展多肿瘤标志物联合检测（包括蛋白芯片检测）以来，大量有关研究报告均证实，在检测的所有癌症中，反映血清铁含量的铁蛋白（Fer）指标均超过正常健康组别，这表示，铁蛋白（Fer）水平与各种癌症的发生率均呈正相关。

安徽省淮南市第一人民医院对2009年9月—2010年12月住院的消化科病人进行多肿瘤标志物联合检测，均观察到消化道癌症Fer的升高。

**表2-2　Fer对消化道恶性肿瘤发生率的相关性**

| 组别 | 健康 | 胃癌 | 食管癌 | 胰腺癌 | 肝癌 | 结直肠癌 | 良性疾病 |
|---|---|---|---|---|---|---|---|
| 例数 | 40 | 55 | 35 | 28 | 27 | 38 | 40 |
| Fer（μg/L） | 147.56 | 262.30 | 292.71 | 348.68 | 263.13 | 273.35 | 262.19 |
| | ± 65.41 | ± 192.42 | ± 153.22 | ± 206.98 | ± 161.47 | ± 114.82 | ± 115.77 |

正常值：3.9 ~ 336.2 μg/L（男），11 ~ 306.8 μg/L（女）

黄玉凯，等．联合检测CA19-9、CEA、AFP和Fer对消化道恶性肿瘤的诊断价值[J]．中国基层医药，2011，18(16)．

第三军医大学2012年报告指出，自2003年12月—2011年7月对25 076例各种癌症患者进行的多肿瘤标志物蛋白芯片检测表明，所有肿瘤组铁蛋白阳性率均明显高于良性组及健康组。这些癌症包括胰腺癌、卵巢癌、肝癌、肺癌、前列腺癌、子宫内膜癌、乳腺癌、食管癌、肠癌、胃癌及其他各种癌症。铁蛋白的阳性率达 17%。

这些均说明，癌症的发生与铁蛋白水平呈正相关。

江苏大学附属人民医院肿瘤科报告，2006 年 1 月—2007 年 12 月收治 90 例乳腺癌患者，平均年龄 50.2 岁（28 ～ 78 岁）。所有乳腺癌患者均经病理学检查确诊（浸润型导管癌占 76 例）。

其中，无淋巴结转移组 49 人，铁蛋白指标 Fer（ng/mL）为 164.06 ± 73.28；有淋巴结转移组 41 人，铁蛋白指标 Fer（ng/mL）为 340.31 ± 164.57。肿瘤直径 <3cm 组 47 人，铁蛋白指标 Fer（ng/mL）为 169.88 ± 73.54；肿瘤直径 ≥ 3cm 组 43 人，铁蛋白指标 Fer（ng/mL）为 325.76 ± 171.83。由以上数据可见，反映血清铁水平的铁蛋白指标越高，乳腺癌的严重程度越高。

笔者认为，Fer 指标与所有癌症发生率的正相关性为铁致癌的理论提供了证据。

## 四、铁过剩的源头

铁过剩主要是吃红肉类高含铁食物，以及吃补铁剂造成。上述癌症患者的铁蛋白水平之所以高，就是吃红肉类食物的结果。这一点（铁蛋白水平与吃红肉水平正相关以及铁蛋白高主要表示铁过剩）长期以来并没有研究统计数据支持，一些**医学科研人员误以为，癌症患者之所以铁蛋白水平高，是癌细胞合成与分泌所造成。**

2015 年 9 月，终于有一项严谨的研究报告证实，铁蛋白水平与吃红肉水平呈正相关。其中红肉消费水平是连续 3 天饮食跟踪调查所得。纵坐标为每日红肉消费量（单位为 g），横坐标为铁蛋白水平（图 2–4）。

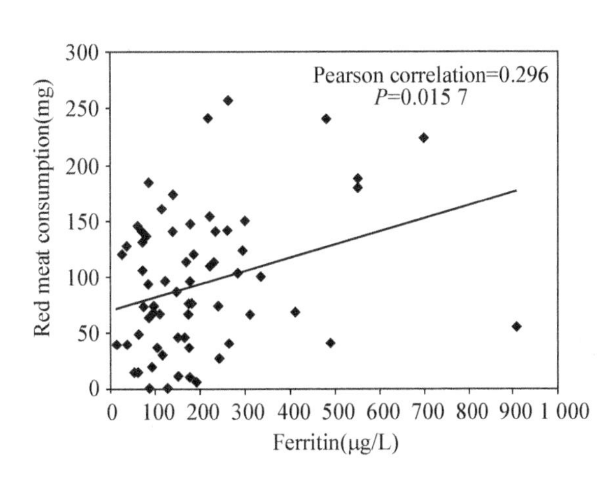


图 2–4　健康人铁蛋白水平与摄入红肉水平相关图

“铁可因四个因素在人体体液、细胞、组织中过量：① 从外界通过饮食、注射、吸入获得；② 储铁细胞破坏，如肝炎；③ 红细胞过量破坏，如各种临床血红蛋白病、疟疾、巴尔通体病、白血病、淋巴瘤；④ 运铁蛋白（Tf）合成减少，如恶性营养不良、空肠回肠改道术。”

然而，正如智利的研究表明，对广大健康人群，反映血清铁水平的铁蛋白指标与红肉摄入水平呈正相关。

这个研究报告将在下一节介绍。这里仅将其文献来源列出：Serum ferritin is associated with metabolic syndrome and red meat consumption.[J/OL].https：//www.ncbi.nlm.nih.gov/pubmed/24549403. 中文意为："血清铁蛋白与代谢综合征及红肉消费量呈正相关"。

有了这个证据，我们的证据链更完整了：红肉消费量增加，血清铁蛋白水平上升，铁蛋白水平上升意味着铁过剩，而铁过剩与癌症的发生率正相关，因此，我们可以推论，红肉消费量与癌症的发生率正相关。如果说铁过剩致癌，那么现在可以说，是红肉消费过量造成的铁过剩导致癌症，亦即红肉过量致癌，简称"红肉致癌"。

读者诸君有没有想起什么？2015 年 10 月，世界卫生组织及国际癌症研究所发布报告称：红肉可能致癌，加工红肉如培根肉、火腿肠等则确定致癌。

我的研究结论似乎更进了一步，是红肉确定致癌，而加工红肉更加致癌。

**导致癌症的嫌疑犯似乎已经有些线索，可能就是铁过剩，也叫过剩铁。**

由于有了这个证据链，以下关于肉类消费与癌症发病率正相关的证据即可成为铁过剩致癌的又一批证据。

## 五、铁过剩致癌的第二批证据

一般认为，100 年来，人类肿瘤比例的上升与肉类消耗量的增加成正比。而肉类，特别是红肉均含铁丰富。图 2-5 为美国近百年来和法国及英国 200 年来个人肉类消费增长图。

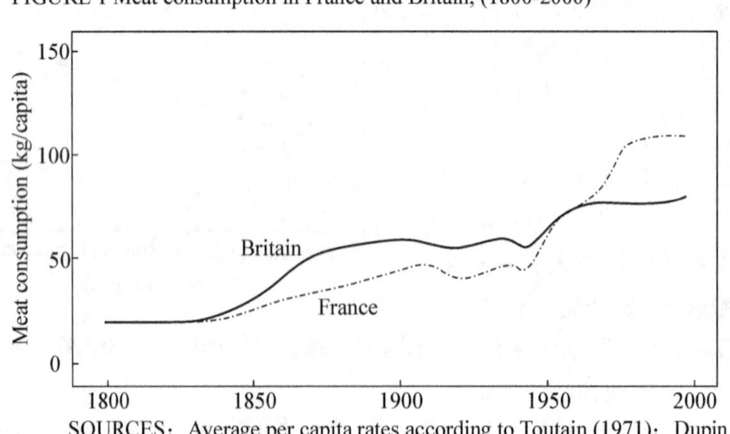

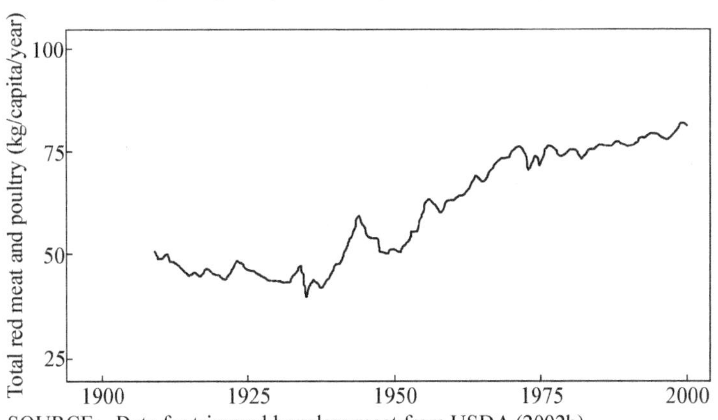


图 2-5　美、英、法国个人肉类消费增长示意图

图 2-6 为全球癌症发病率最高的 10 个国家和 2012 年全球癌症发病率最高的地区。这些癌症发病率最高的国家和地区均为世界上食肉最多的地方。

许多报道称，我国癌症的发病率，也在这 30 多年来随着人们生活的改善及食肉量的增加而不断提高。

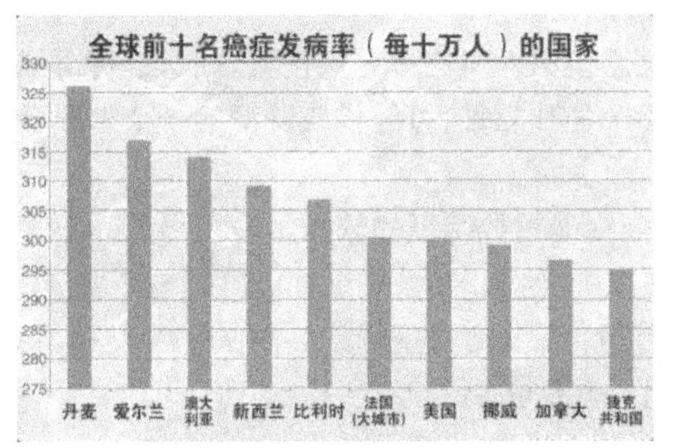

图 2-6　全球癌症发病率

## 六、铁致癌的机理

尤金·温伯格认为，铁有三种方式致癌：① 产生氧自由基，引起 DNA 突变，启动肿瘤发生。② 铁通过压制宿主防御，支持癌细胞生长。过量铁会限制 CD4 淋巴细胞活性。③ 铁是失控的肿瘤细胞增殖所需要的基本营养素，在致癌过程中作为营养素起作用。

笔者经过研究发现，铁是致癌物，但它的致癌机理并非如此，即并非由自由基引起 DNA 突变导致。下面让我们深入展开追究。

## 七、从铁致癌到癌聚铁（肿瘤截留铁的机制）

笔者从尤金·温伯格关于铁致癌的论述发现，肿瘤有攫取铁和积累铁的倾向，并且，肿瘤螯合铁的能力超过铁螯合蛋白，比如运铁蛋白。这意味着癌聚铁。以下为癌聚铁的证据。

“多数微生物菌株都不能从铁饱和度正常的运铁蛋白获得铁，然而肿瘤细胞却可以从这种运铁蛋白获得铁。”

“至少有两类分子可以帮助肿瘤细胞从宿主的限铁组织获得对其生长至关重要的铁：① 低分子量肽，它具有特定嗜铁素（siderophore）的功能；② 细胞表面糖蛋白数量增加，它可以螯合运铁蛋白的铁。支持存在上述机制的证据还在不断累积。”

“培养哺乳动物非转移细胞时，其繁殖一般均需要外加运铁蛋白铁；而与此对照，某些转移细胞系可以在没有运铁蛋白时获得铁，这种细胞可以通过合成类似嗜铁素的生长因子（SGF）获得铁。可以推测，转移细胞为利用这种因子，可以合成适当的表面受体以及铁摄入系统。”

“小细胞肺癌细胞可以合成自己的运铁蛋白，这种能力可以说明，为什么这种肿瘤即使在血管化不良的地方也倍增如此之快。”

“转移细胞和肿瘤细胞不需要外加运铁蛋白即可制造这类铁螯合肽，**这种类似胚胎的铁转运的自发动和自调解，体现了一种独立性，可能构成肿瘤的一个重要特征。**”

这句话成为笔者认定**癌细胞聚铁是癌症最重要特征的依据。**

在尤金·温伯格与笔者的 E-mail 往来中，他总结说，癌细胞可以轻易夺取铁。

肿瘤为什么富含铁？如果铁是失控的肿瘤细胞增殖所需要的基本营养素，我们要问，肿瘤细胞的聚铁能力为什么超过一般铁蛋白？

表 2-3 为人体前列腺中运铁蛋白含量与前列腺疾病的关系。

**表 2-3　人体前列腺中运铁蛋白（Tf）含量与前列腺疾病的关系**

| 各种前列腺状况 | 运铁蛋白（μM） | 人数 |
| --- | --- | --- |
| 正常 | 1.66 ± 0.5 | 8 |
| 前列腺炎 | 1.92 ± 0.51 | 27 |
| 前列腺良性增生 | 2.40 ± 0.55 | 17 |
| 前列腺癌 | 5.82 ± 0.90 | 9 |

从该表可见，在前列腺癌组织中，铁含量最高，是正常组织的 3 ～ 4 倍。

由上述论述和证据可见，肿瘤细胞在螯合铁方面，比运铁蛋白（Tf）有更强的能力。笔者由此引发联想，癌细胞如此强力地攫取铁、聚集铁，会不会是因为铁过剩所造成。

## 八、我的感悟和发现

2012 年 8 月，笔者在研究上述内容时，突然有所感悟，可以说幡然醒悟：癌细胞这样攫取铁、聚集铁，不就是尤金·温伯格所说的 iron withholding（扣留铁），不就是在做限铁机制的工作吗？癌会不会是因为铁过剩而通过这种方式扣留铁，限制细菌获得铁。如果是这样，癌症就可能是一种限铁机制的体现，可能是“好人”，可能是有功能的。它可能是身体的防卫，而非故障。它通过聚集铁，不让细菌获得，从而减少细菌感染的可能。

这时，笔者对癌症“疑犯”的追踪已经初见端倪。如前所述，**疑犯可能是过剩铁，而癌则可能是关押、囚禁疑犯的监狱。**

我立即想到，这可能是一个新发现，但同时也想到，这是需要证据的。因此，下一个问题很自然被提出：癌有抗细菌感染的功效吗？证据何在？

## 九、迄今为止我搜集到的癌有正面功能的证据

**证据一：脓包与癌不共存**　既然肿瘤是限铁机制，而限铁机制又是抗细菌感染机制，那么，肿瘤病人应该较少患细菌感染性疾病。我从我国古代中医的代表——御医的著述里找到了证据：“**脓包与癌不共存**”。

“脓包与癌不共存”一语，我早在《刘太医谈养生》一书中拜读，且在身上长疖子时用这句话调侃和安慰自己。这时，我突然感悟，原来它就是证据。

所谓脓包（pustule），现代医学已经知道是细菌感染的一种形式。尽管刘家祖上没有细菌感染的概念，但是，他们已经可以清楚区分脓包与癌的不同。他们之所以说，身上长脓包的人没有癌症，有癌症的人不长脓包，是因为他们有世世代代长期的观察，时间至少长达五六百年。而我认为，这个结果反映，肿瘤确有抗细菌感染的功效，因为肿瘤聚集了大量的铁，使细菌得不到它繁衍必需的这个重要营养素，因此得癌以后不长脓包。

古文的原话是：“疖，小疾也，四时发之，谕之无岩（癌）。抑或无名肿毒，久不生脓，莫谓无恙。”此话出自刘太医的先祖明代刘纯所著的《药治通法》。

**这是一项伟大的观察成果！长期历史的积累。**

美国人悉达多·穆克吉所著的《众病之王：癌症传》专门讲述西方医学 4 000 年来研究和医治癌症的历史。笔者从头至尾没有发现他们对癌症有什么观察成果。作者倒是说了句真话：癌是什么还没有搞清楚就给它下毒。

**证据二** 根据上面的观察成果，刘太医及其后人，包括刘宏章医生（《刘太医谈养生》的台前作者），将这个成果应用于癌症诊断，他们仔细询问每一个有癌症嫌疑的病人，让他们回忆在长出异物之前的两三年是否发生过化脓性炎症，以此判断体内异物是否为癌。许多身体长脓包或者有其他细菌感染症状的患者被误诊为癌，后来之所以得以纠正，也均得益于刘纯“脓包与癌不共存”的断言。这是一项伟大的历史悠久的流行病学调查成果，也是这项成果的应用。

**证据三** 刘家还发明了一种鉴别肿瘤的方法。刘纯在《药治通法补遗》里记载，使用新鲜的毛莨涂在皮肤上，观察发泡之后是否化脓，以此判断体内的肿物是否为癌。**这是一项伟大的发明！可以与现代结核菌素试验媲美。**

现代医学在肺癌等癌症诊断中为排除结核菌感染采用结核菌素试验，如为阳性，即说明可能是肺结核，从而可排除肺癌；如为阴性，则排除肺结核，体内可疑肿物极可能为肺癌。

毛莨试验和结核菌素试验结果为阴性时，一方面说明，身上的可疑肿物极可能是癌，另一方面也说明，**人为令癌症患者细菌感染时，因为癌症的存在，宿主并不感染**。这是癌症有抗细菌感染功效的实验证据。且每做一个检测，即积累一个证据，所以证据是大量存在的。这说明，有时证据就在我们面前，只是我们没能解读。

**证据四** 更多的证据就在每个癌症患者的身上，可以像刘太医世家那样，通过流行病学调查获得。当然，这需要癌症专家与广大患者的广泛参与。现在提倡号召早期检查早期发现癌症，许多被早期检查早期发现的癌症患者，身体并没有什么不适，有的甚至很健康。这也是证据。

笔者母亲的癌症历史也是旁证。今天回想起来，她就是吃肉吃出来的。1964年是分水岭，此前，长期生活艰苦，她一直被结核病困扰。1963—1964年，经济形势好转，食物供应逐渐丰富。母亲改善生活的重要一环就是吃肉。她自己吃，也让我吃。就这样，她的身体健康逐渐好转，结核病基本好了。我眼见她胖了起来，看病次数大大减少。她检查出乳腺癌的前两三年，身上基本没有其他毛病。尔后七年，除了癌症也没有其他疾病（有日记为证）。

许多癌症患者都有与我母亲同样的经历。于娟的《此生未完成》中有一个“馄饨阿姨”，苦了一辈子，就在好日子没过几年的时候，得了乳腺癌。一般说，好日子就意味着可以多吃一些肉。还有一个“指标阿姨”，因为肿瘤标志物指标过高而得名，但不痛不痒没有任何病症出现。她家“财丰福厚”“千万身家”，因此可能不愁吃肉。

**这里要说明的是，并不是说得了癌症就什么病都不得了**，一些维生素缺乏病、中老年慢性病仍然会得，只是说不得细菌感染性疾病，而且一般是指早期、中期。至于晚期为什么会有细菌感染如败血症之类，笔者在后面内容中将有交代。

如前所述（第二章第一节限铁机制及其强化），病毒的复制需要铁，“因此，可以预计，在病毒入侵期间，限铁机制将得到加强。可以推断，损害限铁机制可能加重病毒感染，而加强限铁机制则可能压制病毒感染。”因为肿瘤的生成即限铁机制的强化，因此，癌症患者应少有病毒感染性疾病。

## 十、癌细胞是特殊的免疫细胞，其功能是噬铁以饿死细菌（巨噬细胞癌变假说）

“癌细胞是特殊的免疫细胞”，这是我 2016 年 3 月以后形成的概念。当时，我研究了肿瘤学界正在关注的热点课题，在研究过程中我有了新的感悟、新的发现，即发现癌细胞是一种特殊的免疫细胞。这个新概念是此前（2012 年）提出的巨噬细胞癌变假设的深化，我自认为，这个新概念是重大科学发现。以下即为我的观点的论述。

（1）巨噬细胞是流动铁仓库：

此前已经提到，巨噬细胞是执行限铁机制的主要功能细胞。巨噬细胞的主要功能是处理破损和衰老的红细胞，将其中的铁储存和转运。遍布全身内皮组织（endothelial tissue）的巨噬细胞构成网状内皮组织系统（RES），或称单核吞噬细胞系统（MPS），而 RES 巨噬细胞的主要功能是充当“不稳定的铁池（labile pool of iron）”。

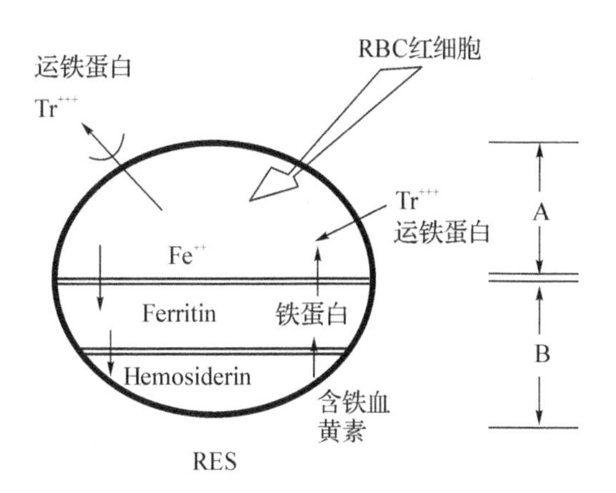


图 2-7　RES 巨噬细胞储运铁示意图

图 2-7 示意 RES 巨噬细胞如何储运铁。

图中 A 区表示不稳定的铁池，RBC 为衰老红细胞，它被巨噬细胞吞噬清理，其中的铁以二价铁的形态储存。运铁蛋白的三价铁也转运给巨噬细胞，变成为二价铁储存。在身体需要时，A 区的铁可以随时调出仓库，再进入运铁蛋白，供制造红细胞使用。B 区也是不稳定的铁池，但比 A 区相对稳定。A 区的铁可以进入 B 区，以铁蛋白（Ferritin）的形式储存；而这里铁蛋白的铁又随时可以调入 A 区。B 区下方为含铁血黄素（Hemosiderin），它是更稳定的一种储存铁的形态。

巨噬细胞在不同器官组织有不同的名称，如肝脏的库普弗（Kupffer）细胞、骨组织的破骨细胞、神经组织的小胶质细胞、皮肤的朗格・汉斯细胞、关节的滑膜 A 型细胞。与中性粒细胞不同，巨噬细胞可在炎性灶中分裂。

笔者之所以将巨噬细胞称之为“流动铁仓库”，是因为，除了充当上述“不稳定的铁池”外,巨噬细胞本身还可在上皮组织间隙中自由移动(趋化),通过血管和淋巴系统流动。

笔者认为,当体铁过剩时,这个“不稳定的铁仓库”即RES巨噬细胞的储铁能力可能不足,此时如果将过剩的铁送回血液交给运铁蛋白,而运铁蛋白已经饱和,因此可能无法接纳。如果直接送入血液而不加以保护,无异于向细菌提供营养。面临困境,巨噬细胞可能分裂,以扩大储存空间,且巨噬细胞有可以分裂的特性。因此,笔者推断,在铁过剩超过一定限度时,巨噬细胞有可能也最有条件转变为癌细胞,并以此大量储存过剩的铁。

(2)癌细胞与巨噬细胞的相似性:图2-8为巨噬细胞与癌细胞外观的对比。左为巨噬细胞,中为癌细胞,右图被命名为“癌细胞运动”,作者安妮·韦斯顿(Anne Weston)。

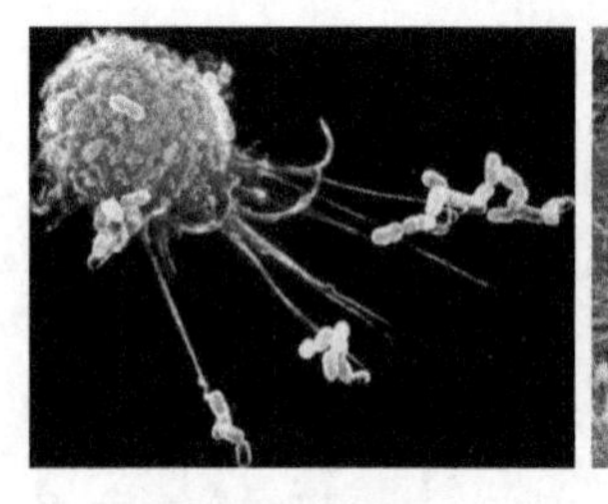

a. 巨噬细胞

b. 癌细胞

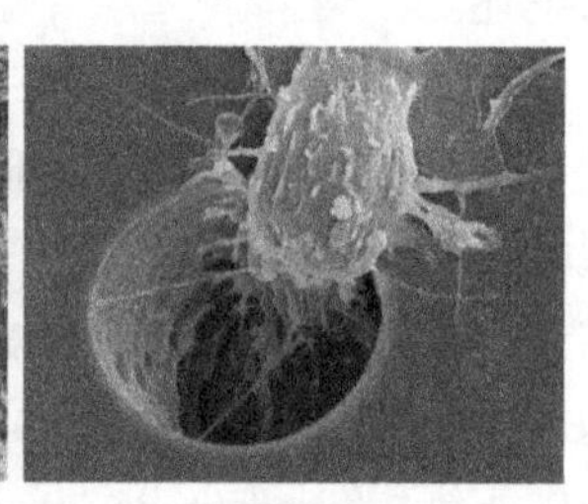

c. 癌细胞运动

图2-8　巨噬细胞与癌细胞外观对比

从这些图像可见,癌细胞与巨噬细胞在形态上十分相似,只是癌细胞的伪足较多。这种相似性可能并非偶然,可能说明,癌细胞系由巨噬细胞分裂、增殖形成。各种生物的相似性均表明,在相似的二者之间存在继承关系,比如亲子关系等。因此,从形态上看,癌细胞可能是巨噬细胞癌变的结果。

上述巨噬细胞在不同器官组织有不同名称,意即巨噬细胞在不同器官组织有不同形态。因此,癌变后的巨噬细胞可能不同于上图的形态。但笔者相信,它们仍然有一一对应的相似性。

“与卵巢癌细胞接触共培养的巨噬细胞可以朝着与癌细胞相似的表型转化。”根据所谓巨噬细胞朝着与癌细胞相似的表型转化,笔者推测,这种表型的转化有可能是深层转化(癌变)的表象。

“肿瘤细胞和巨噬细胞似乎存在一种**共生的关系**。”估计这是电显或图像分析的静态结果,或许,这种共生关系不排除巨噬细胞癌变成癌细胞,值得进一步深入观察。

从巨噬细胞与癌细胞外观的相似性以及巨噬细胞表型向癌细胞转化,笔者推测，癌细胞是巨噬细胞癌变的结果。

（3）巨噬细胞癌变的原因：如前所述，因为体铁重要且稀有，故人体演化出“易进难出”的调节机制。当摄入的铁超过需要时，身体无法排出，最终造成铁过剩。笔者推测，当体铁过剩时，RES巨噬细胞这个“流动铁仓库”的储铁能力可能不足，此时若将过剩的铁送回血液交予运铁蛋白，因为铁过剩已经导致运铁蛋白饱和，因此运铁蛋白无法接纳。如果巨噬细胞将铁直接送入血液而不加以保护，无异于向细菌提供营养。笔者推测，巨噬细胞可能通过分裂增殖变成癌细胞，以便储存更多的铁。

（4）巨噬细胞有可能有条件癌变：除了癌变的原因之外，巨噬细胞既有可能也有条件转化为癌细胞。因为，巨噬细胞有可以在炎性灶分裂的特性。可以分裂，这是条件。一般细胞如白细胞没有可以分裂的特性，因此不具备这个条件。癌症多发于炎性灶，即癌细胞多在炎性灶聚集；而巨噬细胞有在炎性灶分裂的特性，因此，在炎性灶巨噬细胞有可能转化为癌细胞。这是可能。

由此，笔者推断，在铁过剩超过一定限度时，巨噬细胞有可能也有条件转变为癌细胞，并以此扩大储存过剩铁的能力。所以，也可以说，**癌细胞是扩大了储铁功能的巨噬细胞**。如果说巨噬细胞是“流动铁仓库”，则癌细胞可称为“微型固定铁仓库”。

由此也可见，是过剩铁导致巨噬细胞癌变。因此可以说是**过剩铁致癌**。

（5）巨噬细胞癌变的可能机理：一般认为，铁致癌的机理可能为自由基引发突变所致。但笔者认为并非如此。笔者的假设为：

身体的限铁机制可能具有判断铁是否过剩的能力，其中的铁调素（hepcidin）可能起传感器和调节器的作用。当铁过剩超过一定限度时，在一定情况下，如持续炎症、免疫功能下降、衰老等，铁调素可能发出指令，在需要且合适的地点令巨噬细胞癌变，成为癌细胞，将流动铁仓库转变为微型固定铁仓库。进而，当仓库的容积不能满足需要时，当量变积累到一定程度，在某一转折点，指令干细胞分化成具有癌细胞雏形的肿瘤干细胞（TSC），在上述需要且合适的地点直接成长为癌细胞，同时令周围的巨噬细胞增援各处癌细胞。肿瘤微环境（TME）通过释放各种细胞因子促使更多的肿瘤相关巨噬细胞聚集到癌细胞周围，帮助搭建肿瘤这个结构建筑物（大型固定铁仓库），包括建设输送营养的通道“微血管”，以及维持这个仓库正常高效运作所需的其他各种条件，比如避免免疫攻击及保持低氧环境。笔者推测，为了加速建设这个仓库，肿瘤干细胞可能带有人类胚胎细胞的特征，因为胚胎细胞可以迅速增殖，能满足扩建铁仓库的需要。此外，胚胎细胞还有一个武器，即可以分泌HCG（人类绒毛膜促性腺激素）这种抗消化因子，以降低食欲。这与妊娠反应很类似，目的均为减少铁的摄入，避免细菌感染。而且，癌细胞吞噬铁的能力超过体内正常的铁螯合蛋白，如运铁蛋白（Tf）。这种高于营养需求的铁螯合能力可能也是肿瘤这个铁仓库高效运作的需要。（所谓肿瘤新十大特征中的许多特征，似与创建和高效运作铁仓库相关。）

笔者的巨噬细胞癌变假设虽为虚构，但有关实体癌这个结构建筑物的描述是有根据的［见以下的（6）与（7）］。

（6）肿瘤的确是由癌细胞与巨噬细胞共同构建的结构建筑物：肿瘤是一个围绕癌细胞搭建的结构建筑物。许多论文称，肿瘤主要由癌细胞与间质两部分构成，而间质中数量最多是巨噬细胞，这种定居在肿瘤基质的巨噬细胞被称为肿瘤相关巨噬细胞（tumor-associated macrophage，TAM）。TAM可构成基质细胞群体的50%～80%。"巨噬细胞聚集是多数实体瘤的重要标志"。

根据达尔文医学，针对身体出现肿瘤这个特征，我们有理由提问，这个结构建筑物有什么功能？笔者的回答是：建立固定铁仓库，储存过剩铁，以对抗细菌感染。按笔者的理解，癌细胞是微型固定铁仓库，招募来的巨噬细胞本来是流动铁仓库，很可能也癌变成固定铁仓库。

TAM已然成为当前癌症理论研究的热点关注。

（7）巨噬细胞促进肿瘤的生长、转移和免疫逃逸：按照一般的理解，巨噬细胞这种免疫细胞应该攻击癌细胞，但许多论文均表达，巨噬细胞不仅不攻击癌细胞，反而促进肿瘤的生长与转移：巨噬细胞在肿瘤细胞及其释放的可溶性分子的趋化下，迁移至肿瘤局部；TAM产生大量的细胞因子则促进肿瘤的生长、增殖、转移及血管形成。

一些论文、专著和教材均表达：肿瘤微环境"教育""哺育""培养"TAM参与肿瘤的建设，促进肿瘤的发展。许多研究显示，肿瘤微环境释放各种细胞因子并发出信号，从外周血液循环中招募大量单核细胞（血液中的巨噬细胞），围绕癌细胞共同构筑肿瘤这个结构建筑物。TAM与高分子量的HA（透明质酸）绑定，会黏附在类似缆绳样结构的胞外基质（ECM）上，形成支架。TAM能分泌多种促血管生成物质，从而促进肿瘤血管的生成（萌芽）和生长。TAM参与肿瘤的生长、血管形成、组织侵袭、远处转移和免疫逃逸等。

一些论文的题目即直接表达："肿瘤相关巨噬细胞促进肿瘤生长与转移的研究现状""肿瘤相关巨噬细胞通过PI3K/kt途径促进胰腺癌浸润迁移的研究"。更有论文的题目表达了一种惊愕和不解："肿瘤相关巨噬细胞：乳腺癌意外的帮凶"。

（8）肿瘤的免疫逃逸：巨噬细胞等免疫细胞不攻击癌细胞，使得癌细胞得以逃逸免疫系统（包括巨噬细胞体系）的攻击，这在罗伯特·温伯格所阐述的肿瘤新十大特征中被称为"逃避免疫摧毁"，现一般称之为"免疫逃逸"。当前，许多肿瘤免疫科研人员都在研究如何改变免疫细胞的方向，让它们攻击癌细胞。

笔者认为应该思考和研究的是：为什么免疫细胞不攻击癌细胞，即为什么肿瘤（癌细胞）逃逸免疫攻击？肿瘤（癌细胞）的免疫逃逸是否暗示肿瘤（癌细胞）具有正面功能。

笔者认为，肿瘤的免疫逃逸本身说明，肿瘤有正面功能。巨噬细胞不攻击癌细胞，也说明癌细胞有正面功能。自然杀伤细胞（NK）不攻击癌细胞，亦同理，且二者均带负电，相互排斥。

正因为如此，笔者推测，癌细胞不是"叛逆细胞"，而是一种有功能的特殊免疫细胞。

（9）癌细胞是有功能的特殊免疫细胞——笔者对癌症的定义：通过以上论述，笔者认为，受正常免疫细胞（巨噬细胞）帮助的癌细胞不是"叛逆细胞"，笔者假设的由正常免疫细胞（巨噬细胞）演变而成的癌细胞也不是"叛逆细胞"，而是一种有功能的特殊免疫细胞。癌细胞的免疫逃逸也暗示，癌细胞不是"叛逆细胞"，可能具有正面功能。因此，笔者认定，癌细胞的功能是吞噬过剩铁，以剥夺细菌的铁营养，避免细菌感染。

由以上证据及推理，笔者推导出癌症的定义：**癌细胞是一种免疫细胞，属于第二免疫系统（限铁机制），其本质特征是吞噬过剩铁。肿瘤是围绕癌细胞搭建的结构建筑物（铁仓库），其功能是储存过剩铁，以对抗细菌感染。肿瘤聚集过剩铁是癌症唯一的本质特征。过剩铁是唯一致癌物，即致癌元凶，其他一切所谓致癌物只是帮凶。**

笔者戏称这种癌为"富铁癌"，意指吃进过量红肉类高含铁食物导致。

（10）癌细胞-免疫细胞假说 PK（挑战）癌细胞-叛逆细胞假说：虽然已经有人猜测，免疫系统"进化的目的是防止微生物的入侵，但不一定针对肿瘤"。但由于缺乏对第二免疫系统（限铁机制）及巨噬细胞功能的认知，多数研究人员仍误以为巨噬细胞可发挥杀瘤效应。加之，目前有关癌症的理论全部建立在笔者所谓"叛逆细胞假说"的基础之上，即认定癌细胞是叛逆细胞，致使有关肿瘤相关巨噬细胞（TAM）、肿瘤免疫逃逸、肿瘤微环境（TME）、肿瘤免疫监视和肿瘤干细胞（TSC）的研究陷入困境。《肿瘤热点关注》中说："今天肿瘤免疫学的发展是通过巨大的努力并由众多失望而不是成功写成的一个历史。"40 年来的抗癌战争更将这种基础研究的不成功放大到治疗领域。

看来，仅有第一免疫系统的概念，没有第二免疫系统即限铁机制的概念，很难摆脱一个接一个的失望和不成功。进化适应的确造就了防止微生物入侵的免疫系统，但这个系统有多种手段，包括饿死微生物的手段，即限铁免疫机制。

笔者相信，随着时间的推移，癌细胞-免疫细胞假说和理论必将获胜，并有望创造由众多成功而不是失败谱写的历史。

本书开始即有肿瘤是异己还是异常的讨论。经过不断地追踪，现在可以再次向“医学法庭”陈述，癌细胞绝不是异己细胞，肿瘤只是异常而已。**致癌元凶可能是过剩铁，而且是唯一的元凶，而癌肿则是关押囚禁元凶“过剩铁”的监狱**。是过**剩铁**引起机体发生异常反应。癌是有功能的，它的功能就是关押过剩铁，防止细菌感染。**癌细胞是一种特殊的免疫细胞，其功能是吞噬过剩铁，以避免让细菌获得**。所以，我们应该还癌细胞一个清白：癌细胞不是“坏人”，过剩铁才是真凶。

也可以通俗地说，癌（细胞）是关押过剩铁的仓库。因为铁过剩，流动铁仓库（巨噬细胞）不够用了，于是经过分裂、癌变，建立起固定仓库（癌），以便储存更多的铁。

## 十一、笔者的理论获得限铁机制理论创始人尤金·温伯格认可

我的理论形成后，我的第一个想法是，寻找最能够理解这个理论的人并征求其意见。我立即想到，最能理解我的理论的人，应该是限铁机制的奠基者尤金·温伯格教授，因为，我的癌症新理论完全是在他的理论基础上建立的。而且我预感，他可能会认同我的理论。他很清楚铁致癌，更清楚癌聚铁。只是他认为，癌聚铁是癌的营养需求而已。我与他的不同在于，我认为癌聚铁就是他创立的限铁机制理论的体现，是为了防卫细菌。

2013 年 5 月 3 日，我将自己的论文用 E-mail 发给尤金·温伯格教授，征求他的意见。他当日迅速回复我：“对于你关于癌细胞可能有有益功能的新颖理论，我仅用这个简短的便签表达我的热爱（enthusiasm）……我很惋惜，在 91 岁，我已不能再写论文发表。”这时，我才知道，教授已经 91 岁，大我整整 20 年。

5 月 5 日，他在另一个 E-mail 中说：“过去 40 年我一直认为癌细胞捕捉铁是为了迅速增殖，但你的理论指出，癌细胞捕捉铁是为了扣留铁（注：英文扣留铁即限铁），不让感染入侵者获得（也许两个想法都对？）。”

5 月 10 日，我回答说：“铁作为正常组织的营养，在铁调素（hepcidin）的指挥下，受到限铁机制的限制和调节；而作为肿瘤的营养，似乎这个限制被突破了，似乎没有限制了。肿瘤似乎战胜了限铁机制，因此能够积累更多的铁。限铁机制为什么向肿瘤妥协，因为铁过剩已经超过极限，‘我’（限铁机制）已没法对付了，‘你’（肿瘤）来帮‘我’行使这个功能吧。如果从功能上看某一人类生物学特征不符合需要，自然选择怎么能允许它生成？（摘自《我们为什么生病》）正确的只有一个，也许我是正确的？”

当日，尤金·温伯格教授立即发来 E-mail 说：“你是正确的……与正常细胞不同，癌细胞可以很轻易捕捉铁。它们轻易捕捉铁的能力使它们的成长超过正常

细胞。你的理论认为癌细胞利用限铁机制抑制微生物生长，这是完全符合逻辑的，但是需要实验室实验。”

我与尤金·温伯格教授素昧平生，能够得到他的认同，我十分欣慰。我的论文让教授想起哥白尼以日心说推翻了地心说。这也是对我的极大鼓励。我的理论需要验证，但正如达尔文医学创立者所言：“许多假说的验证并不依靠实验方法”。

教授说：“它们轻易捕捉铁的能力使它们的成长超过正常细胞。”这显然是他“过去40年一直认为癌细胞捕捉铁是为了迅速增殖”这一习惯想法的继续。按照我的假说这句话应该改为：“癌细胞之所以可以很轻易捕捉铁，之所以成长超过正常细胞，是为了将过剩的铁储存。”

至于“需要实验室实验”，我在“**九、迄今为止我搜集到的癌有正面功能的证据**”之“**证据三**”已经提供。

权威教授的认同和肯定或许也可以作为一个呈堂证据吧。

## 十二、肿瘤是友非敌观念的由来

既然肿瘤是过剩铁的仓库，是限铁机制的体现，是抗细菌感染机制，那么，它就应该是朋友，而非敌人。笔者在2006年的论文《人类抗坏血酸遗传缺陷学说暨人类第一病因学说》中，曾经大胆推断：“辩证地看，癌或许也是一种无奈的补救措施。”

当时，笔者唯一的根据出自国际自然医学会会长——日本森下敬一博士的论述。这次再次追索发现，早在1969年，在其名著《癌不可怕》（《ガンは恐くない》）一书中就有这个观念。他的基本理论是：现代医学关于癌的概念即定义本身就是错误的，癌是对血液污秽的适应性反应，其主要生理功能可说是为清除血液污秽的“净血装置”。而癌的本质就是血液的污秽，也可以说是一种败血症，是紧急救治败血症的一种处置办法，因此不应恐惧，而应感谢。如果血液污秽，即使没有长出癌肿，也会得败血症，而败血症只要三四天就会令人死亡，由于有了癌肿，生命才得以延长。而现代医学的治疗方法竟然要把这位“救命恩人”击倒。而血液之所以污秽，森下敬一特别强调了人类肉食的迅猛增长。

现在，依笔者所见，森下敬一所谓“血液的污秽”主要应该就是过剩铁。

今天，如果笔者的理论是新的发现，笔者首先要感谢森下敬一先生。

## 十三、讨论

（1）应用我对癌症的定义可以明确划分癌与非癌。没有上述特征的肿物或非肿物可能并非癌症。比如白血病，以及与白血病有共同特征的所谓鳞癌。上海瑞金医院王振义教授用维生素A的衍生物治愈白血病，有效率达85%。笔者曾指导一位癌症患者用维生素 A 治愈鼻咽癌。经查,有数篇论文论证鳞癌与维生素 A 缺乏相关。这些都说明,这类所谓癌症可能只是一种维生素 A 缺乏病。

癌症之所以被复杂化,笔者认为,原因之一在于将非同类的事物混淆在一起。

(2)除了过剩铁,其他所谓致癌物均非致癌元凶,只是帮凶。比如甲醛、二噁英、PM2.5、放射线等等。在没有元凶这个致癌的"充分必需条件"时,帮凶并不致癌,只是引起中毒或放射病,它们可称之为"促癌物";而仅有元凶但没有帮凶时,一样可以致癌,比如,只要有心理因素,也可致癌,"愤怒和情感宣泄是易患癌症的人和对癌症不敏感的人之间最重要的不同。"铁过剩加老年因素也可致癌。

当然,既有元凶又有帮凶,应该更加致癌,即过剩铁可能致癌,过剩铁加促癌物更加致癌。"红肉可能致癌,加工红肉确定致癌"的深层原因可能在此。

## 十四、释疑解难

一个癌症理论是否正确,笔者认为可以从两个方面判断:一是,这个理论是否可以回答许多疑难问题;二是,这个理论是否可以让公众和医生抓住要点预防与治疗癌症。

以笔者的理论可以解释诸多目前医学界难以回答的疑难问题。而如果这些问题能够获得圆满解答,也反证笔者理论的正确性。这好比在法庭被告方提出一些异议,原告方律师给予解释。

最主要的疑问是:

① 为什么肿瘤细胞避免免疫摧毁,会免疫逃逸?

最新的研究报告显示:"肿瘤患者病理活检表明,肿瘤周围组织如果有较多的巨噬细胞浸润,肿瘤发生扩散转移的概率较低。值得注意的是,静息的或处于非活化状态的巨噬细胞对肿瘤无明显杀伤作用。在某些情况下浸润肿瘤局部的一类巨噬细胞,非但不杀伤肿瘤细胞,反而通过产生转化生长因子 β(TGF-β)等抑制性细胞因子,促进肿瘤的生长和转移。"(《肿瘤热点关注》, 2014)

激活的巨噬细胞可发挥杀肿瘤效应,但浸润于肿瘤微环境的巨噬细胞经肿瘤微环境的"哺育",不仅丧失了杀瘤效应,反而产生促瘤作用。(《肿瘤热点关注》, 2014;《医学免疫学》第 3 版,龚非力主编, 2011)

这些研究均说明,肿瘤会逃避免疫攻击。为什么?

答:癌细胞是一种特殊的免疫细胞,其目的是禁闭过剩铁,不让细菌获得,从而避免细菌感染。可见,肿瘤细胞与各种免疫细胞有共同的敌人,是同一战线的战友,只是分工不同。所以各种免疫细胞包括巨噬细胞均不会攻击肿瘤细胞,即不会攻击自己人。

肿瘤的免疫逃逸本身说明,肿瘤可能有正面功能。

② 肿瘤为什么会转移？

答：为了建立新的仓库，储存更多的过剩铁。只要巨噬细胞可以到达的地点，在条件具备时，都有可能出现肿瘤。或者原来就有若干原发灶，当一个被切去后，另一个又长出来，让人误以为是转移。此外，巨噬细胞本身可以游走，它带着癌变通过血液和淋巴转移也是可能的。

③ 为什么许多肿瘤细胞能产生大量的胚胎性蛋白质（如胎儿甲种球蛋白、癌胚抗原等）？这个特点已被用于肿瘤筛查和检测，肿瘤标志物检测中即有甲胎蛋白（AFP）、癌胚抗原（CEA）。

答：我在本节已述，在建立过剩铁仓库的过程中，当仓库的容积不能满足需要时，当量变积累到一定程度，在某一转折点，铁调素指令干细胞分化成具有癌细胞雏形的肿瘤干细胞（TSC），在需要且合适的地点直接成长为癌细胞。我推测，为了加速建设这个仓库，肿瘤干细胞可能带有人类胚胎的特征，因为胚胎细胞可以迅速增殖，能满足扩建铁仓库的需要。此外，胚胎细胞还有一个武器，即可以分泌 HCG（人类绒毛膜促性腺激素）这种抗消化因子，以降低食欲。这与怀孕反应很类似，目的均为减少铁的摄入，避免细菌感染。

这也捎带回答了以下第④个问题。

④ 肿瘤病人为什么厌食？“厌食是众多肿瘤病人的共同主诉，有 33% ～ 75% 的肿瘤病人有厌食表现，尤见于进展期肿瘤病人，约占 80%，其中胃癌病人占 60%。”这里指的是癌性厌食，不同于因放化疗引起的厌食（包括恶心、呕吐）。

答：癌细胞有胚胎细胞的特征，可以分泌 HCG（人类绒毛膜促性腺激素）这种抗消化因子，以降低食欲，从而避免摄入更多的铁。

⑤ 为什么上皮组织癌症最多？

答：上皮组织的癌其实主要有两种：一是我所谓的富铁癌；二是我前文提到的与白血病有类似特点的“缺 A 增生”（因缺乏维生素 A 引起的增生）。前者（富铁癌）之所以多发生在上皮组织，可能因为炎症灶多在上皮组织，以及巨噬细胞本身可在上皮组织间隙中自由移动（趋化），亦即巨噬细胞多活跃在上皮组织；而后者“缺 A 增生”本身就发生在上皮组织。因此体现为癌症以上皮组织癌症最多。这里，不排除富铁癌与“缺 A 增生”同时发生。

⑥ 癌症不经治疗或者治疗无果，发展下去最后的结局经常以悲剧告终；然而你却说癌症是“好人、好东西”，这并不能让人信服。

答：因为癌症的结局经常以悲剧告终，这使人误以为癌细胞是“叛逆细胞”，恶性肿瘤是恶性增生，应该像敌人般对待，实施杀戮。

其实，悲剧的出现责任不在癌细胞，真正的致癌元凶是过剩铁，癌细胞只是关押凶犯的监狱。但是，如果纵容凶犯数量发展，监狱将人满为患。最终，凶犯即过剩的游离铁将无处关押，成为细菌猖狂繁殖的营养。很多癌症患者晚期出现败血症、脓毒血症、菌血症等严重的细菌感染，原因可能在此。罪魁祸首仍是过剩铁，癌细胞仍是免疫细胞，肿瘤这个过剩铁的仓库仍一直坚持工作，直至与元凶同归于尽。悲剧系过剩铁所致，癌细胞无辜，第二免疫系统无辜。

⑦ 你说过剩铁是致癌元凶，那么，其他致癌物不致癌吗？

答：在前面的讨论已经回答了。现补充如下：

柯林·坎贝尔（美国著名营养学权威）在菲律宾对儿童肝癌的调查结果也说明了这一点。

20 世纪 70 年代末，菲律宾儿童中肝癌的发病率高得异乎寻常。原来以为是黄曲霉素污染粮食所致，后经坎贝尔深入调查，得出两点迥然不同的结论：①同样摄入受黄曲霉素污染的粮食，摄入最多高蛋白质食物的孩童，最容易罹患肝癌。而且他们都是富裕家庭的孩子。②黄曲霉素是次要因素，在黄曲霉素摄入量相同的条件下，低蛋白质膳食能抑制黄曲霉素诱发癌症（《救命饮食——中国健康调查报告》，2014）。

坎贝尔的调查说明：真正的致癌物就在我们的蛋白质食物中。而黄曲霉素只是促癌物、助癌物、从犯。他当时怀疑是牛奶中的酪蛋白致癌，但是得不到证明。而我则认为，主要是蛋白质食物中的红肉致癌，即铁过剩致癌。本章节就是我的证明。

依笔者之见，一个人如果没有铁过剩，其他所谓致癌物就依然只是毒物，它可以引起身体中毒、过敏、放射病，但不会引起肿瘤。也就是说，铁过剩才是形成肿瘤的必要条件。

**注意：**即使红肉确定致癌，即铁过剩致癌，喜欢吃肉的人，铁过剩的人，也不是人人都会得癌症。也就是说，癌这个固定铁仓库什么时候建立，依然因人而异。怎样判断自己是否铁过剩，什么时候会搭建铁仓库，这个问题笔者在**抗癌方程式**一节讨论。

## 十五、癌既是补救措施，也是健康付出的代价

按照尼斯与威廉姆斯所说，任何适应都是有代价的，任何利益也是有代价的，“**即使最有价值的利益，也可能要健康付出高昂代价**”。失去抗坏血酸的制造能力曾经有“最有价值的利益”，肉食也曾经有“最有价值的利益”——使人类的头脑变得最聪明，耐力变得最持久。但是，这代价在缺乏维生素 C 的时代，在食肉量不断上升的时代，终于体现出来。

癌应该说是不适应的结果。在人类进化过程中，在狩猎采集时代之前，人类及其祖先已经适应了低铁饮食，所以，高铁饮食的出现让人类不适。因为进化已经让

人类形成“升铁容易、降铁难”的代谢机制，所以，铁过剩以后无法排出，最后身体无奈选择了建立过剩铁的仓库，亦即长出肿瘤，以储存过多的铁，不让细菌获得。

所以，任何适应都是有代价的。癌症可能有些类似亨廷顿病，这个病在40岁以前危害甚小，而40岁以前是生殖的高峰期，所以，这种病不耽误繁殖后代。癌症也有类似特点，40岁以前发生得少，中老年以后发生得多。

这说明，由**自然选择推进的生殖最大化是适应的本质。自然选择并不选择健康，只选择生殖成功。**

## 十六、肿瘤发生的两个相关条件

如前所述，一方面存在抗坏血酸遗传缺陷，另一方面又有铁摄入的不断增加，这是肿瘤发生的两个相关条件。

静脉滴注大剂量维生素C成功治疗肿瘤（参见第一章第七节）说明：

（1）人类易患肿瘤是丧失制造抗坏血酸功能的后果，而这个抗坏血酸遗传缺陷仅靠饮食中微小含量的维生素C是不能弥补的。

（2）会制造抗坏血酸的动物之所以少有恶性肿瘤，原因可能恰恰在于，体内应激制造的抗坏血酸可以直接进入血液，将过剩铁保护在无害的还原状态。而所谓人体静脉滴注抗坏血酸，只不过就像恢复了人体应激制造抗坏血酸的功能而已。

但是，静脉滴注大剂量维生素C时，必须同时减少铁的摄入。这样可以提高疗效，又可以防止再发。

肿瘤如果会说话，它可能会说：“主人，你又会制造维生素C了，那我就没有必要存在了，但你不能再高铁饮食了。如果你不改变饮食习惯，我可能还会再回来。”

## 十七、认识“头号帮凶”缺A增生，排除其他非同类所谓癌症

有了这个定义，首先可以对癌症有一个明确的划分和界定，符合上述特征的肿瘤即为癌，不符合上述特征的就应该是另类。这有些类似排除疑凶，有时，某些人会诈称自己是凶手，以搅乱警方视线。

癌症之所以被搞得很复杂，原因之一是，将不是一类的东西归并为一类，比如白血病。首先它就不是身体的防卫，第二它也不可能聚集铁。有证据表明，最有效治疗白血病（参见第四章第十节）的“药物”是维生素A的衍生物。既然如此，白血病本身极有可能是维生素A严重缺乏的后果，应该属于维生素A缺乏病。

鼻咽癌、食管癌多数属于鳞癌，这类鳞癌在本质上与白血病相同，都是未成熟细胞分化引起的异常增生。有研究报告称，鼻咽癌等鳞癌是维生素A严重缺乏的结果，而维生素A的一个重要功能就是维持细胞的正常分化。目前，最有效治疗鼻咽癌的药物也是维生素A的衍生物。这就有理由怀疑，所谓的鳞癌或许都是维

生素 A 缺乏引起的异常增生。

1979 年即有研究指出："人类流行病学和生物化学研究表明，上皮源性肿瘤可能与维生素 A 缺乏相关，维生素 A 及其衍生物可能在上皮源性肿瘤的预防和治疗中有作用"（笔者推断，这里的上皮源性肿瘤应是鳞癌）。1983 年有研究报告称："Zn 与维生素 A 缺乏可能是诱发人类鳞癌的协同因素。"其后，又有一批临床研究报告称维生素 A 可以有效治愈鳞癌。果真如此，鳞癌的标志物应该通过检测血清维生素 A 判断，而所谓鳞癌可能应属于维生素 A 缺乏病，或维生素 A 营养不良症。

按照笔者的癌症理论，这些所谓癌症应该归类为异常增生，可以定名为"缺乏维生素 A 增生"或者"缺 A 增生"。

既然过剩铁是致癌元凶，那么，起码我们预防癌症就有了方向。怎样知道自己是否铁过剩呢？笔者在紧接着的"附件"将通过肿瘤标志物"铁蛋白"检测，分析作为过剩铁仓库的肿瘤在什么条件下会建立及怎样预防这种铁仓库的建立。

## 十八、认识二号帮凶"缺 C 炎症"

在我追踪致癌元凶的过程中，我提出致癌元凶是过剩铁，头号帮凶是"缺 A 增生"，其他各种污染物、毒物和放射性只不过是促癌物。

今天要捉拿另一个重要的帮凶，我称之为"二号帮凶"，它就是缺乏维生素 C 引起的身体炎症，我将它简称为"缺 C 炎症"。

研究炎症与癌症的关系数十年来一直是癌症研究的重要课题。我们进入全世界最权威的医学文献搜索网站：美国公众医学网站（www.PubMed.com），输入炎症与癌症（inflammation and cancer），从 20 世纪 80 年代至今有 66 000 多篇相关论文。可见这个课题的重要性。有什么结论呢？虽然癌症多发于炎症区域（炎症灶），但是并没有结论说，炎症一定引发癌症。炎症只是重大嫌疑犯。

第一个值得深入探讨的问题是，为什么人类特别会有炎症？人体易发炎症，许多研究认为是维生素 C 缺乏的结果。我认为：这是符合逻辑的。由于人类存在先天遗传缺陷，不能在体内制造维生素 C，因此，没有有效克服炎症的手段。

第二个值得深入探讨的问题是，人体解决炎症的途径。由于维生素 C 遗传缺陷，削弱了人体杀死敌人（病原体等）的免疫功能，因此，饿死敌人（病原体等）的免疫功能代偿性加强。这就是限铁机制加速工作，让巨噬细胞在炎症区域吞噬游离铁，以消除细菌感染性炎症或非细菌感染性炎症。然而，如果你已经铁过剩，巨噬细胞将无法完成任务，于是它就裂变、癌变为癌细胞，以期吞噬更多的铁。这又回到了我的理论"癌细胞是特殊的免疫细胞，其功能是噬铁以饿死细菌"。癌症为什么多发于炎症区域，原因也在此。

第三个值得深入探讨的问题是，大剂量静脉注射维生素 C，为什么能够有效治疗癌症，既促使癌细胞凋亡（解体），又不伤害正常细胞。2012 年我在参加第三届瑞欧丹大剂量静脉注射维生素 C 治疗癌症学术会议中，听取学术报告题为："大剂量静脉注射维生素 C 控制癌症患者炎症的效果"（Effect of high-dose intravenous vitamin C on inflammation in cancer patients）。按照我的推理，能够有效控制和消除炎症，就降低了限铁机制的压力，使建立铁仓库（癌肿）的必要性大大降低。

总之，大剂量维生素 C 是炎症的克星；而人类易发炎症又是维生素 C 遗传缺乏的结果。因此，如果说炎症孕育了癌症，那么，维生素 C 遗传缺乏就是炎症的帮凶，也就成为癌症的帮凶，因为"缺 A 增生"已经是"头号帮凶"，因此这个帮凶被我称为"二号帮凶"，在此简称为"缺 C 炎症"。

以上，本人向医学法庭申诉："过剩铁"是致癌元凶；"缺 A 增生"是头号帮凶；"缺 C 炎症"是二号帮凶；而其他如甲醛、二噁英、黄曲霉素、亚硝酸盐、PM2.5、放射线等，只不过是促癌物。如果按照一般医学惯用语"危险因素"进行排队，**我们可以这样排列癌症的危险因素：① 过剩铁，② 缺 A 增生，③ 缺 C 炎症，④ 各种促癌物。**请读者诸君明鉴。

## 十九、抓住要点预防与治疗癌症

我的癌症理论可以指导公众和医生抓住要点预防与治疗癌症。综上所述，抓住癌症的本质，抓住致癌元凶过剩铁、头号帮凶"缺 A 增生"、二号帮凶"缺 C 炎症"，预防与治疗癌症方向明确，方法简单。

抗癌的第一要务是降低体铁，简称降铁［参阅附录 5］。

第二要务是补充维生素 A，防止细胞异常增生，即防止我所谓"缺 A 增生"，这种增生与癌症不同，是维生素 A 缺乏病。

第三要务是补充维生素 C。它可以防止炎症发生；增强第一免疫系统，即杀死敌人的手段，从而减轻第二免疫系统即限铁机制的压力或者说负荷，使流动铁仓库更好运行，降低建立固定铁仓库（癌肿）的潜在需求。此外，维生素 C 是解毒良药，可以化解多种污染物［参阅附录 4］。

注意，为防止促进铁吸收，补充维生素 C 的时间要与进食的时间错开。

这样，**三个要点一个注意**很容易记忆。再重复一遍，一降铁，二补 A，三补 C。一注意：补 C 与进食错开时间。更简化成为：**三要点与一注意：降铁、补 A、补 C；注意：错开进食补 C。**

# 第三节　走出小儿缺铁性贫血诊断误区

## ——限铁机制对小儿缺铁性贫血诊断的指导意义

限铁机制在婴幼儿时期通过排铁降低体铁含量,保护婴幼儿免于细菌感染。我国儿童缺铁性贫血(IDA)的调查结果其实反映了婴幼儿的低铁现象。由于没有限铁机制的概念,所有调查的结论恰好相反,将其认定为缺铁性贫血。又因为婴幼儿(0～1岁)缺铁性贫血发病率被认定为最高,因此拉高了整个儿童期(0～7岁)的贫血发生率。

尽管试图证明小儿IDA与感染性疾病正相关,但因为没有限铁机制的概念,故将感染性疾病时的贫血假象误认为贫血真相。调查结果尽管证明补铁有必要,并且付诸实施,但完全没有实例及调查统计数据证明其效果。

其实,20世纪70年代以来即有调查研究表明:"补铁可能对婴儿肉毒菌感染加重且迅速暴发有额外贡献。"

结论:婴幼儿期的低铁现象是限铁机制的体现,此期补铁是对限铁机制的反制,是降低免疫力,而不是提高免疫力。

**1. 对限铁机制的认知**　限铁免疫机制(iron withholding defence)理论是1984年由美国微生物学家尤金·温伯格在前人的基础上创立的一项重要免疫理论。此前,众所周知的是后天获得性免疫理论。从与病原微生物的斗争方式与策略看,后天获得性免疫理论主要涉及杀死病原微生物的手段。因为是后天获得,所以不能遗传。

而限铁免疫机制涉及饿死病原微生物的手段,属于自然免疫系统,或称固有免疫系统。同属自然免疫系统的还有巨噬细胞、溶菌酶、β-细胞溶解酶、干扰素。这个固有免疫系统可以代代遗传。

饿死细菌的关键养分是铁。研究表明,脊椎动物(包括人类)体内的有机铁是一种稀有资源,对人和细菌都非常重要。为了不让细菌得到铁,作为脊椎动物的人类继承并发展了限铁机制,随时与细菌争夺铁这个重要资源。

因为铁对人体十分重要且又是稀有资源,所以人体演化出一套调节机制,限制铁轻易流失。无论人体每天摄入和吸收多少铁,通过排泄(汗、尿、粪,女性月经),至多每天平均排出(1±0.5)mg铁。如果多余即保存起来,不让细菌得到。当身体需要时,再释放出来使用。笔者称之为"易进难出"。

体内的非血红素铁主要储存在铁蛋白、运铁蛋白和乳铁蛋白中。体内执行限铁机制的功能细胞主要是巨噬细胞。

当人体摄入的铁超过身体需要时，会出现铁过剩，继而容易产生游离铁。在生病时，特别是被细菌病毒感染时，游离铁会成为细菌的营养，帮助细菌大量增殖，从而加重细菌感染，进而促进病毒感染。所以，铁过剩有利于细菌繁殖，加重感染性疾病。这时，身体的限铁机制会有一系列反应，如增加肝脏储存铁的能力、限制肠道吸收铁，以及提高体温（发热）以削弱细菌争夺铁的能力。

为在生命诞生和成长的薄弱环节抵御细菌感染，人体会主动降低血清铁含量。如月经失血（防止生殖系统感染）、婴儿出生后排铁、感染性疾病及炎症时降低血清铁（此时，体铁总量不变，造成缺铁性贫血假象）。

**2. 限铁机制保护新生儿**　人类的限铁机制在婴儿诞生前后表现非常显著。在接近分娩的怀孕晚期，母亲会给胎儿两种重要微量元素——铁与铜，因为在分娩过程中母亲与胎儿均必须十分清醒、警觉，而铁与铜对脑和中枢神经系统是一剂兴奋剂，因此分娩前胎儿是高铁的。

这种在临近分娩阶段输送给胎儿的铁会充满胎儿的肝脏。母亲总共给予胎儿400～500 mg铁，胎儿可贮存其中的200～370 mg。对平均体重不到4 kg的新生儿，相当于每千克体重55～100 mg。按成人平均体重75 kg、体内平均铁含量4 g计算，成人每千克体重只有53 mg铁。可见，胎儿体内的铁含量明显高于成人。

婴儿出生以后开始排泄铁。在生命的第一周，一个完全吃母乳的健康婴儿排出的铁是其吸收的10倍以上，其粪便中所含“乳铁蛋白”是牛奶喂养婴儿的20倍以上。

在头两个月，婴儿还是高铁的。到两个月左右时，健康婴儿的血浆运铁蛋白饱和度从69%降至34%，6个月时更降至25%。运铁蛋白饱和度低于30%被认为对预防感染有利。运铁蛋白饱和度高则说明体铁含量高。

另一方面，母乳喂养的婴儿，这个降铁过程完成得比牛奶喂养的快，这有利于正常心肌的成长。在4～6个月时，婴儿已经变为低铁。而从第7个月开始，婴儿开始吃各种食物，并能以正常方式通过消化道获得铁。同时，婴儿开始自己制造与成人相同的铁蛋白，而铁蛋白可以控制铁，限制它超过人体需要，并使细菌得不到铁。

表2-4为1984年尤金·温伯格论文中的正常人体运铁蛋白饱和度（%）。

**表2-4　正常人体运铁蛋白饱和度调查（%）**

| | 月 | 月 | 月 | 月 | 月 | 月 | 月 | 月 | 月 | 年 | 年 | 年 | 年 |
|---|---|---|---|---|---|---|---|---|---|---|---|---|---|
| 人数 | 0 | 0.5 | 1.0 | 2.0 | 3 | 4 | 6 | 12 | 24 | 2-6 | 6-12 | 12-18 | 18-66 |
| 20～30 | 69 | | 63 | 34 | 25 | 31 | 31 | 30 | | | | | |
| 38～47 | | 67 | 59 | 34 | | 26 | 23 | | | | | | |
| 42～58 | | | | | | | 22 | 22 | 22 | 25 | 25 | 27 | 30 |

由表 2-4 可见，婴儿诞生以后，血浆运铁蛋白饱和度有一个从高向低的下降过程，特别头两三个月是急剧下降的。亦即，婴幼儿有一个从高铁向低铁自然下降的过程即排铁的过程，并自然保持在低铁水平两年之久。之所以如此，是因为低铁对预防感染有利。这是人体在对抗细菌过程中自然演化出来的限铁机制的体现。

另一方面，母乳也在保护婴儿。原始的人类没有今天的人类讲究卫生，喂奶的同时，很可能有细菌入侵。然而，人乳的蛋白质中含有 20% 的乳铁蛋白，是牛乳的 10 倍。成熟妇女乳汁中的乳铁蛋白，铁饱和度只有 9%，在产后 5 ～ 10 天，更小于 5%，拥有强大的铁螯合能力。这相当于现代母亲喂奶时使用的消毒剂，不同的是，母乳分泌的是天然消毒剂，而现代外用的则是化学合成产品。

初乳中，乳铁蛋白浓度可达 6 ～ 14 mg/mL，占母乳总蛋白量的 28%。进而，与运铁蛋白比较，在 pH 值低至 4.0 时，仍有牢固的螯合游离铁的能力。婴儿胃内容物的 pH 值为 5.0 ～ 6.5，这样，乳铁蛋白比运铁蛋白更能在婴儿的胃中从潜在的病原微生物扣留铁。

人类母乳中乳铁蛋白含量相对较高，被认为是对婴儿健康的贡献：吃母乳的婴儿比喝牛奶或配方牛奶的婴儿感染性疾病的发病率大大降低。

由此可见，一方面，新生儿会排铁；另一方面，母乳中的乳铁蛋白又强力扣留铁，防止病从口入。这样，双管齐下，目标均为剥夺细菌的铁营养。这是限铁机制对婴幼儿的保护。

综上所述，新生儿在 0.5 岁之前排铁，到 2 岁前后仍然保持低铁状态，是限铁机制的体现，是对抗细菌感染的措施。如果在此时补铁则违背自然规律，必然带来严重后果。这方面早已有血的教训。

**3. 违背限铁机制加重感染** 有大量实例说明成人不恰当补铁的危害，在此从略。这里要谈的是小儿。

1984 年尤金 · 温伯格的论文指出：补铁可能对婴儿肉毒菌感染加重且迅速暴发有额外贡献。在 69 例婴儿肉毒菌感染病例中，有 39 例主要为母乳喂养，另 30 例则主要吃配方牛奶。经治疗有 10 例死亡，都是吃加铁配方牛奶的；而母乳喂养的则无一例死亡。医生总结道："母乳喂养对婴儿肉毒菌感染提供了相应的保护，使疾病发展缓慢，来得及住院治疗。而吃配方牛奶的对照组则显然不同，疾病容易突然暴发，形成致命的类似婴儿猝死的状况。"

在新西兰，医院为新生儿注射葡聚糖铁（dextran iron）10 mg/kg 体重，1 周内因大肠杆菌和其他革兰阴性菌引起的败血病和脑膜炎增加 7 倍；而未注射的婴儿则保持健康。当认清这些悲惨结果与注射相关并停止注射后，疾病流行即刻停止。

在巴布亚新几内亚，200 名两个月大的婴儿被注射葡聚糖铁 25 mg/kg 体重，在以后的 10 个月，与没有注射的婴儿比，疟疾、中耳炎和肺炎的发病率分别是后者的 2.0、2.3 和 5.5 倍。

在授乳期补铁或喝加铁配方牛奶，会加速本来可以避免的婴儿猝死。63 名猝死婴儿，其平均肝脏的非血红素铁含量和血清铁含量为其他类型死亡婴儿的 3 倍以上。

健康儿童偶然摄入过量补铁剂同样有造成严重感染的风险。在挪威，两名学步儿童在摄入补铁剂两天内均发生耶辛尼肠炎杆菌（*Yersinia enterocolitica*）感染。

在美国，一次沙门菌暴发波及 200 名婴儿（< 6 个月），其中 75 名生病，125 名健康。经查，生病婴儿喝加铁配方牛奶的量是健康婴儿的 3 倍，而配方牛奶中的铁含量是正常母乳的 22 倍。

婴幼儿补铁后，看似体铁在正常水平，其实已经铁过剩。这种铁过剩的后果与成人铁过剩的后果一样：易发感染性疾病且令感染性疾病经久不愈。

**4. 我国小儿贫血的调查结果**　小儿贫血的国内标准为：新生儿血红蛋白（Hb）< 145 g/L，1 ～ 4 个月 < 90 g/L，4 ～ 6 个月 < 100 g/L；6 个月以上按世界卫生组织标准：6 个月～ 6 岁 < 110 g/L，6 ～ 14 岁 < 120 g/L。

我国近 20 年来，对 0.5 ～ 7 岁儿童进行过多次儿童贫血调查。笔者检索了近 15 年的大部分调查报告，共计 20 多份。其中，2004 年 12 月由“中国儿童铁缺乏症流行病学协作组”所做“中国 7 个月～ 7 岁儿童铁缺乏症流行病学调查”最具权威性和代表性。

调查结果如表 2–5。

**表 2–5　中国 7 个月～ 7 岁儿童铁缺乏症流行病学调查**

| 年龄 | 调查人数 | 铁减少 | | IDA | | 铁缺乏症 | |
|---|---|---|---|---|---|---|---|
| | | 例数 | 率（%） | 例数 | 率（%） | 例数 | 率（%） |
| 婴儿组 | 1 704 | 761 | 44.7 | 350 | 20.5 | 1 111 | 65.2 |
| 幼儿组 | 2 482 | 891 | 35.9 | 193 | 7.8 | 1 084 | 43.7 |
| 学龄前组 | 4 932 | 1 309 | 26.5 | 171 | 3.5 | 1 480 | 30.0 |
| 合计（平均） | 9 118 | 2 961 | 32.5 | 714 | 7.8 | 3 675 | 40.3 |

IDA：缺铁性贫血。

从该表可见，婴儿组（0.5 ～ 1 岁）的 IDA 最高，为 20.5%。到学龄前则只有 3.5%。而平均值 7.8% 看似较高，完全是被婴儿组拉高的。他们的结论认为：“婴儿仍然是铁缺乏症的高发人群，是重点防治对象。”也就是说，应该面对的是婴儿贫血问题。这种推论是没有限铁机制概念的结果。

国内一些地区性的调查与这个报告结果类似。

如：青岛 0 ～ 1 岁组 16.7%；枣庄 4 ～ 5 个月组 29.4%，6 ～ 11 个月组 45.4%；泰安市 7 ～ 12 个月组 21.2%；滨州 6 ～ 12 个月组 94.3%；深圳 3 ～ 6 个月组

46.4%；无锡 4～6 个月组 41.17%，6～12 个月组 72.23%；淮北市 6～12 个月组 25.87%；昆明 0～1 岁组 78.1%；沈阳市铁西区 0～1 岁组 11.51%；唐山地区 6 月～1 岁组 36.18%；西安西大街地区 6 个月组 21.14%；新疆阿合奇县 0～6 个月组 33.2%，7～12 个月组 28.9%；陕西榆林地区 0～3 个月组 46.2%，3～6 个月组 39.3%，6～1 岁组 30.2%。而且，除太原的调查（＜1 岁 20.1%，3～5 岁组 32.5%）外，其他调查中，0～1 岁区间的缺铁性贫血发生率均为最高，与“中国儿童铁缺乏症流行病学协作组”的调查结果一致。

昆明市五华区妇幼保健中心的调查颇具代表性。2008—2009 年他们对 1 853 名 6 个月～3 岁幼儿进行调查，患轻度贫血 128 例，发病率为 6.9%。其中 0～1 岁 100 例，占 78.1%；1～2 岁 18 例，占 14.1%；2～3 岁 10 例，占 7.8%。

最终，0～7 岁小儿缺铁性贫血发病率被所谓婴幼儿期（0～1 岁）缺铁性贫血发病率拉高。如果认定婴幼儿期的低铁现象是正常现象，则所谓婴幼儿期（0～1 岁）缺铁性贫血发病率将接近零，而整个小儿期缺铁性贫血发病率也将大大降低。以表 2-5 提供的数据为依据，设婴儿组发病率为 0，计算如下：

IDA 发病率 =（IDA 总人数 - 婴儿组 IDA 人数）/ 受调查儿童总数

（714-350）/9118=3.99%。说明儿童 IDA 发病率不到 4%。

以前述昆明市五华区为例，如果不计 0～1 岁，则总发病率仅为（18+10）/1853=1.511%。

分析泰安地区的报告后也可发现，除去 0.5～1 岁以后，IDA 的发病率只有 2%，与美国相当。所谓“我国儿童 IDA 患病率高于发达国家”，值得商榷[美国婴儿死亡率颇高，婴儿猝死（CID）问题难解，有研究认为，“加铁配方牛奶”可能是原因之一]。

从这些调查中可以发现一个共同点，即小儿体铁在 0.5 岁以后有一个从低向高缓慢上升的过程。在 0.5～1 岁时最低，2 岁以前仍然保持较低，2 岁以后方逐渐上升。这与美国 80 年代正常人体运铁蛋白饱和度调查（表 2-4）一致；也与美国正常红细胞标准值一致。

美国关于正常红细胞值与红细胞贫血的标准见表 2-6（6 岁以后略）：

**表 2-6　正常红细胞值与红细胞贫血标准**

| 年龄 | 1-3 天 | 2 周 | 1 个月 | 2 个月 | 6 个月 | 6 个月 -2 岁 | 2 岁 -6 岁 |
|---|---|---|---|---|---|---|---|
| 平均值（g/dL） | 18.5 | 16.6 | 13.9 | 11.2 | 12.6 | 12.0 | 12.5 |
| 贫血值（g/dL）＜ | 14.5 | 13.4 | 10.7 | 9.4 | 11.1 | 10.5 | 11.5 |

由该表可见，新生儿出生后两个月，正常红细胞值有一个急剧下降的阶段，这

也反映了新生儿的排铁现象。

以上这些均为婴幼儿排铁和保持低铁状态提供了证据。

国外儿童缺铁性贫血调查与我国的调查基本一致，也是被 0 ～ 1 岁婴儿拉高。美国的调查是：20% 的美国儿童在儿童期有贫血（An estimated 20 percent of American children will have anemia at some point in their childhood）。

也正因许多国家都有类似的调查，因此引起了联合国世界卫生组织重视。许多论文都这样引述："IDA 是世界范围的营养性疾病，为全球患病率最高、耗资巨大的公共卫生问题。"

大多数分析认为，小儿贫血有如下原因：① 孕后期贫血，② 膳食铁摄入不足，③ 生长发育过快，④ 吸收不良，⑤ 消化道隐形失血。有报告提及"经常流鼻血引起隐性失血"，但这种儿童是否贫血却没有调查佐证（据笔者观察，瘦肉、血、肝摄入过多的儿童乃至成人，容易流鼻血）。

**5. 感染性疾病与铁缺乏**　许多论文认为："IDA 会导致免疫力低下，感染的机会增多，如贫血合并反复呼吸道感染。"有研究报告专门论述"小儿缺铁性贫血与感染性疾病发生的相关性"，该文的统计数据表明，感染性疾病患儿组缺铁性贫血的发生率为 75.06%，而对照组缺铁性贫血的发生率为 22.35%，似乎颇有说服力。许多报告论述"铁缺乏与儿童反复呼吸道感染的关系"，也试图为缺铁性贫血造成反复呼吸道感染提供证据。

初看似乎小儿贫血确实与感染性疾病正相关。但是，如果有限铁机制的概念，有假贫血的概念，这个结论恰好相反，应该是感染性疾病造成小儿贫血假象。

尽管在儿科教材（包括 PPT 教材）中，在缺铁性贫血分类中也常见"慢性炎症性贫血"字样，但其因果关系仍然是缺铁造成慢性炎症。而限铁机制理论则认为是慢性炎症造成贫血假象。

朱拉德（Rafael L. Jurado）早在 1997 年建议，摈弃"慢性病贫血"这个错误名称，而代之以"炎性贫血（anemia of inflammation）"。其含义为炎症及感染性疾病造成贫血假象。笔者则认为直接将 AoI 译为"假性贫血"既通俗又不失准确。

**6. 补铁措施**　许多论文的补铁措施均提到，通过食物补铁，即鼓励多吃瘦肉和猪肝等含铁丰富的动物性食物。除食物以外，绝大多数论文都提到一些铁补充剂，如硫酸亚铁、富马酸亚铁、右旋糖苷铁口服液等。

这些补铁产品的功能与开发商开发这些产品时所做的可行性分析报告是符合的，但与人体内在的限铁机制是抵触的。

有一项研究可能大大促进了补铁产品的开发和销售。这项研究认为："由于我国存在的缺铁性贫血一直未得到改善，10 年劳动生产率损失将是 2 180 亿元（男），4 840 亿元（女）……儿童缺铁性贫血造成成年时期的劳动生产率的下降，由于儿童数每年在增加，其损失尤大。由于儿童目前的铁缺乏，其在成年以后的损失以2001—2010年净现值计算是23 787亿元。以2001年损失净现值计是国内生产总值的2.9%。如果采取措施使我国贫血率降低30%，则成人及儿童成年以后的劳动生产率提高所得经济效益，以2001—2010年的净现值计是4 553亿元。”（陈春明，人民卫生出版社，2004）

其实，2008年尤金·温伯格的论文即指出：“在过去60年，某些加工食品的推销商一直宣称，铁强化食品可以让我们更健康，更强壮。不幸的是，只有在很少数真正铁缺乏的人当中，这种宣称才是真实的。”

**7. 补铁效果** 所有论文在叙述补铁效果时均陈述：补铁达到纠正贫血的目的，即缺铁性贫血指标恢复正常。但没有一个论文涉及感染性疾病是否降低。然而，这正是问题的关键。依笔者所见，现在，儿童医院人满为患的现象，可能有不恰当补铁的贡献。

**8. 缺铁性贫血在各类营养不良性贫血中的地位** 所谓营养不良一般是指：缺乏蛋白质、脂肪、碳水化合物，以及各种维生素和矿物质。严重缺乏时则称为恶性营养不良，这种情况往往发生在生活物资匮乏的年代，如饥荒。现在，虽然有时将某些营养成分的过剩也称为营养不良，但这可能称为营养不均衡更为恰当。

形成血液的成分主要是蛋白质，因此从逻辑上讲，贫血时要考虑的因素首先应该是蛋白质。其次，食入的蛋白质要转化为人体的蛋白质，还需要其他酵素和维生素的参与。因此缺乏维生素$B_1$、维生素$B_2$、维生素$B_6$、维生素$B_{12}$等均有可能引起蛋白质营养不良，从而导致贫血。

即使对真正的缺铁性贫血患者，首先要考虑的仍然应该是补充蛋白质和维生素（包括较多的维生素C），以增强免疫功能。重症营养不良患者因缺乏蛋白质营养，造成运铁蛋白数量减少90%，这些人在蛋白质营养未恢复之前补铁，则极易患葡萄球菌感染。

也就是说，在身体免疫功能不良的情况下补铁，是对限铁机制的压制，有可能增加患感染性疾病的风险，加重潜在的炎症。

现在，营养性贫血往往被狭窄地定义为缺铁性贫血，将缺乏蛋白质等因素排除，这不仅不合逻辑，还有蓄意夸大之嫌。另外，随着生活水平的提高，营养过剩成为重要的健康问题。与此形成鲜明对照的是，缺铁性贫血这种营养缺乏问题却被认为非常严重，这从逻辑上看也值得推敲。

**9. 结论** 笔者认为，婴幼儿的低铁现象是限铁机制的体现，是为保护婴幼儿免于细菌感染的自然措施。限铁机制对小儿补铁极具指导意义。显然，应该顺其自然，而不应该因为有低铁状况而采取补铁措施。如果补铁，即是对限铁机制的反制，是降低免疫力，而不是提高免疫力，必然造成不良乃至恶性后果。

## 第四节 妊娠反应（抗畸变机制）

自然选择似乎塑造了一个机制，为了胎儿的利益竟不惜牺牲母亲的健康。

——尼斯与威廉姆斯

女人在怀孕初期（0.5 ～ 3 个月），多数会有头晕乏力、食欲不振、恶心、晨起呕吐、偏好酸性食物而厌恶荤腥油腻等一系列厌食反应，医学上统称为妊娠反应、孕期反应，通常称为怀孕反应。英文一般称 morning sickness，直译为晨吐，但更科学的应该称为 pregnancy sickness，即妊娠反应。许多女人，特别是经产妇女，会根据身体的这些异常反应，自已判断出自己已经怀孕。这样，晨吐等厌食反应，经常成为怀孕的第一个可靠信号。

妊娠反应令人不快，令人难受，但更令人不解。按照一般的理解，胚胎发育是需要营养的，但为什么怀孕以后反而不想吃东西，这似乎又不合逻辑。就进化而言，按照一般的理解，人类似乎应该进化得更好，总不会往病态的方向进化吧。妊娠反应不是病，但与生病的症状又如此相似。于是，为什么会有妊娠反应成为难以解释的一大医学谜团。

怀孕反应应该不是人类所独有，但像人类的孕妇这样有如此严重反应的，并不多见。一般人接触最多的哺乳动物是家畜和宠物，但几乎没有人对它们进行有无妊娠反应的观察研究。在有关家畜饲养的著述中，一概没有这方面的论述。对家畜饲养者，要发现雌性动物是否怀孕，没有所谓“妊娠反应”可以借助，一般是通过观察是否再度发情、毛色是否变得润泽、食量是否加大、性情是否变得温顺等几个方面进行判断。宠物中人们对狗的观察比较多，但缺乏系统认真的研究。有的观察到怀孕的母狗有偏食、厌食，个别呕吐。

从生理上看，怀孕反应是绒毛膜促性腺激素（CG）造成的。绒毛膜促性腺激素（CG）是胚胎制造并分泌入母亲血液的一种激素。这种激素与母亲体内促使黄体素生成的激素受体结合，刺激母亲卵巢持续释放黄体酮。黄体酮则阻断月经，使胎儿保持着床状态。

如果说，高水平的人类绒毛膜促性腺激素（HCG）是孕期恶心和呕吐的主要原因（近因），那么，按道理说，哺乳动物的雌性怀孕后，其胚胎也应该产生绒毛膜促性腺激素（CG），因此，怀孕的雌性哺乳动物也应该普遍有妊娠反应，只是我们没有观察到。

1992年，美国生物学家玛吉·普罗菲（Margie Profet）在《适应的头脑》（*Adapted Mind*）一书中有一篇论文，题目是《妊娠反应是一种适应机制：限制母亲摄入致畸剂》。文章提出，像妊娠反应这样几近普遍而自发的现象不大可能是病理性的。她注意到，胎儿最容易受到毒素伤害的时期几乎与孕妇的妊娠反应期相吻合。胎儿最容易受到毒素伤害的时期大约在0.5～3.5个月，而怀孕反应最激烈的时期也恰恰在同一期间。这应该不是偶然的巧合（参见图2-9）她把怀孕反应与胎心容易受毒素伤害联系在一起。

普罗菲由此提出一个“抗畸变理论（the antiteratogen theory）”：**妊娠反应，如恶心、呕吐和厌食，目的可能在于使胎儿接触毒素的机会减到最少，防止发生畸变、畸胎**。在妊娠早期，即怀孕的头几个星期，对母亲来说，胚胎的营养需求很小，一个健康状况一般的妇女即使吃得少些，也不会影响胚胎的营养需求。可怕的倒是食物中毒和由此引发的畸变、畸胎。这时，孕妇喜欢吃的往往是比较清淡的、没有强烈气味和味道的食物，而强烈的气味和味道恰恰是食物中的毒素释放的。她们不仅躲避辛辣植物的毒素，也躲避霉菌和细菌分解产生的毒素。对丈夫来说，小羊排散发着肉香，但对怀孕的妻子则可能是腐臭，让她恶心。

关于这个假说中的中毒理论，达尔文医学创立者、美国的尼斯与威廉姆斯有更深层的解释，他们指出，对有毒物质的易感性因年龄和性别而不同。解毒能力对成人、年轻人、儿童、婴幼儿，特别是胎儿和胚胎，显然不可能是相同的。有大量的理论根据和实验数据说明，新陈代谢活跃的组织比新陈代谢缓慢的组织，更容易受到毒素伤害；分化迅速的细胞比静止不动的细胞，更容易受到毒素伤害；分化为不同类型的细胞比仅仅复制自己的细胞，更容易受到毒素伤害。

上述观点说明，相对成年人，**低浓度的毒素即可伤害胚胎和胎儿组织，引起畸变、畸胎**。

图2-9表示，未出生前是人类胚胎（胎儿）最容易受到毒素伤害的时期。易感性曲线从静止开始，先水平（极短），然后迅速直线上升，在接近3个月时达到峰值，此时正是器官形成和组织分化的关键时期，然后缓慢下降，向成人水平靠拢，直至出生。

图2-10表示，胎儿生长发育的关键期，黑色粗线即为关键期，从0.5～12周，与玛季·普罗菲提出的0.5～3.5个月基本吻合。

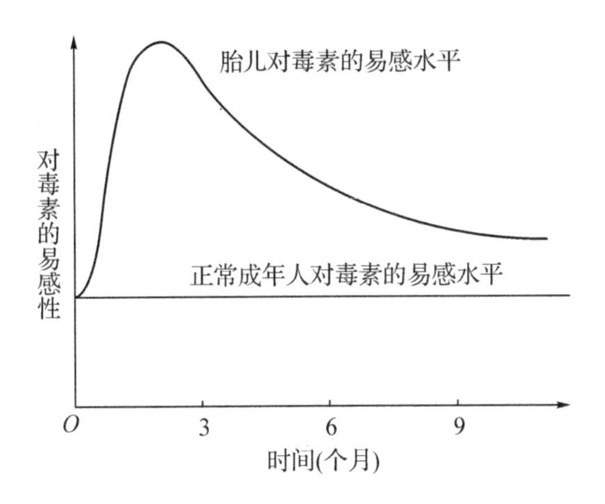


图 2–9　胎儿与正常成年人对毒素易感水平的比较（vulnerability）

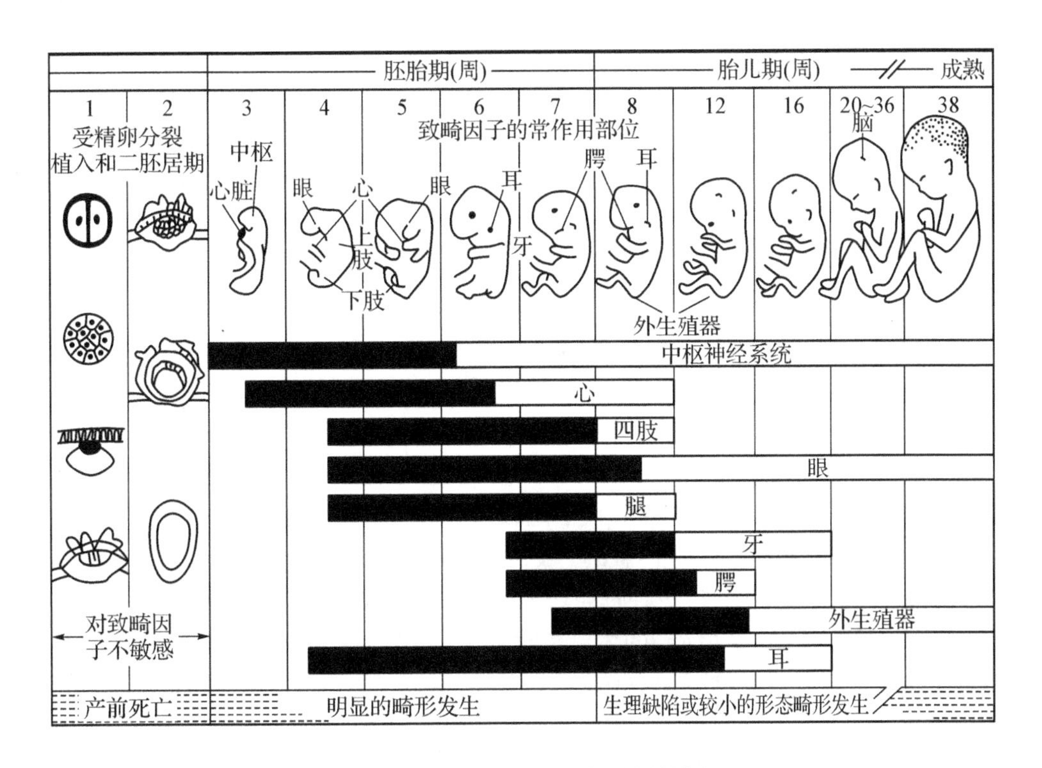


图 2–10　胎儿生长发育过程的关键期

至于人类妇女的妊娠反应是否比其他哺乳动物严重,普罗菲的结论认为:"人类可能有最强烈的妊娠反应,因为她们比绝大多数哺乳动物更能够承受妊娠反应(they are better able 'afford' it)。在她们怀孕之前,妇女比其他雌性哺乳动物储备了比例大大高于身体重量的脂肪,这给了她们热量储备,在严重的妊娠反应期间,抵消了营养的损失。一个体型正常的健康女人,身体脂肪明显高于体型正常的健康黑猩猩。妇女用这种补偿机制抵消妊娠反应,这一事实说明,人类女性的身体已经被设计得能经受严重的妊娠反应。"

笔者认为,普罗菲的"抗畸变假说"对解释妊娠反应是一大突破。但对人类妇女的妊娠反应为什么比其他哺乳动物严重,笔者有另外一种解释。笔者认为,人类妇女的妊娠反应之所以比其他哺乳动物严重,是因为人类解毒能力低下,而之所以解毒能力低下则因为不能在体内制造抗坏血酸。特别是进入农业社会以后,从食物中获得的维生素C越来越少,由此人类体内的维生素C经常处于低水平。维生素C有许多重要功能,解毒即其重要功能之一。维生素C水平低,解毒功能就低下(参见第四章第七节)。

**维生素C的解毒功能**

根据毒理学,维生素C可以化解许多化学物质的毒性,无论金属的和非金属的,比如汞、砷、铅、镉、铬、苯、酒精、亚硝酸等。

维生素C的解毒原理主要有三方面:① 赋予解毒酶活性——解毒酶(细胞色素P450酶系统)可以中和有毒物质,而要解毒酶有活性,就需要大量维生素C。② 增加谷胱甘肽的数量——许多金属毒物和非金属毒物都是脂溶性的,要排解这些毒素,必需将其转化为水溶性形态。而肝脏生产的谷胱甘肽即担负这一使命。维生素C可以增加肝脏制造谷胱甘肽的数量;在解毒过程中谷胱甘肽被氧化以后,维生素C可以使它还原,继续发挥解毒功效。③ 在解毒过程中会产生大量对肝脏有伤害的自由基,而维生素C恰恰是最强力的自由基清除剂。

人民卫生出版社1968年出版的《农村医生手册》是当年十分权威的一本医用图书。在重金属中毒一节,在处理汞、砷、铅中毒时,都提到用大量的维生素C解毒,尽管在今天看来,当时所谓的大量是对汞每天100 mg(用于保护肝脏),对铅每天450 mg(分3次),对砷每天500 mg(即砒霜,必要时可隔4小时重复注射)。

2004年出版的《实用农药中毒急救》一书在论述各种农药的解毒原则时,除催吐、洗胃外,作为解毒药物,首先就是维生素C,尽管用量只有500 mg。

笔者认为,绝大多数哺乳动物由于可以在体内制造维生素C,并根据需要增加维生素C的产量,因此具有较强的解毒能力。当雌性哺乳动物怀孕时,幼小的胚胎也有容易中毒的问题，但由于它们的母亲会在体内制造维生素 C，因此可以为它们提供保护，对抗毒素。所以，绝大多数哺乳动物怀孕后妊娠反应不突出。许多野生哺乳动物一胎可以生 4 只以上，如果也像人类的孕妇一样有相当一段时间不想吃食物，那么，将严重影响自身健康，恐怕不能适应残酷的生存竞争。

而人类由于丧失了在体内制造维生素 C 的功能，因此解毒能力低下。由于解毒能力低下，因此，当妇女怀孕时，为了保护幼小的胚胎不受毒素伤害，减少食物摄入就成为符合逻辑的选择，因为这样可以有效降低吃进毒素的机会。而怎样减少食物摄入，或许是一种无奈的选择，严重的妊娠反应就是这样进化出来了。

关于维生素 C 的解毒功能，笔者在第四章第七节将会具体论述。

我们还可以从妊娠反应期间孕妇饮食的偏好，得到一个佐证，说明人类孕妇的妊娠反应根本原因是抗坏血酸（维生素 C）遗传缺陷。孕妇在反应期间会拒绝吃多种食物，但是大多数孕妇共同想吃的食物却是酸性食物，在只有天然食物的时代，什么食物是酸性的，这不正是富含抗坏血酸即维生素 C 的水果吗?!

所以，我们可以想象，如果人类的胚胎 / 胎儿会说话，他（她）一定会说："妈妈，你要多吃维生素 C 啊，要不，我会中毒，会畸形，会流产的！"

日本著名学者、日本大学药学部教授田村丰幸的名著《为什么生畸形儿——从怀孕开始已经太晚》，由日本农山渔村文化协会于 1979 年 6 月出版，我手头的这本是 1985 年 4 月发行的第 18 次印刷版。6 年之间印了 18 次，可见其畅销程度。

田村丰幸 1958 年毕业于日本大学医学系，因研究药物副作用而获得医学博士学位，长期从事药物副作用、毒性和解毒的研究。在《为什么生畸形儿——从怀孕开始已经太晚》一书中，他详细介绍了药物的致畸作用，因为维生素也被纳入药物，所以他有一节也专门介绍维生素与致畸作用的关系。他说，**除脂溶性维生素 A、维生素 D、维生素 K 在极端大量的情况下有致畸之忧（仅动物实验）以外，水溶性维生素 B、维生素 C 都有很好的解毒功效。**

关于维生素 C 田村丰幸是这样论述的："虽然维生素 C 很容易通过胎盘，但未发现对胎儿有任何副作用。如前所述，如果运用得当，反而可以对引起畸形的物质起解毒作用，因此，我认为大量地摄取维生素 C 是可取的。"

"在最近进行的药效再评估中，维生素 C 对有害物质的分解和解毒作用获得明确肯定。换言之，维生素 C 缺乏的孕妇，即使对微量的致畸物质也不能解毒，因此，或许会更容易出现畸形。"

我们人类属于高等灵长目动物，高等灵长目动物均不能在体内制造抗坏血酸（维生素 C），所以，其他高等灵长目动物可能也应有类似人类的妊娠反应（**抗畸变机制**），但因为它们在原始的生存环境可以获得大量富含维生素 C 的食物，因此它们的畸胎问题可能不像人类这样严重。

但是，动物园里的猴子（猕猴）就不同了。田村丰幸的书专门有一节谈到动物园的猴子。在1963—1976年期间，日本动物园的猴子出现大量畸形，最高出现比率达到27%，低的也有5%以上。淡路岛动物园出生111只猴子，有畸形的达到30只。书中没有分析原因何在，但笔者认为，污染引起的毒素增加，可能是问题的关键，而不能在体内制造维生素C，缺乏解毒能力则是问题的根源。20世纪六七十年代，日本工业迅猛发展，代价是严重的污染。水俣病事件*就是一例，人都不能幸免，何况猴子。在野生环境的猴子，可以吃到大量富含维生素C的食物，具有较强的解毒能力，而进入动物园就大不一样了，食物营养水平可能仅接近人类的水平，这样，维生素C就远远低于野生水平，不能有效保障解毒所需。

田村丰幸担心，下一个受害者可能就是人类了。人类畸形儿的比率是多少，很难统计。因为，产前检查剔除了许多问题胎儿。

既然有人把妊娠反应看作怀孕的一个症状，似乎怀孕反应是一种病态，自然，有人就想方设法减轻这些症状，消除这些痛苦，让孕妇感觉舒服。有孕妇也求医问药，希望解除怀孕反应的痛苦。于是，出现了所谓"反应停（thalidomide）"一类的药物。不幸，让人感觉舒服，并非自然选择的方向，自然选择的方向是生殖成功。为了保障生殖成功，甚至可以牺牲孕妇的健康，妊娠反应就是典型的一例。自然选择没有令人舒服和快乐的义务。

"反应停"之类的药物违背了自然法则，最终酿成悲剧。"反应停"是1953年由德国格仑南苏制药公司作为抗生素开发的，后来发现，它并没有抗生素活性，却有镇静作用，于是在1957年首度被用作镇静催眠剂上市。厂商吹嘘它没有任何副作用，不会上瘾，胜过市场上所有安眠药；而且它对孕妇也十分安全，可用于治疗恶心、呕吐等妊娠反应。

"反应停"推出后，欧美至少有15个国家的医生使用这种药物治疗妇女妊娠反应。很多人吃了药以后的确不吐了，恶心症状得到明显改善，于是，它成了"孕妇的理想选择"（当时的广告用语）。接着，"反应停"进一步大量生产、销售，仅在联邦德国就有近100万人服用过"反应停"，据说，在高峰时期，一个月可卖出一吨"反应停"。在德国的某些州，孕妇甚至不需要医生处方就能买到"反应停"。

但随即，1959年，西德各地发现许多新生儿畸形。这种新生儿的头与躯干基本正常，但四肢极短，如海豹的鳍足，体型也像海豹，因此被称为"海豹儿"，而这些孩子的母亲都服用过"反应停"。1961年，有澳洲科学家研究证实，这种畸形儿是

*注：日本水俣病事件是世界著名的公害事件，1953—1956年发生在日本熊本县水俣镇。最终查明，系日本氮肥公司排出含汞废水所致

孕妇服用“反应停”所致。1962年，“反应停”被迫撤药，然而，截至1963年，在世界各地，如西德、美国、荷兰和日本等国，由于服用“反应停”，已出生了12 000多个畸形儿。

经过媒体的进一步披露，人们获悉，这起骇人听闻的事件背后另有隐情。原来，在“反应停”出售之前，有关机构并未仔细检验其可能产生的副作用。记者的发现震惊了世界，引起公众极大的愤慨，并最终迫使研发“反应停”的德国公司支付了赔偿。

笔者以为，值得一提的是，当初有关“反应停”的安全性评估几乎都来自动物实验，而用于实验的动物往往是大鼠（rat）。我们应该清楚，大鼠是可以在体内制造维生素C的，而维生素C有良好的解毒功效。所以笔者认为，大鼠可能对“反应停”的毒性成分进行了解毒，因此没有体现出副作用。

如此惨痛的悲剧并没有让人醒悟，“反应停”虽然停了，但另一个抗晨吐药物“镇吐灵”则一直可以使用，直到1983年开发商才主动将它撤下。至今许多医生仍然认为镇吐灵是安全的。在“反应停”的悲剧过后，对“镇吐灵”可能的有害作用，进行了大量研究。尽管，没有副作用的证据有疑点，但仍然成为美国最高法院审议的议题，并没有被否定。很显然，医药界对妊娠反应是抗畸变机制这一新概念没有认同，“镇吐灵”有可能重新上架。其实，通过上述分析，很明显，非科学地对妊娠反应进行压制，等于鼓励并怂恿孕妇选择有害饮食，从而间接地制造畸胎。

值得一提的是，“镇吐灵”的配方中有维生素$B_6$，田村丰幸指出，维生素$B_6$有解毒作用。笔者认为，出问题的部分可能是镇静剂、抗过敏剂，这些成分往往有毒。

人为地用药物解除怀孕的痛苦，后果就是致畸，那么，怀孕后天然地没有反应或者反应轻微，是不是值得庆幸呢？玛吉·普罗菲观察到，没有妊娠反应的妇女更可能流产或怀畸胎（出生缺陷），但她缺乏统计数据。据其他资料统计，反应重的妇女有1%～3%发生自然流产，而反应轻的则大约有4%～7%（黄昌惠生物进化与疾病．世界今日医学杂志，2005，6）。可见，反应轻或没有反应反而更令人担忧。笔者认为，尽管可能需要更多的数据，但从逻辑上推理，这可能是合理的。既然已经要流产，那么中毒与否已无关紧要。既然已经是畸胎，那么即使生下来也很难成活，中毒与否也无关紧要。在上述两种情况下，笔者估计，人类绒毛膜促性腺激素（HCG）可能没有分泌，或分泌得极少，因此没有或少有妊娠反应。

妊娠反应是进化塑造的为保护胚胎的一种适应机制，即一种抗畸变机制，而人类之所以有严重的妊娠反应是因为人类不能在体内制造维生素C，从而解毒能力低下，由于解毒能力低下，因此，当妇女怀孕时，为了保护幼小的胚胎不受毒素伤害，减少食物摄入就成为符合逻辑的选择，因为这样可以有效降低吃进毒素的机会。而怎样减少食物摄入，或许是一种无奈的选择，强化的妊娠反应（晨吐）就这样进化出来了。从胚胎方面来讲，为保护自己不受毒素伤害，就更多地分泌人类绒毛膜促性腺激素（HCG），令母亲有食物中毒（妊娠反应的“症状”与食物中毒反应很相似）的感觉，从而减少食物摄入量。因此，孕妇有反应是正常的，没有反应反而令人担忧。

有了以上知识，怎样应付怀孕反应就可以抓住要点了。在反应期间，少吃一点关系不大，不想吃的食物绝对不要吃。不必勉强自己，不必担心吃少了会影响宝贝健康。更不要屈从他人的怂恿，吃你不想吃的东西。凡是可能有毒的东西都要避免，这里主要指含有各种合成添加剂的食品和饮料，以及药物。

当然，也不能不吃东西，这会影响孕妇自身的健康，造成自身营养不良。首先，蛋白质不能缺乏，但许多含有蛋白质的食品都会让孕妇反胃，特别是肉类中的红肉（可见红肉中的某些成分于胚胎不利，笔者估计可能是铁，参见第二章第一节）。肉类中富含胶质的部分相对安全些。

前面已经说明，孕妇在反应期间会拒绝吃多种食物，但是大多数孕妇共同想吃的食物却是酸性食物，在只有天然食物的时代，酸性食物正是富含维生素 C 的水果。所以，多吃些富含维生素 C 的水果，应该是合理的选择。其他酸性食品虽然符合口味，但不含维生素 C，比如醋，可能利于消化功能，但只能适量。至于酸菜，特别是长期腌制的，就应该尽力避免，它反而含有有毒的致癌物质亚硝酸。

由此作者推论，妊娠反应是人体限铁机制的反映，早孕反应拒绝的食物首先是含铁量高的肉类。前文已述，铁是细菌繁衍最关键的营养。拒绝肉类就是拒绝铁，从而避免细菌感染。

主食应选择富含 B 族维生素的食品，比如小米等。

笔者的理论认为，人类的怀孕反应之所以如此突出，根源是维生素 C 的遗传缺乏。因此，补充维生素 C 可以弥补这个遗传缺陷，有利于胚胎发育，预防畸胎。

缺乏维生素 B 对孕妇的影响已经有许多共识。比如，严重缺乏维生素 $B_1$ 会引起韦尼克脑病（脚气病的严重阶段）；维生素 $B_6$ 有解毒功效；缺乏叶酸可以引起神经管畸形，造成无脑儿。对于孕妇来说，首先应该补充适量的维生素 C 和 B 族，以满足解毒的需要。

不要吃任何药物！

顺便建议，今后，在做药物的安全性实验时，不能用可以在体内制造维生素 C 的小鼠或大鼠，它们有较强的解毒功能，与人类解毒能力的低下不在一个数量级，不能类比（参见第四章第十一节）。

**【附】**

1986 年，莱纳斯·鲍林指出：“30 多年来，人们已经知道，孕妇比其他妇女需要更多的维生素 C。之所以有这种额外的需求，部分原因是，正在发育的胎儿需要充分获得这种维生素；而胎盘中还有一种机制，可以将母亲血液中的维生素 C 泵入胎儿的血液中。早在1943年，杰沃特（Javert）和斯旦德（Stander）就在研究中发现，胎儿脐带血液中的抗坏血酸浓度是母亲血液中的4倍，达到每升14.3 mg。为了婴儿的利益，母亲血液中维生素C的消耗甚至在分娩后仍在继续，因为抗坏血酸被分泌进母亲的乳汁。牛奶中维生素C的含量远不及母乳丰富；牛犊不需要额外的维生素C，因为它会在肝脏细胞自己制造维生素C。”

杰沃特和斯旦德的报告指出：“对246名孕妇的调查表明，这些正常怀孕的妇女，维生素的摄入量普遍偏低，在4个月时，血清维生素C的浓度从11 mg/L降至5 mg/L，在分娩前则降到3.5 mg/L。这种血液维生素C的低浓度，既造成母亲健康不良，也造成婴儿健康不良。这种血液维生素C的低浓度已被查明与新生儿出血症相关。”

杰沃特和斯旦德的结论认为，孕妇每天需要200 mg维生素C，对大多数孕妇，最佳摄入量可能更大，每天1 g或1 g以上。适当摄入维生素C，对控制先兆流产、自然流产和习惯性流产都有巨大作用。他们对79个有先兆流产、早期自然流产和习惯性流产的孕妇进行研究，结果表明，在接受维生素C、生物黄酮和维生素K的33个患者中，仅3例流产，而没有接受维生素的46个患者则全部流产。

1955年，格林布莱特（Greenblatt）总结说，对以上各种流产，最佳疗法是维生素C、生物黄酮和维生素K，其次是黄体酮、维生素E和甲状腺提取物。

维生素C可能有助于改善月经失调。1970年，拉汉（Lahann）对医学文献进行调研，特别是德国和奥地利的期刊。他得出结论：每天口服200～1 000 mg维生素C对月经失调有显著改善。进而，1968年，派史克和瓦斯特林（Paeschke and Vasterling）发现，在月经周期的过程中，维生素C的消耗利用急剧增加，特别在排卵期。于是，测定维生素C的消耗量可以用于确定排卵期是否结束，从而确定最佳受孕时间，以克服不孕相关问题（鲍林，*How to live longer and feel better*）。

维生素C可促进胶原的生成，在维持绒毛膜和羊膜的稳定中起着重要作用。墨西哥国家围产医学研究所卡桑纽娃（Casanueva）等人的一项随机对照研究显示，补充维生素C有助于降低胎膜早破的发生率。

在该研究中，120例妊娠20周的妇女被随机分成2组，分别接受维生素C 100 mg/d或安慰剂治疗。治疗期间每4周检测一次血浆和白细胞维生素C浓度。结果显示，两组患者的血浆维生素C浓度在妊娠期间都出现了显著下降，且无组间差异；在妊娠20～36周期间，安慰剂组的平均白细胞维生素C浓度从17.50 μg/$10^8$细胞降至15.23 μg/$10^8$细胞，而维生素C补充组则从17.26 μg / $10^8$细胞升至22.17 μg/$10^8$细胞；安慰剂组和维生素C补充组的胎膜早破发生率分别为24.5%和7.7%。该研究支持“摄入足量维生素C有助于预防胎膜早破”的观点。由于40%以上的早产由胎膜早破所引起，因此获得足量维生素C摄入可能是支撑妊娠至足月的一个有效方法

（American Journal of Clinical Nutrition，2005，81：859）。

克兰纳（Fred R. Klenner）医生的事迹（参见第四章第二节）给了我们另一个佐证。克兰纳（1907—1984）医生是美国北卡罗来纳州里兹维尔医院的主治医生，他认为，怀孕期如果缺少适量的维生素 C，孕妇容易出现不良状况。在 20 世纪四五十年代，他有 300 例产妇的完整记录，由于每天服用 5 ～ 15 g 维生素 C，母婴状况良好，大大降低了分娩缺陷（birth defect）的严重程度，没有一例婴儿死亡。维生素 C 的这些功效，已由克兰纳医生撰文登载在 20 世纪 50 年代初期的《实用营养学杂志》和《南方医药和外科》上。

1973 年 10 月，英国医学杂志《柳叶刀》刊载一研究论文认为：所有孕妇每天至少应服维生素 C 500 mg。

# 第五节　新生儿黄疸（抗自由基机制）

从前两节“女性月经之谜”和“妊娠反应”我们可以看出，由于人类丧失了体内制造维生素 C 的能力，为了保障生殖成功这个最大利益，进化不惜牺牲准母亲和母亲的健康，全力保护受精过程以及胚胎不受细菌和毒素伤害。一旦婴儿诞生了，我们将从新生儿黄疸看出，对不会制造维生素 C 的人类，进化是怎样保护新生儿的。

黄疸又称黄胆，俗称黄病，是一种由于血清中胆红素升高致使皮肤、黏膜和巩膜发黄的症状和体征。某些肝脏病、胆囊病和血液病经常会引发黄疸的症状。通常，血液的胆红素浓度高于 2 ～ 3 mg/dL 时，皮肤、黏膜和巩膜便会出现肉眼可以辨别的黄色。出现黄疸，显然是一种病态、病状、病症。然而，这种病态的黄疸却广泛出现在人类新生儿的身上，这实在令人匪夷所思。

对新生儿黄疸的认识，肯定有一个漫长而曲折的过程。早期，发现新生儿黄疸可能会奇怪、紧张，一旦黄疸自行消退，又会放心、释然。近代，人们逐渐认识到，这原来是生理性黄疸，并不是疾病。但为什么会出现这种似病非病的现象，科学界特别是医学界一直没有令人满意的回答。

生理性黄疸指：新生儿出生 24 小时后血清胆红素由出生时的 17 ～ 51 μmol/L（1 ～ 3 mg/dL）逐步上升到 86 μmol/L（5 mg/dL）或以上，从而出现黄疸，但无其他症状，1 ～ 2 周内即可消退。对足月儿，生理性黄疸的血清胆红素不超过 204 μmol/L（12 mg/dL）[ 早产儿不超过 255 μmol/L（15 mg/dL），但个别早产儿血清胆红素不到 204 μmol/L（12 mg/dL）也可发生胆红素脑病 ]。

1990 年，美国加利福尼亚大学旧金山分校的约翰・布雷特（John Brett）和丹佛儿童医院的苏珊・尼美尔（Susan Niermeyer）在《医学人类学季刊》发表论文揭示，出生时高水平的胆红素可能是一种适应机制。他们指出：血红蛋白破裂后的第一个产物是胆绿素，它是一种水溶性的化学物质，鸟类、两栖类和爬行类动物就直接分离出胆绿素。但在哺乳类动物则直接成了胆红素。胆红素被运送到身体各处，然后与血清蛋白结合。进一步说，出生时的胆红素水平部分受到基因的控制，所以，如果低水平的胆红素有利于生存，自然选择将选择可以降低它的基因。于是，他们推测：“倘若在出生后第一周所有婴儿都有高于成人水平的黄疸，而且有一半很明显，那么，很难想象所有这些婴儿有什么不正常。”

他们深入研究并揭示出，胆红素是一种有效的自由基清除剂，而自由基则通过氧化破坏身体组织。一个婴儿一出生必须马上开始呼吸，动脉中的氧浓度顿时成三倍增加，自由基的破坏也相应同比增加。这一点与缺血组织重灌流损伤有类似之处*。在婴儿生命的第一周，成人水平的自由基防御机制是逐步健全的，而随之，胆红素也降至正常水平（*Why we get thick*）。

依笔者之见，人类新生儿普遍出现黄疸，是人类失去制造抗坏血酸功能的一个代价，也可以说是对维生素 C 遗传缺陷的一种补救措施。本来，维生素 C 是强抗氧化剂，是最有效的自由基清除剂（参见第一章第五节），如果人类的肝脏仍有制造维生素 C 的功能，那么初生婴儿就可以制造维生素 C 用于抗氧化，也许就不必用高水平的胆红素作自由基清除剂了。

当然，新生儿黄疸也有病理性的。通常采取光照疗法：新生儿裸体卧于光疗箱中，双眼及睾丸用黑布遮盖，用单光或双光照射，持续 24 ～ 48 小时，胆红素下降到 7 mg/L 以下即可停止治疗。但是，光疗的危害目前研究得很不充分，婴儿出生后短短几天的持续光疗会造成视觉损伤。

如果笔者的推论成立，那么，保护新生儿的措施就应该是补充维生素 C。最好的办法是母亲补充，通过哺乳喂给婴儿。此前我们在谈到月经及妊娠反应时已经提出，母亲在孕前和孕后都应当补充维生素 C，这里笔者又提出，分娩后哺乳期也要补充。看来，为了保证生殖成功这个最大利益，妇女在孕前、孕中和孕后都应该补充维生素 C。

对于不能泌乳的母亲，为弥补人类这个先天遗传缺陷，保障新生儿健康，可能应该给新生儿饲喂添加维生素 C（抗坏血酸钠）的替代乳制品。

从进化的观点看，诸如月经失血、妊娠反应和新生儿黄疸都是进化适应的结果，对人类来说，进化出这样似病非病的特征，必然是有弊也有利，而其中的利显然是在生殖成功上，这充分验证了一个真理：**自然选择并不首选健康，而首选生殖成功**。

* 缺血所引起的组织损伤是致死性疾病的主要原因，诸如冠状动脉硬化与中风。但有许多证据说明，仅仅缺血还不足以导致组织损伤，而是在缺血一段时间后又突然恢复供血（即重灌流），才出现损伤。缺血组织在重灌流时造成的微血管和实质器官的损伤主要是由活性氧自由基引起的，这已在多种器官中得到证实。在创伤性休克、外科手术、器官移植、烧伤、冻伤和血栓等血液循环障碍时，都会出现缺血后重灌流损伤（《自由基医学基础与病理生理》P250）。

# 第六节　血管上的补丁（组织修复？）

在第一章第六节，笔者介绍了鲍林和马修斯·拉舍的伟大发现，即破解人类冠心病之谜，也就是在人类特定的血管——心脏的冠状动脉上为什么会有斑块。其中已经提到，辩证地看，斑块是一种对血管壁损伤的修复。之所以会进化出这样一种无奈的“举措”，完全是因为人类丧失了制造维生素C的功能，不能制造出足够的胶原蛋白，像大多数哺乳动物一样，从内部结构上完整地修复血管壁。

血管可以与水管类比，自从人类发明了水管，水管倒是不断地“进化”。开始可能是陶土的、陶瓷的，后来发明了金属的，而金属又有易生锈和不易生锈的。现在，不锈钢的管子比比皆是，而流经管子的已经不只是水。管子的重要方面是质量，不能生锈，不能被腐蚀，不能泄漏。

研究心血管问题本应从两个方向入手，但传统的力量基本是在研究血液，看血液中有什么毒物、罪魁祸首。在人类的进化中，血液的成分似乎也有一些变化，比如血浆抗氧化成分的变化，血脂、胆固醇的变化，但似乎没有“进化”出破坏血管、腐蚀血管、划伤血管的有害物质。

而人类的血管在进化过程中质量似乎出了大问题，因为不会制造维生素C，因此制造血管和修复血管损伤的原材料“胶原蛋白”严重不足。在一般的血管上，因为受力不强烈，因此似乎没有太大影响，但在心脏，由于特殊的激烈运动，在某些“地段”（冠状动脉）应力过于集中，最终顶不住，出现了物理性损伤。

正如鲍林与拉舍所说，血管上的斑块并非完全是“坏人”，可以说它是血管的“补丁”，是对血管的修复。而出问题（冠心病）是因为过度修复所致。

脑血管的问题与心血管的问题一样，都是维生素C不足造成的。

身体其他部位的血管也都离不开胶原蛋白，维生素C不足，均会影响这些血管的质量。因此，无论静脉瘤、动脉瘤、主动脉夹层瘤、静脉曲张，可能都与维生素C不足相关。

除了血管以外，我们的身体中还有大大小小各式各样的管子，只要这个管子是由胶原蛋白构成，维生素C的缺乏都会对它的功能造成影响。除了全身的血管，尿道、胆管、整个消化管道包括胃，以及髓鞘、输卵管等，均由胶原蛋白构成，这些地方如果出问题，均应追究维生素C的缺乏。

神经细胞、神经纤维也有“管子”包覆，这就是神经髓鞘，其重要成分仍是胶原蛋白，所以有神经胶质、胶质细胞等称谓。维生素 C 不足，必然影响管子的质量，进而影响神经系统的工作。

前文已述，当初肝脏制造黏性的脂蛋白（a）可能是一种偶然，或许是因为维生素 C 缺乏，肝脏制造的低密度脂蛋白（LDL）发生了氧化，成为脂蛋白（a）。而脂蛋白（a）具有黏性，偶然黏到冠状动脉的损伤处。从达尔文医学的观点看，“进化从来既没有计划也没有方向，只有机遇（chance）在起作用”。偶然性在进化过程中，经常扮演重要角色。脂蛋白（a）的出现，似乎并非自然选择的结果，而是一个偶然事件。

不过，按照达尔文医学，某些偶然性特征也有意外的利益。笔者以为，脂蛋白（a）就是这种有意外利益的偶然性特征。

本章笔者论述的五个补救措施均为亡羊补牢般的措施，每项措施似乎都不完美。妊娠反应、月经失血、新生儿黄疸，更形似疾病，而尿酸水平上升和血管上的斑块则随时可能演变成疾病。这再次说明，丧失制造抗坏血酸功能在远古时代可以获得利益，但也有代价，这个代价在缺乏维生素 C 的时代体现了出来。

## 参考文献

[1] Allan Cott. Dr Irwin Stone：ATribute[J].Orthomolecular Psychiatry，1984，13：150.

[2] Ames B N. Uric acid provides an antioxidant defence in humans against oxidant-and radical-caused aging and cancer[J].Proc Natl Acad，1981,78：6858-6862.

[3] B A 鲍曼，R M 拉赛尔 . 现代营养学[M]. 荫士安，汪之顼，译 .8 版 . 北京：化学工业出版社，2004.

[4] Bio-Communications Research Institute. The Riordan IVC Protocol 2009[R/OL]. chelationmedicalcenter.com

[5] Weinberg E D. Judith Miklossy.Iron withholding：a defense against disease[J].Journal of Alzheimer’s Disease，2008，13：451-463.

[6] Weinberg E D，Judith Miklossy. Iron withholding：a defense against infection and neoplasia [J].Physiological Rev，1984.

[7] Weinberg E D.The role of iron in cancer[J].European Journal of Cancer Prevention,1996,5（1）：19-36.

[8] Hattersley J G.The answer to crib death “sudden infant death syndrome”（SIDS）[J].Journal of Orthomolecular Medicine，1993，8（4）：229-245.

[9] Irwin Stone.The natural history of ascorbic acid in the evolution of the mammals and primates and its significance for present day man[J].Orthomolecular Psychiatry，1972，1（2&3）：82-89.

[10] Jurado R L.Iron，infections and anemia of inflammation[J].Clinical infection disease，1997，

25：888-895.

[11] Levine M，Qi Chen，Espey M G.Pharmacologic ascorbic acid concentrations selectively kill cancer cells：Action as a pro-drug to deliver hydrogen peroxide to tissues[J].Proceedings of the National Academy of Sciences，2005，102(38)：13604-13609.

[12] Margie Profet.Pregnancy sickness[M].Addison-Wesley，1997.

[13] Nesse R M，Williams G C.Why we get sick[M].New York：Vintage Books，1995.

[14] Pauling L.How to live longer and feel better[M].Corvallis：OSU Press，2006.

[15] Riordan H D.Intravenous ascorbate as a chemotherapeutic and biologic response modifying agent[J/OL].http：//brightspot.org/research/intravenousc2.shtml，2002.

[16] Riordan H D.Intravenous Ascorbate as tumor cytotoxic chemotherapeutic a gent[J].Medical Hypotheses，1995，44(3):207-213.

[17] Thomas E Levy.Primal Panacea[M].Med Fox Publishing，2012.

[18] Vaclav Smil.Eating meat：evolution，patterns，and consequences[J].Population and Development Review，2002,28(4)：599-639 .

[19] Weinberg E D，Miklossy J.Iron withholding：a defense against disease[J].Journal of Alzheimer' s Disease，2008，13：451-463.

[20] Weinberg E D，Miklossy J.Iron withholding：A defense against infection and neoplasia[J].Physiological Reviews,1984，64：65-95 .

[21] Weinberg E D.Iron and infection[J].Microbiological Reviews，1978，5：45-66.

[22] Weinberg E D.Iron loading and disease surveillance[J].Emerging infection disease，1999，5(3)：346-352.

[23] 陈媛,周玖．自由基医学基础与病理生理[M]．北京：人民卫生出版社，2002.

[24] 杜永洪,陈迅,赵卫华,等．笼养恒河猴的月经生理研究[J]．重庆医科大学学报，1998，23(1)：27-29.

[25] 黄昌惠．生物进化与疾病[J]．世界今日医学杂志，2005(4):240-243.

[26] 简•卡帕．延缓衰老[M]．邱巍,张敏,译．北京：新华出版社，1998.

[27] 颉志刚,牛翠娟 .GLO 与脊椎动物合成 Vc 能力的关系及相关转基因研究概述[J]．湖南农业科学，2009(1)：16-17，23.

[28] 黎绘宏,李婉萍,黄志宏,等．黑猩猩月经周期与尿液黄体素生成素的监测[J]．野生动物，2011，32(2)：73-74.

[29] 刘弘章,刘浡．刘太医谈养生[M]．北京：友谊出版社，2006.

[30] 柳沢厚生．ビタミンCがガン細胞を殺す[M]．东京：角川ＳＳＣ，2007.

[31] 柳沢厚生．超高濃度ビタミンC点滴療法ハンドブック[M]．东京：角川ＳＳＣ，2009.

[32] 钱忠明,柯亚．铁代谢与相关疾病[M]．北京：科学出版社，2010.

[33] 森下敬一.ガンは恐くない[M].东京：文理书院，2001.

[34] 莎士比亚.莎士比亚全集[M].朱生豪，译.北京：人民文学出版社，1978.

[35] 田村豊幸.奇形児はなぜ妊娠してから遅すぎる[M].農山漁村文化協会，1985.

[36] 杨克勤，德淑兰，徐一树.川金丝猴月经周期促黄体素(LH)的分泌水平[J].动物学研究，1990，11(2)：161-166.

[37] 张科生，黄山鹰.人类抗坏血酸遗传缺陷学说暨人类第一病因学说(上)(下)[J].医学与哲学，2006，27(7)：55-58；(8)：61-64.

[38] 张科生.神奇的抗癌膳食疗法[J].中国保健，2004,11：34-39.

[39] 张科生.限铁机制：人类与细菌间的一场龙争虎斗——解读女性月经之谜[J].医学与哲学，2012(1)：17.

# 第三章 维生素C的新概念

我们对许多事物的认识都有由表及里、从浅入深的过程，对一个科学概念，往往由于新的发现而产生认识的飞跃，形成新的概念。

谈到维生素C，一般的概念是：① 维生素C是一种营养素，必须从食物中获取；② 维生素C对身体健康很重要，缺少了会生病；③ 只要吃新鲜水果蔬菜，一般不会缺乏；④ 做成药片的维生素C是一种药，不能随便吃。

即使有一定营养知识的人，他们关于维生素C的概念一般也不会超出教科书上的内容。教科书首先会介绍维生素的概念，现概述如下：

维生素是一类维持身体正常功能不可或缺的极小物质，一般不能在体内合成，必须从食物中摄取。维生素的需要量很少，每天仅需要若干毫克（千分之一克），甚至若干微克（千分之一毫克），所以，它们是微量营养素。长期缺乏某种维生素，会得维生素缺乏病。维生素既不是构筑机体组织的成分，也不是供给机体能量的物质，但在这些生命活动中，又不能缺少维生素。形象地说，维生素好比生命活动中的促进剂、润滑剂。

维生素C只是众多维生素中的一种，既然如此，它也必然具备上述维生素的共性。除此之外，教科书在谈到维生素C时一般还有如下内容：

人体不能合成维生素C，需要每日摄取；维生素C广泛存在于新鲜蔬菜及水果中；长期缺乏维生素C会得坏血病（因血管脆弱而引起的出血性疾病），而坏血病是十分罕见的；为防治坏血病，每天只要几十毫克维生素C

就足够了。

综上所述，一般人乃至医务工作者（包括营养专家）均认为，维生素C是一个与饮食相关的营养问题，维生素C的需要量很少，每天仅需要数十毫克。更简单地说，为了维护机体的健康，多吃些新鲜水果蔬菜就可以获得足够的维生素C。也正因为如此，有关维生素C的问题被列入营养学的范畴。

维生素概念已经诞生百年，“维生素是饮食相关营养素”的经典概念早就面临挑战，笔者在第一章和第二章的基础上，对维生素C给出新的定义：

**一种对生命体至关重要的物质，原本可由绝大多数植物和动物在体内制造（在动植物体内又叫抗坏血酸），而动物在应激时还会应需成倍增加抗坏血酸的产量。由于人类丧失了制造它的功能，加之环境变迁，最终体现为一种遗传缺陷：L-古洛糖酸内酯氧化酶（GLO）遗传缺陷，或称抗坏血酸遗传缺陷。虽然目前人类的食物中存在少量维生素C，但一般的数量不能弥补这个遗传缺陷。尽管人类已进化出一些补偿措施，但也不能弥补这一缺陷。故此，人类普遍存在“低抗坏血酸症”，严重影响应激、解毒、免疫、抗自由基和组织修复等功能，正因如此，人类普遍容易生病，如感染、炎症、心脑血管疾病、恶性肿瘤等等。**

依据逻辑学，如果概念错了，那么，根据这一错误概念的推理也就错了。传统的维生素C概念从根本上说是不完整的，是有重大缺陷的。因此，在这种有缺陷的概念之下的推理肯定是漏洞百出。医学的概念就是医生的概念，在有重大缺陷的概念指导下的医疗行为肯定也就会漏洞百出，出现误诊和医学悲剧也就不足为奇。

既然概念错了，纠正过来不就得了吗？然而，正确概念的树立和错误概念的纠正可不是想象的那么容易。在科学史上，这样的例子举不胜举。在医学史上，这种例子也不在少数。19世纪中叶，巴斯德发现，细菌是人类传染病的肇因。但当时的医学界并不承认，他们不能理解，这么微小、肉眼都看不到的细菌怎么会是传染病的元凶。他们也不能相信，这么微小的细菌竟然能把一个人杀死。

维生素C的新概念从20世纪60年代由欧文·斯通提出，至今已半个多世纪，它的创立者欧文·斯通博士已于1987年去世，医学界乃至科学界尚未认领这一重要科学发现。

中国哲人说，大道至简。真理往往很简单。爱因斯坦在建立相对论的过程中，始终坚信一点：一个科学理论逻辑上的简单性，是这种理论正确性的重要标志。我们为什么容易生病，道理其实也很简单。

# 第一节 维生素C的功能

一物多用——进化的低成本原理

看过前面的章节，你可能会发现，维生素 C 可以治愈多种疾病，如果你不了解维生素 C 遗传缺陷理论，可能会疑惑，维生素 C 是治愈百病的灵丹妙药吗？在鲍林提出维生素 C 可以预防和治愈感冒的见解后，整个医学界曾群起而攻之，污蔑他是庸医、江湖医生，把维生素 C 说得似乎是可以包治百病的灵丹妙药。这里有两个误解：一是一种药物（西药）治一种病，这是西药的一大特征。把维生素 C 当成药物，于是医学界一直将维生素 C 可以治疗的疾病也仅限于一种疾病——坏血病。二是除了坏血病，维生素 C 对治疗其他疾病或者没有用，或者仅起辅助治疗作用。

笔者关于维生素 C 的新概念揭示，人类缺乏维生素 C 是一个遗传缺失，而维生素 C 对人体有多方面的功能，因此，这种遗传缺失对人的健康之影响也是多方面的。在生物的进化过程中，几乎用到了自然界中存在的 90 多种元素中的大半元素，而且，许多元素都不止一个用途。比如前面章节提到的铁，它可以构成血红蛋白，同时又以辅酶形式参与许多重要生化反应。生物体自身制造的有机物种类繁多，许多产物也是一物多用，比如胆固醇（参见第一章第六节）。

笔者以为，如果将我们的身体比喻成一台机器，一个高明的设计师一定会在设计中力求降低它的成本，而一物多用则是降低成本的一个重要手段。笔者借用经济学词汇，将其称为进化的“低成本原理”。这种成本效益分析在经济领域是常规程序，但在生物学和医学中也同样有用。

有个杜撰的故事说，亨利·福特视察一处堆满废弃的 Ts 型轿车的场地。他问道：“这些汽车里有什么东西从来不出毛病吗？”有人回答说：“有，驾驶杆。”福特转向他的工程师，说道：“那好，重新设计，如果它从来不坏，那我们肯定对它花费太多。”**自然选择同样避免过度设计**（*Why We Get Sick*）。笔者以为，如果能够一物多用，就会避免过度设计。

在一物多用方面，维生素 C 可以说是个典型代表，这就是它的多功能特点。那么，维生素 C 都有哪些功能呢？

笔者根据相关资料罗列出维生素的以下 20 项功能，它们是：

① 参与应激反应（前文已述，恕不再重复）。

② 参与解毒（参见第四章第七节）。

③ 参与免疫系统的工作,维护免疫识别力,即“明辨敌我”,保证白细胞的吞噬能力,促进抗体、干扰素的产生,加快白细胞的趋化。因此,可防治几乎无法计数的各种感染性疾病,诸如感冒、鼻炎、中耳炎、结膜炎、咽炎、支气管炎、哮喘、肺炎、心肌炎、肝炎、胰腺炎、胆囊炎、阑尾炎,各种传染病,包括SARS。正因为如此,维生素C可以有效对抗细菌、病毒,是感染性疾病的克星。

④ 抗自由基:维生素C是最强有力的自由基清除剂。我们体内存在的超氧化物等活性氧,可能影响DNA转录或损伤DNA、蛋白质、膜结构,而抗坏血酸(VC)在防止细胞氧化中起重要作用。因此,维生素C可防治白内障、关节炎、糖尿病、心脑血管疾病等退行性病变,因此可以延年益寿。

⑤ 参与组织修复:维生素C参与合成胶原蛋白,维护皮肤、肌肉、血管、骨骼、牙齿的健康。缺乏时,毛细血管的细胞间质不健全,毛细血管通透性增加,容易出血。最典型的表现就是牙龈出血和皮下出血。因此,维生素C可防治各种出血性疾病。胶原蛋白构筑结缔组织,可阻挡细菌、病毒、寄生虫入侵,阻止癌细胞扩散。胶原蛋白是构筑血管的原材料,健康的心脑血管需要不断更新的胶原蛋白(参见第一章第六节)。

⑥ 参与合成肉(毒)碱,对心肌和骨骼肌的健康至关重要。因此,维生素C可以抗疲劳。

⑦ 参与合成神经传递介质(简称神经递质),从而关系到神经系统的健康。对体况紧张时的应激反应也至关重要。促进乙酰胆碱释放,有利大脑健康,防止老年痴呆。

⑧ 参与体内某些激素的代谢,令其稳定。如促甲状腺释放激素、促肾上腺皮质激素、血管加压素、催产素,以及缩胆囊肽,对维护机体生化内环境稳定至关重要。

⑨ 参与合成血红蛋白:在这一过程中,叶酸转变为四氢叶酸必需维生素C。因此,缺乏维生素C会造成缺乏叶酸性贫血。

⑩ 参与合成黑色素。

⑪ 促进铁、钙等矿物质的吸收。

⑫ 保护维生素A、维生素E、维生素B免遭氧化破坏。

⑬ 具有类似胰岛素的作用,能够使血糖值下降。与胰岛素合并使用,可提高胰岛素的降血糖作用。

⑭ 抗过敏。

⑮ 防止血栓形成。

⑯ 利尿而无一般利尿剂的副作用。

⑰ 加快肠蠕动、通便,使粪便柔软。

⑱ 减轻疼痛。

⑲ 促进胆固醇转变为胆汁酸，从而降低胆固醇。

⑳ 抑制亚硝胺生成，防治胃癌和食管癌。

前五项功能是笔者认为最重要的功能，并将其简称为“应激、解毒、免疫、抗自由基和组织修复五大功能”，在本书中已经反复提到。

维生素C有这么多功能，那么，维生素C水平低下就必然影响到所有这些功能。特别是上述五大功能如果低下，必然易患各种感染性疾病、各种炎症，而这些疾病的种类之多绝不是“百”这个数量级所能囊括的。既然维生素C缺乏可以引起众多疾病，那么，善用维生素C必然可以预防和治愈这些疾病。从逻辑上说是这样，从实践上说也是这样。欧文·斯通博士1972年的《维生素C：治疗疾病不可或缺的要素》（*The Healing Factor: Vitamin C against Disease*）一书，就列举了大量这方面的事实，本书第一章和下一章中也有许多这方面的实例。

维生素C之父圣捷尔吉在1978年5月发表在美国*Executive Health*杂志的论文中特别强调：“**蛋白质要靠维生素C转换成活性态，才有行使功能的能力，因此维生素C越多，蛋白质就越有作用。从光谱观察可见，MG（丙酮醛）与维生素C一起与蛋白质作用，以共价键连接在一起，蛋白质才因而活化并成为受体。**”

另一方面，研究也表明，维生素C与白细胞的战斗力有密切关系。正常的白细胞中应有足够浓度的维生素C，而正常的白细胞之所以能有足够的维生素C，原因在于，白细胞都是“捕捉”维生素C的高手，其捕捉能力是红细胞的40倍。

增加维生素C摄入量能增强白细胞的活动能力，使它能更快地到达感染部位，即所谓加速“趋化”。我们知道，寄生虫、细菌、病毒侵入人体后，只要条件适宜，它们的繁殖速度是惊人的。如果体内的白细胞不能迅速抵达出事地点，这些入侵者就会大量增殖，形成所谓感染。

维生素C还能提高白细胞的吞噬能力。所谓吞噬是一个过程，即白细胞包围住细菌和恶化细胞并将其吞食的过程。在这个过程中，维生素C是不可缺少的。很久以前就有人发现，如果白细胞没有足够的维生素C，它就没有吞噬效力。

免疫系统中另一个重要的角色是干扰素，它是一类具有抗病毒活性的蛋白质。它由受病毒感染的细胞或可能由恶化的细胞所产生，然后传播到邻近的细胞，使这些细胞对病毒产生抵抗能力，不再继续受感染。人体能合成20多种不同的干扰素，这些干扰素存在于人体的不同细胞内，各有所用，各有所长。干扰素之所以备受关注是因为极少有药物具有抗病毒感染和抗癌的效力。

通过细胞培养从人体白细胞制得的人体干扰素现已投入使用，但价格很高。研究表明，注射这种物质对治疗癌症和感染性疾病有一定价值。

增加维生素C的摄入量可以诱导产生大量干扰素，从而可以增强免疫功能，预防各种感染性疾病和癌症。曾有一种论调认为感冒有好处，可以使体内产生干扰素，从而防止细胞癌变。这完全是一种妄图牺牲健康来换取健康的不合逻辑的谬论。增强人体制造干扰素能力最经济最实惠的办法看来还是大剂量服用维生素C。

所谓抗体也叫免疫球蛋白，它是一种相当大的蛋白质分子。一个人体内大约能产生100万种不同的抗体分子。抗体好比巡警，不断在体内巡视，发现异己分子（抗原），比如细菌或死细胞之后，它不直接消灭它们，而是"贴"到它们身上，给它们"贴"上异己分子的标签，吸引并召唤另一类警察，所谓"补体"，共同结合，一齐把敌人消灭。

增加维生素C的摄入量可以促使产生大量的抗体和补体。研究表明，维生素C参与某些补体的制造。同时，维护抗体的识别能力。我们知道，免疫识别力不正常恰恰是自身免疫疾病的根本原因。

当外来细胞及恶化的细胞被辨别出来，并被当做消灭对象后，游动于全身的巨噬细胞就向它们攻击。因为吞噬细胞属于白细胞，它们存于血液和体液中。前文已述，维生素C可以增强白细胞的吞噬能力。

维生素C还有直接灭活病毒的功能，而众所周知，科学尚未发明出能直接灭活病毒的药物。

此外，我们的机体还有一套应急反应系统，医学术语称为"应激反应（stress）"，用通俗的语言来讲，它好比一支快速反应部队，当敌人入侵时，迅速传递信息，指挥调动防御大军集结并向目标前进。

实际上，我们的身体几乎随时都有外敌入侵，比如寄生虫、细菌、病毒等，它们随时随地都在与我们接触，有许多就生活在我们的躯体之中（免疫系统在夜间睡眠时可能也在"休息"，许多人都有早起后身体感觉不适的经验，这可能是因为当我们的免疫系统休息时，敌人并未休息，它们恰好趁机繁殖、大肆滋虐）。

当有外敌入侵我们的机体时或者我们的机体受到损伤时，我们脑部的垂体会收到信息，然后迅速通知胸腺、肾上腺做出反应，从而调动免疫系统工作，调动白细胞等战斗部队投入战斗。在这一过程中肾上腺的工作特别重要，而要使肾上腺正常工作，维生素C就必不可少。前文已经提到，维生素C恰恰就是从动物（牛）的肾上腺和水果中被发现的。当然只有维生素C还不够，维生素B族里的泛酸、维生素$B_2$、维生素$B_6$也都参与肾上腺的工作。

以维生素C介导的羟化反应在肾上腺中大量出现。比如，将酪氨酸转变为多巴，然后将多巴转变为多巴胺，再将多巴胺转变成去甲肾上腺素，最后制造出对身体极其重要的肾上腺素；在遇到紧急状况时，这种重要激素会通过血液涌向全身，刺激肌肉的活性，准备逃避或战斗。而在将酪氨酸转变为多巴的羟化反应中，酪氨酸羟化酶的活性中心是铜(Cu),而维生素 C 的作用恰恰在于使其活性中心的(Cu)保持在还原状态($Cu_1^+$)。

对免疫而言,结缔组织(胞间结构)的重要性往往被忽视。如前所述,恶性肿瘤会产生一种酶(透明质酸酶),它会侵袭周围组织的胞间结构,使之机能衰退,以致肿瘤得以扩散。鲍林认为维生素 C 参与合成胶原蛋白,由此可以加强结缔组织,从而抵御癌细胞的浸润,防止癌瘤扩散。在胶原蛋白的合成中,维生素 C 扮演着重要角色。胶原蛋白由赖氨酸与脯氨酸合成,而促使它们合成的是赖氨酸羟化酶与脯氨酸羟化酶,这两种酶的活性中心均为铁(Fe),维生素 C 对上述羟化酶的作用,就是保持它们活性中心的铁离子处于还原状态。

感冒病毒以及其他各种病毒的扩散都要突破结缔组织这道“屏障”,而强化和修复结缔组织,均离不开大量的维生素 C。

维生素 C 诱导的羟化反应除合成胶原和肾上腺外,在其他许多生理过程中都有作用。例如,有一种叫肉毒碱的物质,可提供能量助肌纤维收缩。肉毒碱的合成由赖氨酸开始,经连续 5 次反应获得,每次反应都由一种特殊的酶进行催化。其中第 2 和第 5 次反应都有羟化反应,都需要维生素 C 参与。

在皮肤黑色素的合成过程中,有两个酪氨酸参与的羟化反应,这两步反应都离不开维生素 C,否则不能进行(参见第四章第八节)。

维生素 C 是维持羟化酶活性所必需的。维生素 C 具有较强的还原作用,有利于维持酶作用所需的 $Fe^{2+}$, $Cu_1^+$,从而有利于这些羟化酶能更好地发挥作用。近年来发现维生素 C 还有激活无活性的羟化酶的作用。缺乏维生素 C,不能正常进行胶原合成,可出现皮肤结节、血管脆弱及伤口愈合缓慢等症状。

以上笔者罗列了维生素 C 的 20 个功能,然而,正如卡思卡特在一篇论文中指出的,维生素 C 可以说只有一个统一的功能,即作为还原剂提供电子的功能。[Robert F Cathcart. A unique function for ascorbate. Medical Hypotheses, 1991, 5(35): 32-37]

**总之,笔者认为维生素 C 是大自然的神奇造物之一。**

# 第二节　澄清所谓副作用

在许多人的眼中，维生素属于药物。因为：① 维生素通常被制成药片的形状并被纳入药物系列；② 名称与抗生素类似，极易混淆；③ 经常被告诫，多吃维生素有“副作用”；④ 维生素多为药厂生产。

**本书向你说明，维生素 C 不仅是营养问题，更是我们人类的先天遗传缺陷问题。维生素 C 不是饮食缺乏问题，而是遗传缺陷问题。**

近年来，由于越来越多的人认识到增加维生素 C 服用量的价值，因此，对长期服用维生素 C 有没有副作用十分关切。一些科普刊物常有些东摘西抄的报道，声言多吃维生素 C 有这样那样的副作用。

从鲍林倡导用维生素 C 防治感冒以来，至今已 40 余年，这些年来，大剂量服用维生素 C 有什么副作用，一直有人进行细心的研究和分析，从而使大量有关这些副作用的明显误解和错误不断得到澄清和更正。

（1）首先，维生素 C 没有已知的致命剂量。在几小时内口服量大到 200 g 也不会产生有害的结果。静脉注射 100 ～ 200 g 抗坏血酸盐也没有产生有害的结果。与此形成鲜明对照的是，被认为毒性最低的药物“阿司匹林”，对成人的致命剂量是 20 ～ 30 g。

长期大剂量服用维生素 C，尚无中毒的证据。一位在加利福尼亚州工作的化学家得知自己得了癌症并已转移后，他发现每天服用 130 g 维生素 C 可以控制疼痛，他服用这么大的剂量达 9 年之久，除了没有成功地根治癌症之外，他的健康状况相当不错，没有任何有害副作用的表现。

（2）维生素 C 有引起腹泻的作用。许多人都说，这是它的“副作用”。因为，一般说来，腹泻是不好的。通常，感染了某些细菌我们会拉肚子，比如痢疾、霍乱等。因此，一说腹泻，我们马上与生病联系起来。不过，如果你有过便秘的经历，吃过麻仁丸、酚酞这类泻药，或者因便秘灌过肠，你就会知道，有一类腹泻不是病。我们把生病性质的腹泻称为病理性腹泻，而把不是病的腹泻称为良性腹泻。

大剂量服用维生素 C 所产生的腹泻是一种良性腹泻，之所以会腹泻，一是因为维生素 C 会加快肠蠕动，二是因为它造成抗坏血酸在大肠中的高渗透压。

卡思卡特医生指出，由大剂量口服抗坏血酸引起的腹泻是因为抗坏血酸在大肠中的高渗透压造成的。由于渗透压增加，水分被吸收进直肠内腔，从而导致良性腹泻。对于中毒性疾病,抗坏血酸被所在组织迅速耗尽,从而导致从小肠迅速吸收抗坏血酸。没有到达直肠的抗坏血酸不会引起腹泻。所以,采用静脉注射抗坏血酸盐不会引起腹泻。事实上,还增加对口服抗血酸的肠道耐受量。这时,抗坏血酸在血液和直肠均体现高渗性,结果令抗坏血酸的渗透压在肠道内外壁趋于相等,所以不会腹泻。

卡思卡特指出,对某些病理性腹泻,抗坏血酸还可以止泻。在这种情况下,抗坏血酸消耗的增加大概是来源于肠道自由基。不过,对绝大多数中毒性疾病(感染性疾病),抗坏血酸消耗的增加不是由肠道引起的,而是整个身体的需求。

笔者的经验是,服用维生素 C 达到腹泻剂量,是治疗便秘,特别是顽固性便秘的绝好手段。笔者从高中时代就有便秘的经历,十分痛苦,经常引起便血、肛裂。在没有认识维生素 C 以前,一直有腹泻与便秘交替的现象,这一两个月溏便,下一两个月又便秘。甚至在补充维生素 C 但没有达到最佳剂量之前,仍然深受便秘困扰。有时候早晨忘记排便,中午就完全拉不出来,用过开塞露,效果也不佳。后来,我发现,只要每天的维生素 C 达到接近肠道耐受量,就不会出现便秘。现在,我的排便已非常正常。维生素 C 很奇妙,可以使大便松软。万一哪一天排便很困难,我会加大维生素 C 的剂量,直到腹压加大、腹泻为止。我的便秘好了,溏便也没有了。估计就是卡思卡特说的,“对某些病理性腹泻,抗坏血酸还可以止泻”。

用维生素 C 解决便秘问题比用其他药物好。本书已经介绍了维生素 C 的许多好处,用维生素 C 通便的同时,这些好处都会带来。

大剂量服用维生素 C 的通便作用其实具有排毒意义。但是笔者不主张“饥饿排毒法”,即连续几天不吃饭只吃大量维生素 C。笔者主张,对体弱者,如果你要尝试使用维生素 C,必须从小量开始。

如果已经出现腹泻,说明已经有“抗坏血酸效应”,可以减少用量。一般,只要用量减少,腹泻自会停止。善用此法,能解决严重便秘,而不必受灌肠之苦。值得注意的是,有些患者心情迫切,在已经出现腹泻的情况下,仍不减量,这样容易继续腹泻,出现脱水。当然,也不应该在出现腹泻以后完全不用维生素 C,而是应该逐渐减量,这就要自己不断总结经验。每个人的内环境都不一样,只能靠自己去把握。

大剂量口服维生素 C 达到一定数量时,肠内气体会增加,这是出现“维生素 C 效应”的征兆,也是有可能腹泻的先兆。

维生素 C 即抗坏血酸,起酸性作用,会不会引起胃溃疡?事实上,胃液含有强酸,而抗坏血酸只是一种弱酸,一般不会增加它的酸度。而阿司匹林等药物则会腐蚀胃壁,引起溃疡。如果大剂量服用维生素 C 感觉不适,或者如果担心维生素 C 的酸性,你可以使用抗坏血酸钠盐。只要适量使用,维生素 C 可以防止溃疡形成,并能治好溃疡。

（3）**一些报道称大剂量服用维生素 C 会引起肾结石、尿道结石，这是缺乏根据的**。在医学文献中没有报道过一个这样的病例，即一个人由于大剂量服用维生素 C 而形成肾结石。

美国 2004 年出版的《现代营养学》第 8 版说："补充维生素 C 者尿中的这些代谢物（指草酸和尿酸）通常都在正常范围内，而且，流行病学调查也不支持补充维生素 C 与肾结石之间的联系。"

克兰纳医生曾回应 FDA（美国食品与药品管理局）关于抗坏血酸钠盐过多可能有害的"警告"，他说：多年来我一直每天口服 10 ～ 20 g 抗坏血酸钠盐，我的血钠水平一直正常，这一点有正规的检验报告为据。尽管每天服用 20 g，但我的尿酸水平一直维持在 pH 略高于 6。

卡思卡特医生在长期的临床实践中应用大剂量维生素 C 治愈 3 万例以上病人，没有一例出现肾结石。

《大众医学》报道，上海有 14 例临床实验证明，每日口服维生素 C10 g，连服 3 年，未见一例出现肾结石。

（4）**关于维生素 C 会破坏食物中的维生素 $B_{12}$，可能导致恶性贫血的误传，是由一项错误研究的报道引起的**。1974 年，两名美国研究人员维克多·赫伯特和雅各布用了一种错误的实验方法，发现大剂量服用维生素 C 会破坏食物中的维生素 $B_{12}$。某些科学刊物和科普刊物立即将这一结果报道出去。

然而，1976 年，另一组研究人员用可靠的分析方法，推翻了赫伯特他们的错误结论。1979 年和 1980 年又有两个研究表明，维生素 C 破坏维生素 $B_{12}$ 的断言是错误的。

可是，科普读物已将 1974 年的错误报道传遍全球，而对纠正错误的事实却置若罔闻。

（5）**关于维生素 C 大剂量服用会导致流产的说法也是一个误传**。大量研究表明，大剂量服用维生素 C 对控制各种流产均有很大价值。

2005 年，墨西哥国家围产医学研究所的一项随机对照研究显示，补充维生素 C 有助于降低胎膜早破率，这是因为维生素 C 可以促进胶原的生成，在维持绒毛膜和羊膜的稳定中起重要作用。由于 40% 以上的早产由胎膜早破引起，因此，摄入足量维生素 C 可能是支撑妊娠至足月的一个有效方法。

现实的情况是，孕妇普遍缺乏维生素 C，这对孕妇和胎儿的健康均是不利的。从克兰纳医生的故事（参见第四章第二节），我们也可以看到维生素 C 对孕妇和胎儿的保护作用。

在关于"妊娠反应"一节（第二章第四节），笔者提出假设，缺乏维生素 C 是人类妊娠反应严重的根本原因,而妊娠反应是普罗菲所谓的"抗畸变机制",因此,补充维生素 C 可以防止生畸形儿。流产本身可能也是胚胎有畸变的反映,因此妇女在准备怀孕时就应该补充维生素 C,防止胚胎畸变,防止流产。

(6)**大剂量服用维生素 C 一段时间后,如果突然中断或恢复到很小的剂量,个体的免疫能力会减弱,这就是中断效应,也叫反弹效应**。为避免中断效应,服用大剂量维生素 C 的人如果决定恢复到小剂量时,最好在一周或两周之内慢慢减少,而不要突然减少。在身体已经处于适应大剂量维生素 C 时,体内生化内环境建立了平衡,突然停止当然会打破这个平衡。不过,中断效应对癌症病人可能是危险的,因此,如果这些患者大剂量服用维生素 C 已见效果,就不可停止服用,即使一天也不要停止。

(7)**所谓致突变,即所谓破坏 DNA,屡见于报端**。2001 年我国新闻媒体也有报道。如果真如此,吃进维生素 C 就有致癌作用,由此引起的恐慌可想而知。

2001 年 6 月,北京一些媒体转载了美国《科学》杂志援引美国宾夕法尼亚大学癌症药理学中心的一份研究报告,报告称:"维生素 C 能导致有害 DNA 复合物的产生,对染色体形成阻隔,这个过程可能诱发癌细胞的形成。"**1999 年《美国医学协会杂志》**刚为维生素 C 的所谓"致突变"平反,这个报告又用莫须有的"可能",欲将维生素 C 再次送进"牢房"。

本书第一章第七节介绍的,瑞欧丹医生的重大发现,就是使用大剂量高浓度维生素 C 可以解体癌细胞。笔者以为,会制造抗坏血酸的动物之所以少有恶性肿瘤,原因可能恰恰在于,体内应激制造的抗坏血酸可以直接进入血液,形成足以解体癌细胞的较高浓度。而所谓人体静脉滴注抗坏血酸,只不过就像恢复了人体应激制造抗坏血酸的功能而已。

维生素 C 可以令癌细胞解体这一科学发现就是对所谓维生素 C 破坏 DNA 的最好回答。

(8)**关于维生素 C 与肝素或华法林冲突的问题**。在维生素 C 片剂的说明书上均有服用肝素或华法林不能同时摄入维生素 C 的警告。肝素与华法林都是抗凝血的药物,常用于心脑血管疾病治疗,防止在血管中出现血栓。但它们都有严重的副作用。而维生素 C 本身就能防止血栓。维生素 C 能促进血液中血纤维蛋白溶酶原活化,从而化解血栓。如果与维生素 A 联合使用,则效果更为显著。此外,维生素 C 能促进前列腺素的生产,抑制其分解,从而减少血小板的凝结。而维生素 C 没有副作用。因此,用维生素 C 抗凝比用肝素和华法林优越。有的医生让病人长期吃华法林,不准吃维生素 C,结果,病人因缺乏维生素 C 而出现全身性紫癜,这是十分危险的。

(9)**有个别病人吃维生素 C 后有头痛和恶心、呕吐现象**。这往往由于身体虚弱所致,并非身体不需要维生素 C。就好比久渴或久饿的人不能一下喝太多或吃太多一样。这种人补充维生素 C 应从小量开始。

其他一些不良的作用或许归因于药片的添加剂、黏结剂、着色剂和调味剂,如果你因为服用维生素 C 而过敏,一方面可能是体弱、体虚,但也有可能是因为添加剂等带来的问题,可以直接服用粉剂(抗坏血酸钠)。

**(10)数年前,报端有"维生素 C+ 海鲜 = 砒霜"的报道**,现代传媒,特别是网络,一夜之间把它传遍了几乎每一个角落,且言之凿凿,似乎确有其事。笔者就此消息开展追踪求源调查,发现,原来竟是以讹传讹(参见第四章第七节)。

**(11)还有一种白癜风不能吃维生素 C 的传言,也是错误的**(参见第四章第八节)。

读者从前文所述维生素 C 与各种疾病的关系中,似乎会有维生素 C 是医治百病的万应良药之感。但如果你明白了"人类抗坏血酸遗传缺陷"是"人类第一病因",你就会知道,维生素 C 不是药,它是我们机体方方面面不可缺少的重要营养素,你将会同意下述论点:维生素 C 即使不是包治百病的万应良药,但缺少维生素 C,我们的机体将百病丛生。

1937 年度诺贝尔生理学医学奖得主、维生素 C 的发现者、维生素 C 之父圣捷尔吉在 1970 年曾说过:"我感到,维生素 C 从一开始就被医学界误导了。他们认为:如果你从食物中吃不到维生素 C,你就会患坏血病;但假如你没有坏血病,那你的身体就没有缺乏维生素 C 的问题。我认为这是大错特错。坏血病不是缺乏维生素 C 的最初征兆,而是临死前的综合症状。为达至理想的健康,你需要非常非常多的维生素 C。我自己现在每天补充 1 g,并不是说这就是真的最恰当的剂量,因为我们并不清楚何谓理想的健康,以及为达到理想健康你需要多少维生素 C。我可以告诉你的是,你可以服用任何剂量的维生素 C 而没有任何危险。"

圣捷尔吉在 84 岁以后每日补充 8 g 维生素 C。

其实,一些最权威的书籍和刊物已经对维生素 C 的所谓副作用进行了更正。

**《现代营养学》(*Present Knowledge in Nutrition*)第七版(1998 年)第 147 页:**

**"曾有人错误地将一些有害作用归因于服用抗坏血酸,尤其是在剂量大于 1 g 时。这些误解包括:低血糖、坏血病复发、不育症、致突变,以及破坏维生素 $B_{12}$。认为以克计的维生素 C 剂量会产生这些作用是错误的"。**

**《现代营养学》第八版(2004 年):"服用大剂量维生素 C 可能会导致反弹性坏血病、红细胞溶血和维生素 $B_{12}$ 缺乏的观点是经不住科学深入论证的。"**

**美国著名医学刊物《美国医学协会杂志》(*JAMA*)1999 年 4 月 21 日第 8 卷第 5 页几乎像在庄严宣布:**

"过去曾经错误地说维生素 C 有如下有害作用，包括：低血糖、坏血病反弹、不育、导致突变、消灭维生素 $B_{12}$。健康专业人士应该承认，维生素 C 没有这些有害作用。"这些话听起来像在为维生素 C 平反。

人类认识维生素 C 的曲折经历告诉我们，维生素 C 的副作用之所以被——否定，——被"平反"，原因在于，维生素 C 是一个遗传缺陷问题，补充维生素 C 是弥补遗传缺陷，而不是吃药。将维生素 C 作为药物去研究它的副作用，方向就错了，沿着错误的方向走，越走越远。

## 参考文献

[1] B A 鲍曼，R M 拉赛尔 . 现代营养学[M]. 荫士安，汪之顼，译 .8 版 . 北京：化学工业出版社，2004.

[2] Pauling L. How to live longer and feel better[M].Corvallis:OSU Press，2006.

[3] Ziegler E E. 现代营养学[M]. 闻芝梅，陈君石，译 .7 版 . 北京：人民卫生出版社，1998.

# 人类抗坏血酸遗传缺陷的其他佐证

在所有维生素中，有关维生素C的故事大大超过其他维生素。通过这些故事，我们可以进一步了解，人类抗坏血酸遗传缺陷对健康的深刻影响，以及人类认识真理的艰辛过程。

许多故事表面看，似乎只不过是所谓"逸闻"，但对"人类抗坏血酸遗传缺陷学说"来说，却是一个个佐证。

## 第一节　悲剧的背后

医学一直在创造奇迹，但也不时制造出悲剧。

1967年4月，一位48岁的美国妇女来到美国加利福尼亚州靠近旧金山的一个镇医院看病。她向医生诉苦说，这一年来，月经一直过多，而且已腹痛5个星期。

医生通过检查发现，她的腹部中等程度肿胀，除了面无血色外，并未发现皮肤表面有青瘀（紫癜），皮肤和黏膜也未发现有血管瘤。她曾怀孕两次，生育过两个孩子。在分娩和拔牙过程中并无异常出血现象，亲戚中也无人出现过异常出血。血液检查表明，患者的红细胞、白血胞和血小板数量都在正常范围。她唯一吃过的药是阿司匹林，因为她经常头痛。

检查还发现，这位妇女的子宫膨大。根据经验，这位医生怀疑她患有子宫内膜异位症，并认为没有理由怀疑腹腔内有血肿或血管瘤。但是，肿胀的腹部到底有什么，只有进行剖腹手术才能真正搞清。

几天后（4月26日），这位妇女被推进了手术室。打开腹部以后，医生惊奇地发现，她的腹腔内有大量未凝结的血液，探查结果表明，的确没有血肿和血管瘤，但怀疑有来自卵巢的出血。医生最后决定，将她的子宫、卵巢和阑尾全部摘除，因为从迹象看，它们或许就是导致出血的原因。手术中清除积血700 mL。

手术以后曾多次出现肿胀、打嗝、消化不良、抽搐性腹痛，且在出院后数月一直持续。

时隔不久，仅4个月后，这位妇女又回到了医院，原因和上次一样，还是腹痛、腹胀。这次，另一位医生通过X线检查，断定她有一段小肠梗阻。她的腹腔又被打开。医生的判断是正确的，她的小肠有一小段发生了纽结。手术切除了发生纤维粘连的部分，小肠梗阻得以纠正。这位医生在手术中注意到腹腔中有的地方渗血，于是，他清除了渗血，并进行了电灼止血。这次手术比第一次小，术后大致平安无事。

不过，好景不长。1年零1个月后（1968年9月），这位病人又因同样的症状第三次住进了这家医院。第三位医生将一根诊断用针，刺入她的腹部，腹腔又发现积血。她再次被置于手术刀下。剖腹检查发现，她的腹腔充满了未凝结的血液，肝脏表面发现大面积囊肿，部分充满血液，部分充满积液。医生共清除陈血3 000 mL（要知道，人体以60 kg计平均只有4 500 mL血液），并输入大量新鲜血液。同时，细心切除囊肿，使肝脏表面消除了肿胀。手术过程中未发现出血现象，术后也大致平安。

仅仅过了两个多月，1968年11月和1969年1月，她又连续两次遭受同样的折磨，并且再度住院。为了查明真正的病因，医生又对她进行了一连串的检测。然而结果是全部正常。于是，病人被转送到某大学医院。尽管仍得不到明确的诊断，但这家医院的医生还是决定对她进行第四次手术治疗。在清除腹内大量陈血（2 500 mL）的同时，医生发现她的脾脏布满了肿胀的微血管，这次连脾脏也切除了。接着，所有当时能想到的血液功能检测又做一遍，甚至做了骨髓检测。然而，全部检测的结果均在正常范围，只能让她出院回家了。带着无奈与迷茫，医生们目送这位可怜的妇女离开医院。

第四次手术后还没过多久，1969年5月，这位妇女又因同样的病情住院。尽管怀疑她的胰脏已有损伤，但医生仍把她的病定性为无规律腹膜出血。医生似乎已经麻木，依旧是切开腹部，清除积血（1 000 mL）。手术中没有出血现象，术后也大致正常。

1970 年 6 月，还是一模一样的原因，进行了第六次类似的手术。尽管原因不明，但为了解除病人的痛苦，开腹清血（4 500 mL）似乎是唯一的选择。能维持多久呢？医生们等待着。

1971 年 3 月，她再次因为更严重的痛苦回到了医院。一位称职的精神病学家对她进行了彻底的心理调查，一方面对她进行安慰和疏导，同时也证明，她之所以回来，不是因为精神有问题或有自虐倾向。

这回，医院里没有一个医生敢冒险对她进行第七次探索性手术了。然而这位可怜的妇女被疾病折磨，请求帮助。计算一下吧，在四年之间，这位妇女在六次手术中已被切除了子宫、卵巢、阑尾、脾脏和部分小肠！如果胰脏可以摘除，而不影响生存，恐怕胰脏也没有了。

就在这时，在一个非常偶然的情况下，这几个医生有一天在一起吃饭，边吃边讨论起这个奇怪的病例。他们谈到：腹膜出血的后果通常都是致命的，只有极少数可以通过外科手术逆转。而像这位妇女这样反复地无规律地出血，实在是极为罕见的，能通过医疗手段逆转吗？这时，恰巧有一位营养专家从旁听到了他们的议论，专家心中马上升起一种预感，他立刻到病房看了看这位妇女，并向她提出一个极其简单的问题："你平常吃不吃新鲜的水果和蔬菜？"得到的答案令人吃惊，她几乎从来不吃这些东西。

营养专家把这个情况告诉了她的医生，医生也同样感到吃惊。因为医生知道，一个人如果不吃水果蔬菜，身体就会缺乏一种所谓维生素 C 的物质。而缺乏维生素 C，毛细血管就容易破裂出血。

于是，医生开始对这种莫明其妙的病进行营养方面的血液分析。检测的结果恰如所料，她的血液中几乎没有维生素 C（0.06 mg/100 mL，正常范围为 0.2 ～ 2.0 mg/100 mL）。

病因终于查明，处方也十分简单，每天 1 000 mg 维生素 C，坚持一直服下去。

以后的几年一切都正常。直到 5 年后，1976 年的某一天，她又因同样的症状再次出现在医院。那天，值班医生看了她的病例后，问她是否忠实地坚持服用维生素 C。这位妇女不好意思地承认，她以为自己已经好了，不用再吃"药"了，所以有段时间没这样做了。她的血液再次被检测出"几乎没有任何维生素 C"。

这一次医生向她解释了积极服用维生素 C 的必要性，它是生命攸关的事！服用它，你就能活！不服用它，你不久就会死！最终，她成了一名维生素 C 的忠实"信徒"。此后，医生们再也没有见她犯过老毛病。

后来，这家医院的两位医生把这件事写成医学报告，该报告刊登在 1977 年 3 月 28 日美国最著名的医学刊物《美国医学协会杂志》（*JAMA*）上。

如果当初医生有基本的营养学修养，在上述那位妇女第一次看病时就询问她的饮食，然后指示她服用足量的维生素C，那该节省多少时间，省去多少痛苦，减少多少不必要的开支。一个人被切除了那么多重要的内脏器官，身体已经严重残缺不全。而造成这一结果的原因竟如此简单，仅仅因为缺乏维生素C。只要每月花几个钱买些维生素C，就能防止这一切悲剧的发生。

这一病例最终被确定为慢性坏血病，又称亚临床坏血病。这不正是欧文·斯通发现的人类普遍存在的低抗坏血酸症吗？虽然事情已经过去三十多年了，但笔者认为，这个典型病例永远不应忘记。

这一病例再次证明，人类与生俱来存在重要的遗传缺陷——体内不能制造维生素C。如果该女士体内可以应需制造大量的维生素C，脆弱的血管就会得到修复和加强，她就不会反复地腹膜出血，也不会白白损失多个器官。

维生素C缺乏还会影响平滑肌的健康，所以，该女士出现小肠梗阻也不奇怪。

同时，笔者推测，这位妇女可能也是铁过剩的受害者。她不吃水果蔬菜，那估计就会爱吃肉类。她的血液检查一切都正常，说明她并不贫血。她月经过多，且内出血如此严重而并不贫血，或许说明，她的内出血是在排铁。在第一次手术切除子宫以后，通过月经出血的渠道被封闭了，她的内出血似乎更严重了，三次清除淤血的量都超过第一次（参阅第二章第四节“限铁机制及其强化”）。

面对任何出血性疾病，笔者首先想到的是，是不是缺乏维生素C？其次想到的是，有没有铁过剩的可能？

笔者认为，这一医学悲剧是“人类第一病因”危害的生动写照，如果医学不能吸取这一典型病例的教训，那么，类似的医学悲剧必将不断重演。

以笔者的观点看，**不能诊断出“第一病因”本身，就是医学最大的误诊。**

在美国，20世纪70年代，医院医保可以检测人体维生素C的水平，但医生一开始完全想不到出血与维生素C缺乏相关。这再次证明了美国营养学界权威柯林·坎贝尔的名言：“**医生不是缺乏营养训练，而是完全没有。**”（《救命饮食》P309）

在中国，你几乎找不到可以检测体内各种维生素的医院或机构。由此可见，维生素被忽视被轻视到何种地步。

在维生素概念已诞生100多年的今天，我呼吁，投一点资金给医院或相关机构，设立检测各种维生素的项目！

## 第二节　探索用大剂量维生素 C 治疗疾病的先驱

——克兰纳医生的故事

美国北卡罗来纳州的里兹维尔，在 1940 年末的某一天，克兰纳（Klenner FR）医生正坐在他的办公室里。这时，突然闯进一个男子，气喘吁吁地向博士哀叫：“我快死了！我快死了！”原来，就在 10 分钟之前，此人刚被什么毒虫蜇了一口，胸部痛得透不过气来。医生推测，可能是一只黑蜘蛛咬伤的，于是，立即给这个汉子注射了一针葡萄糖醛酸钙，这是一种解毒药。但针剂未发生任何效果，患者由于缺氧而皮肤变得铁青。医生目睹患者渐渐昏死过去。

克兰纳接着又拿起针筒抽了 50 000 mg（50 g）维生素 C（抗坏血酸钠），从患者的手臂进行静脉注射，未等拔出针头，医生便眼看着患者的呼吸开始变得轻松起来。几分钟之后，致命的毒素便得以清除，患者竟然可以自己走动，想要告辞了。克兰纳后来追述：“若不是这针维生素 C，这个人也许早就因休克和窒息而一命呜呼了。”

克兰纳医生发现，静脉注射抗坏血酸钠可以解一氧化碳中毒、巴比妥类药物中毒、毒蛇及其他毒虫蜇咬的中毒。

克兰纳之所以对维生素 C 产生浓厚的兴趣，在于他观察到，凡感染了疾病的人，其血液或尿液中几乎测不出维生素 C 存在，甚至给这类病人服下当时认为数量已相当可观的维生素 C 之后，在病人体内依然找不到它的踪迹。克兰纳从这些观察中得到一个重要的结论：起码暂时可以用维生素 C 来抗感染。当然，从这一结论很自然会引出另一推论：倘若大大增加维生素 C 的量，就可能有助于病人战胜疾病。

这一设想触发了克兰纳的巨大热情，于是他开始用大剂量维生素 C 治疗大脑炎、脑膜炎、脊髓灰质炎、病毒性肺炎、破伤风以及其他炎症。他通常的给药方式是连续静脉大量注射维生素 C（抗坏血酸 2 000 ～ 4 000 mg），再加上 1 g 葡萄糖醛酸钙。不久，克兰纳取得了可喜的成果。

他曾给一位得了肺炎的妇女注射过 140 000 mg（140 g）维生素 C，72 小时后病人完全康复。他给烧伤病人使用大剂量维生素 C，方法是以 3% 抗坏血酸溶液喷敷病人皮肤的灼伤面，伤势愈合得非常令人满意。

据克兰纳博士称，给糖尿病患者注射维生素 C 可以增强胰岛素的利用效率。

配给孕妇,则可保持血红蛋白的正常水平,从而大大减轻孕妇的腿部浮肿,同时可增强肌肉与皮肤的弹性,以承受不断膨胀的子宫压力。这样,可以缩短分娩时间,使婴儿顺利降生。经过克兰纳诊视、摄入维生素 C 的 300 名孕妇中,未见一例发生产后出血或需用导尿管排尿者。克兰纳认为,怀孕期如果缺少适量的维生素 C,孕妇容易出现不良状况。1973 年 10 月,英国医学杂志《柳叶刀》刊载的一篇研究论文认为:所有孕妇每天至少应服维生素 C 500 mg。

克兰纳医生自 20 世纪 40 年代末实际上完全铲除了婴儿死亡(包括婴儿猝死),在他的监管下,数以百计的新生儿没有一例死亡。他要求每位母亲在孕期和哺乳期每天分数次服用 5 ～ 15 g 抗坏血酸(维生素 C),且要求母亲自己哺乳婴儿,甚至在分娩后婴儿尚未擦洗即开始母乳喂养,因为他认为,新生儿将从母亲的初乳受益,也从与母亲的结合受益。

这样做的结果是,母婴状态好得无与伦比,大大减少了分娩缺陷(birth defect)的严重程度。

经克兰纳诊治的最令人惊异的一个病例是一个患有脊髓灰质炎的 18 个月婴儿。当绝望的母亲抱着孩子去见克兰纳医生时,孩子几经抽搐后已经瘫痪,浑身发紫,僵硬而且变凉了。医生实际上连脉搏和心跳也未摸着,但孩子肯定仍然活着,因为医生拿过一面镜子对着孩子的嘴,立刻观察到镜子上的湿气。

克兰纳立即给孩子注射了 6 000 mg 的维生素 C。对于一个刚满一岁半的婴孩来说,这一剂量确实大得惊人,但孩子不久便有了动静。4 小时后,孩子开始活动,脸上甚至出现了笑容,右手抓住了奶瓶,但他的左侧依旧瘫痪着。克兰纳医生决定进行第二次注射。不久全部瘫痪症状消失了,孩子可用双手捧着奶瓶,快活地笑出声来。

另一个典型病例是一个感染脊髓灰质炎的 5 岁女孩。这个女孩双腿麻痹已超过 4 天,右腿已完全无力,左腿也被确定 85% 疲软。4 位医生均诊断其为脊髓灰质炎。经过 4 天注射维生素 C,孩子的双腿恢复运动,但非常缓慢,并不自由。克兰纳注意到,在第一次注射维生素 C 后,孩子就有"明确反应"。孩子 4 天后出院,继续每两小时口服维生素 C 1000 mg 加果汁,连续 7 天。在治疗 11 天后,孩子已能四处走动,虽然缓慢。治疗 19 天后,"感觉和运动功能完全恢复",没有留下任何后遗症。

1948—1949 年,在美国脊髓灰质炎流行期间,克兰纳医生用大剂量抗坏血酸疗法成功治愈大量脊髓灰质炎患者。

1949 年 7 月,美国《南方医疗与外科杂志》报道,克兰纳医生用大剂量抗坏血酸疗法治好 60 例脊髓灰质炎病例。所有病人都在 3 天之内(72 小时)痊愈,没有一个瘫痪。

在1950年的一封信中克兰纳写道："自上次通信以来，我又看了4例脊髓灰质炎。均已完全康复。3例属于急性发热期，每一例均按每千克体重65 mg，每2～4小时注射一次，48小时内均自然恢复。"

维生素C专家Levy评论：**"在尚未普遍使用抗生素或接种疫苗之前，能获得如此美满的结果，人们可能会问，为什么克兰纳没有荣获诺贝尔医学奖。"**

克兰纳医生的成就是在此前治疗肺炎的基础上实现的，克兰纳医生曾报告，1943—1948年，他使用大剂量维生素C成功治疗41例以上病毒性肺炎。

克兰纳医生曾在一医学杂志上写道："我曾经看到，儿童进医院门诊后不到两个小时即死亡，期间未接受任何治疗。原因很简单，主治医生对他们的疾病无动于衷。只消在等待检查和化验结果时注射数克抗坏血酸（维生素C）即可救他们一命。我之所以这样说是因为我也曾碰到同样的情况，只因我的常规是边检查边注射抗坏血酸，结果死神下岗了。"

克兰纳医生所发现的、对维生素C反应敏感的疾病或病痛，并非都属于严重的罕见病例，就是对常见的小毛小病，这种维生素也有良效。他发现，司空见惯的感冒，也同其他感染性疾病一样，都会大大消耗人体内的这种维生素，或者换一种说法，免疫系统在杀灭感冒病毒的时候，似乎要消耗大量维生素C。因此，克兰纳医生建议，经常口服维生素C来预防感冒，当发现有感冒初起征兆时，则应增大剂量。

克兰纳医生1983年曾自信地说："我已经治好了，请听清楚，治——好——了——非常多的感染病例，恐怕比任何一位美国医生治愈的都要多。我不是自夸，在这个社区，我已治好了成千上万的人。

在我诊治和治愈的许多病例中，我常常给病人口服维生素C，同时又注射维生素C，从来不单独用一种形式。最重要的是身体组织是否彻底充满维生素C。

多年行医教会了我一件事：缺乏这种维生素就容易感染。

记得1948—1950年美国儿童受到脊髓灰质炎的严重袭击吗？结果，许多孩子必须穿上钢制背心，以便更好地呼吸。无数的人永远瘸了，不得不在沉重的金属支柱帮助下行走，而每向前走一步，身上都会叮咚作响。那时，我治好了成百上千例脊髓灰质炎小患者。我第一天每隔6小时给他们注射2 000 mg维生素C，接下来的两天每隔6小时小量注射一次。这些患者在3～5天之内全都顺利康复了。"

以下列举克兰纳医生在半个世纪以上的行医生涯中用维生素C治愈的许多不同的疾病：过敏（食物和环境）、强直性脊柱炎、哮喘、烧伤、癌症、口角疮、水痘、花粉病、肝炎、流行性感冒、麻疹、单核白细胞增多症、流行性腮腺炎、脊髓灰质炎、败血症（化脓性及医源性血液感染）、带状疱疹、破伤风、病毒性肺炎。

维生素C的这些惊人功效，已由克兰纳医生撰文登载在20世纪50年代初期的《实用营养学杂志》和《南方医药和外科》上。从那以后，克兰纳成了里兹维尔医院的首席医生。尽管如此，他的事迹在医学界仍然默默无闻。

克兰纳医生生于1907年，去世于1984年5月。一直到这年的2月他每天还诊治30～40个病人。他因终年辛劳而患心脏病去世。

克兰纳医生的事迹早于欧文·斯通博士的发现。因此，他当时用大剂量维生素C预防感冒和治疗疾病，只是一种经验，而他的经验归结到一点就是，一个人生病时特别需要维生素C。而一个人生病时之所以特别需要维生素C，恰恰在于人类的通病——“人类抗坏血酸遗传缺陷”或“第一遗传病”。

**两种看病思路**　克兰纳医生对儿童进医院看病，在等待检查和化验结果时即注射数克抗坏血酸（维生素C），这种做法与现在通行的先检查后治疗的做法体现了两种看病的思路。对于急性感染性疾病，包括感冒，特别是儿童，这种做法极其必要，等于救他们一命，减少可能发生的死亡，建议列为医学常规。由此我们也可以引申，如果我们自己，我们的孩子得了急性感染性疾病，包括感冒，在发现之初，在未去医院之前，立即服用大剂量维生素C，很可能救孩子一命。

**大剂量维生素C应列入急救药物**　从克兰纳医生的事迹我们应该得到启发，在感染性疾病的抢救中，在中毒的抢救中，应在第一时间大剂量使用维生素C。对如此凶险的疾病，如大脑炎、脑膜炎、脊髓灰质炎、病毒性肺炎、破伤风、败血症、流行性感冒，大剂量维生素C都有如此惊人的疗效，我们有什么理由不采用？况且维生素C又如此便宜。记得在SARS期间，经过其他各种手段抢救的患者，有的死亡，有的死里逃生，但活下来的绝大多数也都留下了后遗症。这与克兰纳医生和卡思卡特医生（参见第一章第五节）的大剂量维生素C疗法，形成鲜明的对照。

本章第四节艾兰·斯密斯的故事，也是一个鲜明的对照。

如果说1885年巴斯德用狂犬疫苗治愈一个9岁男孩的狂犬病是一项伟大的临床试验，那么，克兰纳医生、卡思卡特医生的大量医疗实践，也可以说是伟大的临床试验。为什么自巴斯德以后，人们普遍采用疫苗技术对付狂犬病，因为，巴斯德虽然没有做双盲对照试验，但治愈与治不愈就是鲜明的对照。医学在对疾病的治疗中曾经一直采用这种简单的对照（生死对照），我们没有理由说这种对照不科学。

从克兰纳医生的事迹，从卡思卡特医生的成就，从艾兰·史密斯的故事（见第四节），笔者有充分的理由说：**维生素C是感染性疾病的克星。**

## 第三节 用大剂量维生素C降伏克山病

——王世臣医生的创举

1935年冬季,在我国黑龙江省克山县的某些农村中,发现一种原因不明的怪病,患者人数很多,发病急骤,死亡率甚高。当时由于原因不明,就用当地的地名将其命名为克山病。

这种病是一种以心肌病变为主要表现形式的地方病,因此也被称为“地方性慢性心肌损害”。此病多发于我国北方某些地区,比如东北和西北,而且冬季发病率较高,常见一家人一起发病。

克山病的病因至今尚未明确,20世纪60年代中期在东北的调查研究认为,慢性一氧化碳中毒可能和克山病有关。但根据在陕西地区的调查,又不能支持这种说法。教科书中认为:“寒冷、营养不良、精神刺激、过劳或分娩等,均可诱发此病的急性发作。”

该病主要侵犯的人群为生育期的妇女和断乳后至学龄前的儿童。

1973年我国学者首先提出克山病与硒(Se)营养状态关系的报告,该报告称,经过在东北、西北和西南等地区的许多研究,可以肯定,克山病与硒缺乏有非常密切的关系。同时也证明,硒也是一种人类必需的微量营养素。

固然,硒缺乏与克山病有非常密切的关系,但通过以下故事,我们可能会发现,克山病与维生素C缺乏的关系可能更密切。

如前所述,克山病急性发作时死亡率很高,甚至一家一户,一个村庄,在发病季节全部死绝。一般多采用所谓“强心加压”药物治疗,这是20世纪50年代末国内外文献资料所推崇的一种急救手段,医生们也都习以为常,认为无可非议。然而实际应用后疗效却极差,几乎是治一例死一例。而面对来势迅猛的一批一批死亡,医务人员却一筹莫展。

1958年,我国西安医科大学克山病研究室王世臣教授被派到陕西黄龙山区,对克山病进行调查研究和防治。面对严重的死亡威胁,尽管医生们费尽心机,却仍跳不出旧框框,不能从根本上扭转治疗上的败局。这时,王世臣教授对旧日的治疗方法产生了怀疑。

从屡次的失败中王教授认识到,“强心加压”疗法的弊端在于:它是在增加心脏负荷的情况下,妄图提高心脏功能。而对克山病这样一颗“已经破碎的心”来说，犹如“疲马加鞭”，不仅达不到提高心脏功能的目的，而且因为心脏工作量的增加，特别是心肌耗氧量的增加，有可能导致小病灶融合成片，促使心源性休克恶化。

王世臣医生认为，要扭转治疗上的败局，需要对克山病重新认识。王世臣再次深入地对比分析克山病的有关资料，并与同事广泛地展开争论与探讨。在争论中，多数人的视线都盯在坏死的心肌上，认为“这是病之所在，治病，就是要治好这些坏死的心肌”。也有人认为“死了不能复生，对病灶累累的克山病心脏，医生无能为力”。

争论对王世臣很有启迪，他想，既然死的细胞不能复生，为什么不去发挥未坏死心肌的代偿作用呢？这种从“治坏死”到“治好肉”的观点转化，使王世臣从误区中走了出来，进入了一个新的境界。

在他看来，心肌内广泛而严重且不可逆转的小灶性坏死虽然是决定休克发生发展的重要因素，却不是唯一的因素。不能仅看到不利的一面，还应该看到有利的一面，也就是在坏死心肌以外还有正常心肌和可逆的受损心肌，而就整个身体来说，仍存在着代偿机制。因此，王世臣把重点放在提高有利的一面上，也就是放在“治好肉”上，从而形成了以改善心肌及全身代谢为主的新的治疗原则。

新的治疗原则诞生后，伴随而来的新问题就是用什么手段和方法去达到这个目标。王世臣曾单用或配伍使用过肾上腺皮质激素、高强（张）葡萄糖静脉注射，中药（如生脉散、四逆汤、独参汤）等，但均未能达到降低克山病病死率的目的。

王世臣这时想到了维生素C，认为它对机体新陈代谢具有多方面的影响，并具有抗感染及解毒作用。结合过去治疗传染性肝炎的经验，王世臣决定将维生素C为新治疗方法的主攻手，以大剂量直接静脉注射。早年，也有人给克山病人应用维生素C，每日达300～500 mg，在当时看已是颇大的剂量，但并未奏效。而王世臣在抢救克山病人休克时，第一次用量达5～10 g，以后每隔2～4小时重复一次。第一天用量可达30 g以上，休克缓解后，每日注射5 g，持续3～5日。实践证明，血浆中维生素C浓度最低应维持在10 mg%以上，方能取得满意的治疗效果。

在王世臣所诊治的200余例病人中，只用大量维生素C就缓解了休克。王世臣认为，针对这种单纯的克山病休克，没有必要无目的地滥用多种药物。他曾见过，在一两个小时的抢救过程中，对一个病人用药竟达15种之多，且反复应用，最后仍难免死亡。

王世臣的实践始于1960年3月10日，治疗效果极为满意。在211例克山病心源性休克的抢救中，休克缓解率达到90%以上。

当时全国各地相继应用王世臣创造的疗法，均取得相同的疗效。多年来所谓的“不治之症”得到有效的控制。在1964年全国地方病会议上，王世臣和他所创立的大剂量维生素疗法被誉为“克山病治疗史上划时代的里程碑”。40多年来，这一疗法已为全国各病区所采用，对控制克山病急性发作和降低病死率发挥了巨大的作用。

然而在此之后不久，王世臣竟遭到别有用心者的诬陷、打击与迫害，受到极不公平的待遇。直到1978年十一届三中全会后方得澄清是非，还其公道，并破格晋升为正教授。

**笔者注意到，在现有的有关克山病的综合论著中，没有一条与维生素C有关的信息，王世臣医生的事迹几乎完全被遗忘。从王世臣医生的医疗实践可以明显看出，在救治克山病病人时，维生素C有无可替代的作用。这说明，克山病的病根可能就是维生素C缺乏，王世臣医生的事迹可能成为人类第一病因学说的一个佐证，尽管现有文献认为，克山病的病因不明。**

# 第四节　一个新西兰人起死回生的故事

最近,新西兰出了一档引人注目的视频节目,这个视频是新西兰某知名电视台2010年10月的60分钟时事。它讲述了静脉注射大剂量维生素C,令一位新西兰人起死回生的故事。

2009年7月1日,一位56岁的男子(艾伦·史密斯)被送进奥克兰某医院重症监护室(ICU),经检测诊断,患者在海外旅游时感染了H1N1型猪流感病毒,且X线检查发现肺部已经感染严重肺炎,这意味着肺部已经没有气室。

经过20天"体外膜肺氧合技术(ECMO)救治,以及其他重症监护措施的实施,患者却昏迷而失去知觉和应答。

医院的记录是这样写的:"7月20日,医院ICU小组召集家属开会商议,医生告诉家属,自从使用上了ECMO,患者的肺部情况一直没有改善,仍然是全白一片。他被诊断为白血病。他所以感染如此严重,可能也因为白血病。他已无力与感染抗争。如果我们一早知道病人有白血病,那可能就不会上ECMO。患者的白血病类型属于可以治疗的,如果不合并其他疾病的话。不过,因为他已经肺炎、肺衰竭,因此不可能生还。"

7月21日,医院再次召集家属开会商议,会议记录说:"医生告诉家属,我们全体ICU成员再次会诊,我们一致认同,病人已经无药可救。一般,如有好转应在两周之内,在三周以后仍能好转的极为罕见(病人当时已过了三周)。如果病人的情况仍无好转,我们打算明天撤除ECMO。同时,假如家属坚信维生素C,我们打算明后两天给予。"

从视频的画面我们可以看到,在重症监护室,病人处于昏迷状态,身上插了许多管子。以上医生的记录简言之就是患者没救了,你们家属看是不是可以拔管子,准备后事了。

然而,家属不认同医院"病人已经没救"的判断,不同意放弃,不同意撤除ECMO。家属认为,院方并未用尽一切办法,并询问有否尝试过大剂量静脉注射维生素C。院方回答没有,但认为维生素C不会有什么作用。然而家属坚持使用大剂量维生素C静脉注射。在新西兰,按照1997年颁布的条例(*New Zealand Health and Disability Act*),家属有权提出这种要求。院方在21日会议记录中说:"假如家属坚信维生素C,我们打算明后两天给予。"

在使用维生素 C 方面，家属咨询了美国维生素 C 专家托马斯·莱维。

7 月 21 日晚病人开始接受静脉注射维生素 C（抗坏血酸钠），一直到 29 日。第一天 25 g；第二天 50 g，分 2 次；第三天 75 g，分 3 次。从第四天开始每天 100 g，分 2 次，连续 6 天。7 月 24 日即第四天，X 射线检查发现病人肺功能增强，可以自主呼吸了。于是，26 日停止了输氧。

奇迹终于发生了，病人日复一日好转。不过，好景不长。由于医生的更换以及转院，主管医生未经与家属商议，违背家属的意愿，一个接一个擅自停止或减少静脉注射维生素 C。后果是病人病情恶化。这引发家属请来律师与医院一次又一次抗争。后来，有一个医生虽然恢复了注射，但剂量大大减少，只有一天 2 g，还分 2 次进行。

当病人恢复意识以后，他自己开始每天服用 6 g 维生素 C，这以后，他迅速康复。

9 月 18 日，病人出院，回家继续康复。很快，他又可以劳作了，包括：开小型飞机，在辽阔的农场上空盘旋巡视；驾驶游艇，在碧波荡漾的海上畅游。

这档 60 分钟时事节目播出后，在新西兰引起一场轰动，并且超越国境，成为全世界热议的话题。有评论认为，患者艾伦·史密斯的起死回生是新西兰医学发展史上最不寻常、最富争议的一件大事。

所谓争议是指，面对如此明显的事实，面对“活证据”，那家医院的医生仍然认为，不是维生素 C 起了作用。于是家属问医生：你认为是什么起了作用？医生答：最大的不同是，我们给他翻了个身。家属问：你们为什么不早给他翻个身？医生无言以对。几家医院都拒绝电视台采访。

面对记者采访，新西兰卫生部首席顾问、某资深 ICU 专家也不认为是维生素 C 起了作用。他辩解称：在艾伦·史密斯行将就木期间，在接受大剂量静脉滴注维生素 C 的同时，还有其他事情发生，它同样能解释发生的事情，比如一辆公交车驶过。笔者认为，这与前面那个医生用“翻了个身”解释，如出一辙，完全是不合逻辑的诡辩。如果在艾伦体内会发生其他事情令他好转，那么不用维生素 C 他就应该好转。可医院此前却断定他必死无疑。

新西兰卫生法律专家陈梅（音译）为许多家庭做咨询和代理，这些人家都是在医院碰了壁的。她说：“现实情况是，大剂量静脉滴注维生素 C 疗法已经在最近 10 年被很多专家使用，而且被发现是有效的。我们谈的不是随随便便拿两把草吃吃，或者用蚂蟥吸吸血，或者放放血，或者搞搞巫术，我们谈的是一种真实的疗法，一种很有渊源的疗法。”

那位首席顾问在采访中多次声称，没有证据表明维生素有作用，而且说，这是“根据对过往文献的严格判读”。

为艾伦·史密斯出主意的托马斯·莱维,在事件发生后曾去新西兰演讲,紧接着又写了一本书《万应灵丹》,书中列举了超过 1 200 份的过往文献,都是说明维生素 C 有治疗功效的。难怪连记者都向那位首席顾问转达:“正统医学的医生需要学习更多的东西。”

家属认为,如果医院遵守协议,一直使用大剂量维生素 C,病人可能更早康复出院。笔者则认为,如果病人一入院即静脉注射大剂量维生素 C,他可能康复得更快,绝不会经历住院 80 天的生死大逆转,也许只要 8 天甚至更短的时间即可完全康复。笔者由此更想到,非典病人如果采用此法,岂不快哉!

用大剂量维生素 C 成功抢救病危患者,本身是一项创举,堪比用奎宁治愈疟疾,用接种疫苗治愈狂犬病,用盘尼西林(青霉素)治愈败血症。对待这类创举,客观存在一种对照,这就是治愈与治不愈的对照、生与死的对照。在用大剂量维生素 C 救治危重病人方面,已有许多生与死的对照。这次新西兰事件中的艾伦·史密斯被媒体称为“活证据(living proof)”。**笔者认为,采信或者不采信这种证据和对照,是对待生命的态度问题,是有没有良知的问题。态度冷漠或良知泯灭,结果将是延误时机,令本来鲜活的生命无谓死亡**。

按照欧文·斯通、克兰纳和卡思卡特的见解,用大剂量抗坏血酸治疗严重病毒性感染已经成熟,任何病毒性感染都可以迅速而有效地消除,方法已非常明确,病毒性疾病的威胁可以被彻底击溃。

用大剂量维生素 C 救治病人是一项创举,前有克兰纳医生的经验为开端,后有卡思卡特医生的维生素 C 肠道耐受量实验为依据,更有抗坏血酸遗传缺陷学说为理论基础,因此,采用大剂量维生素 C 救治病人是有理有据的,而成功事例本身就是生死对照的证据。对待创举的态度首先是不能排斥,如果有道理则应该立即学习并模仿。具体实施则先要学习,并在实践中不断积累经验。

20 年来,一些国家在主流医学之外已经出现一些民营诊所,采用大剂量维生素 C 救治感染性疾病以及癌症,均取得良好成效。这个动向值得我们密切关注。

美国心脏病医生、维生素 C 专家 Thomas E. Levy 对这一事件评论道:

“难以置信,医生对‘**无救可药**’的患者要拔去插管,目送他死亡,而他们却拒绝使用一种有大量文献支持的简单方法救他一命。更加难以置信的是,亲眼看到这个他们所谓‘10 亿分之一’的奇迹,全体医生却始终排斥这个有效疗法,而没有丝毫的好奇心和探索精神。”

医生之所以拒绝维生素 C 是基于他们的错误信念——没有研究证实。其实,60 多年来,大量文献和经过同行评审的研究成果均表明,维生素 C 有广泛的疗效和无可比拟的安全性。”

笔者认为，维生素 C 的疗效可能令传统的医生不服气。因为，他们念了那么多书，做了那么多实验，学习了那么多医疗仪器的使用，拍片分析，化验分析，用尽所学，不可谓没有下功夫；可这位维生素 C 专家没有做他们所做的一切，只是这么简单地指导他们静脉输入大剂量维生素 C，就让这个濒临死亡的患者起死回生！假如我是这样的医生，我的心中也不平衡。话说回来，不平衡归不平衡，多一点好奇心，多一份虚心好学，多一份反思，总是可以做的吧！

这里还牵涉到现代医学的误区，即可谓“市场医学”的问题。（略）

※2012 年 8 月，我和儿子亚宁翻译了新西兰的视频节目，并配上中文字幕。点击以下链接即可观看：活证据（上）http：//my.tv.sohu.com/u/vw/31059767

活证据（下）http：//my.tv.sohu.com/u/vw/31059859

或在网络中搜索“活证据”，也可找到。

# 第五节 诺曼·卡森斯的故事

诺曼·卡森斯(Norman Cousins),1915年6月24日生于美国新泽西,1933年毕业于哥伦比亚大学师范学院。在读大学期间,他热爱体育,是优秀运动员;热衷写作,是学生中出色的笔杆子。毕业后,他很快成为《纽约晚报》和《当代历史》的撰稿人和编辑。

1940年,他成为美国一份小报《星期六评论》的编辑,两年后升为该报主编,年仅27岁。在他任内,《星期六评论》大展宏图,从一份不起眼的文艺小报,一举成为每周一期发行量超过60万份的思想评论周刊。他关注世界和平、人类命运,写了数百篇评述和社论,十几本专著。20世纪50年代,诺曼·卡森斯更成为美国新闻界的巨人。他一生曾获上百种奖励,最高荣誉是获得联合国和平奖(1971年)。

20世纪60年代中期,诺曼·卡森斯得了场重病——"强直性脊柱炎"。在医学上,这种病属于自身免疫性疾病,没有有效的治疗手段。患者经常全身关节疼痛,严重时会全身瘫痪。诺曼·卡森斯的情况就是这样。他住进医院后,医生宣布,他可能只能活几个月,康复的可能性只有1/500。

诺曼·卡森斯在全身瘫痪的情况下,想起有关维生素C的新知识。他自己要求出院,住进了附近的旅馆,并说服自己的私人医生给他**注射大剂量维生素C**,每天的用量达35 g。同时,诺曼·卡森斯懂得情绪对疾病的影响,他每天看笑话,放声大笑。就这样,他奇迹般恢复了健康。痊愈后,他将自己的体验写成报告并在颇具权威的《新英格兰医学杂志》上发表,在医学界产生巨大回响,有3 000名医生写信给他,表达自己的感想和看法。后来,他把这次经历写成《一个患者对疾病的剖析》,该书一出版即成为畅销书,不仅在医学界,同时也在一般社会大众中引起极大的震撼。之后,诺曼·卡森斯恢复了全天上班,一干又是十五年。

1980年,年届65岁的诺曼·卡森斯又一次重病,这次他患的是心脏病。他像上次一样,拿自己的身体做实验,自己治疗自己的病。他拒绝用吗啡镇痛,靠改变采访计划以保证休息。不久,他又逐渐恢复。此后,他根据这次经历写了《治疗心脏》一书。诺曼·卡森斯去世于1990年。

"强直性脊柱炎"是一种慢性进行性炎症,医学认为,目前病因尚不清楚。病人多为男性青壮年,70%以上在15～30岁。40岁以后很少发病。这种病起病缓慢,早期症状不明显,只是常感腰背疼痛。接着逐渐感觉腰部活动不灵活,早晨最明显，活动以后会好转。随着症状日渐加重，出现脊椎关节疼痛、腰部僵硬、脊椎活动不便等症状，并向上逐渐发展至胸椎，可出现呼吸不畅、胸痛，在咳嗽和打喷嚏时脊椎剧痛。发展到颈椎时，头部转动受阻，整个脊柱完全僵硬。

这种病非常痛苦，严重时瘫痪在床，不能自理。诺曼·卡森斯自己用大剂量维生素C治愈了自己的"强直性脊柱炎"，"不明病因"的顽疾好像遇到了克星。既然仅仅使用维生素C就能战胜这种顽疾，这就说明，强直性脊柱炎的第一病因恰恰是维生素C缺乏。这再次佐证了笔者提出的"人类抗坏血酸遗传缺陷学说暨人类第一病因学说"。

诺曼·卡森斯的故事在美国影响深远，最近的一本新书《选择健康：营养篇》再次提到这个故事。这位美国作者与诺曼·卡森斯有同样的经历，虽然不是同一个病，但后来也是瘫痪在床。他这样叙述诺曼·卡森斯生病后的行动：

"卡森斯在四个方面采取了行动。首先，就像我一样，卡森斯意识到他被他的医生的治疗给害了。他总结出了这么一个结论：他的医生们给他开的药剂是很有毒性的，这些毒性在他的身体里慢慢累积起来，加速了他身体健康的恶化。因此，他停止了服用药物。其次，他发现了用我们的意识去控制身体的巨大力量：他所经历的极度的疼痛是可以被他自己的态度所左右的。再次，他发现大笑对自己非常有帮助，仅仅十分钟真诚、发自内心的大笑就可以止痛长达几个小时。当这种止痛效果消失以后，他就看喜剧片，让自己再多笑一些。大笑对他身体里的化学成分起着意义深远且非常有益的作用，帮助他逐渐康复。最后，他发现维生素C有强效消炎功能。他决定每天通过静脉点滴给身体注射25 g维生素C。这一举动对他患有严重炎症的身体有了一个极大的良性效果。通过不吃医生的处方药、改变自己的态度、大笑以及注射大量的维生素C，卡森斯奇迹般地康复了。"

他说的25 g维生素C与我说的35 g有一定差距，但都是大剂量。

2012年3月发生在哈医大的悲剧中，患者得的就是强直性脊柱炎，但他同时患有肺结核。医生认为这是两个病，要先治肺结核，后治强直性脊柱炎。结果患者以为医生拒绝给他治疗，将水果刀刺向医生，造成一死三伤的悲剧。

这种治疗学的矛盾在医生看来竟然不是问题，他们已经习以为常。但在卡思卡特医生看来，这两个病都有同样的原因，所以他用大剂量维生素C既治好了肺结核，也治好了强直性脊柱炎，虽然这两个病未必发生在同一个人身上。

所谓炎症，过去一直令人困扰。自从自由基学说出现之后，这种困扰才渐渐解脱。自由基理论认为，发炎过程与氧自由基密切相关。自由基一方面破坏病原菌和病变细胞，另一方面又进攻白细胞本身，造成白细胞大量死亡，进而引起溶酶体酶大量释放并杀伤杀死组织细胞，造成骨和软骨组织破坏，导致炎症和关节炎。

大剂量维生素C之所以能有效治愈各种炎症，包括强直性脊柱炎，原因恰恰在于维生素C是高效的自由基清除剂。

## 第六节 一个哮喘病人康复的奇迹

——如何看待变态反应(过敏)

哮喘(支气管哮喘)是一种过敏症,现在,医学上多称“变态反应”。一般传统认为,哮喘可由内因性或外因性过敏原引起。属于外因性过敏原的有:花粉、粉尘、汽油、油漆、烟雾(包括香烟)、冷空气、纤毛,某些食物,如虾、蟹,对于某些人甚至包括蛋类和牛奶,等等。属于内因性过敏原的有:鼻炎、鼻旁窦炎、胆囊炎和阑尾炎等。有时,社会精神压力、心烦意乱等神经精神因素也会引起哮喘发作。比如,一个曾对花粉过敏而哮喘的人,在看到纸花时也可引起发作。严格地说,无论外因性和内因性过敏原,从病因学看,都是外因。

发病时,由于支气管痉挛、支气管黏膜水肿和管腔内充满黏液,因此空气出入支气管受阻,从而发生哮喘。哮喘多为反复发作,且多在夜间突然发生。患者会忽觉胸前紧迫,继而可见出大汗、表情痛苦、呼吸困难。呼气时可听到哮鸣音或飞箭音,呼哧呼哧喘息,故名哮喘。严重时可发生缺氧而出现发绀,如不及时抢救可导致生命危险。著名歌星邓丽君即因哮喘突发身边无人,未能及时抢救而英年早逝,当时年仅42岁。

治疗过敏症往往要检查过敏原,有所谓48针和72针检测,即将各种可能的过敏原共48种或72种,一次注射一种进身体,看患者对什么过敏,如对花粉过敏,则避免接触或食入该类物质。

许多病人经过正规治疗无效后,往往转而寻求偏方。

有一个美国女病人寻求偏方的故事很有代表性。这位女士的哮喘已经很严重,经常伴有呼吸鸣响或周期性心动过速。在正规治疗方面,一直每天定时吸入类固醇、倍氯米松二丙酸盐,还服用著名的抗哮喘药色甘酸钠。这些治疗无效后,她转而寻求偏方。她曾接受过按摩、脊椎推拿、骨盆矫正、针灸、拔罐,但病情依然如故。

一个非常偶然的机会使她得救。一天,她在圣地亚哥以北的太平洋沿岸高速公路开车行驶,随手打开收音机想听点儿有趣的东西。正好,有一位医生在讲哮喘的事情,说有一位网球明星过去长期备受哮喘折磨,这位医生通过让他每天服用大剂量维生素C,彻底治好了他的哮喘。

当这位女士听完这个故事时简直不敢相信自己的耳朵,她觉得这真是上苍从明亮的蓝天送给她的礼物!她迫不及待地找到一家健康食品店,买了一瓶维生素C,每片含量1 500 mg,并立即用水吞下4片。

那天，她是去参加当地旅游机构组织的一个业务会议，当她在公路上继续行驶时，一直期待着看下一步会发生什么。在后来的6个小时里，她没有再发哮喘、呼吸鸣响或周期性心动过速。她体验到真的可以不依赖任何药物就能正常呼吸了！

自从每天服用8片1 500 mg含量的维生素C以来，这位女士再也没有哮喘。

**变态反应（超敏反应，过敏）是抗坏血酸遗传缺陷的结果。**

什么是变态反应？教科书是这样定义的：免疫系统正常时以很轻或不损伤宿主组织的方式应答种种侵入的微生物。然而在某些情况下，免疫应答（特别对某些抗原）可导致严重的组织损伤反应。**免疫系统对抗原的"过度反应"常被称为变态反应**。

按照达尔文医学创始人的说法，关于变态反应的机制，即近因机制，30多年前就已经大致清楚，这在各种教科书都有详细论述。成问题的是它的进化史成因。即追问它的功能和根源——它是防御抑或故障？

所谓有"过度反应"的免疫系统经常是指"免疫球蛋白E"系统，一般常用"IgE"或"IgE系统"表达。对变态反应进化史成因的追究，最终成为对IgE系统进化史成因的追究，即追问IgE系统是为什么设计的，这个系统是做什么的。

IgE系统被两位达尔文医学创始人认为是我们这个物种一项难解的特征。这意味着变态反应是我们人类独有的特征，而进化出这样一种独有特征令他们难以解释，所以他们使用了"**IgE系统之谜**"一词。的确，变态反应（过敏）在其他物种很少发现，而仅有的一个就是与人类一样不会在体内制造抗坏血酸的豚鼠。

从进化的历史看，IgE系统并非进化早期的产物（图4-1）。兔子就没有IgE系统。IgE系统的出现应该有所针对。"**最广泛被认同的观点是，IgE系统是为与**

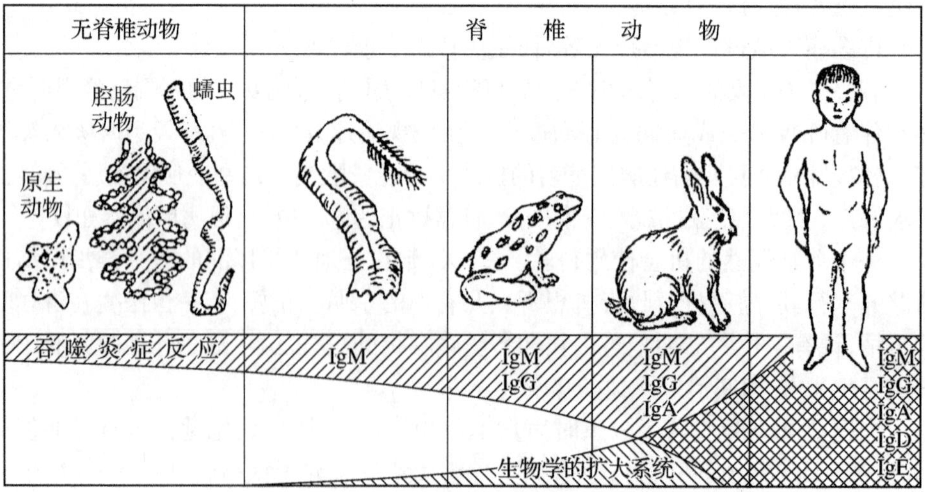

图4-1 免疫反应发生示意图

**寄生虫战斗而存在**。这一观点的证据来自对寄生虫的观察,寄生虫释放的某些物质可以刺激 IgE 局部增多,并引起炎症,引起这些后果被认为是抵御寄生虫的防御行为。”

对 IgE 系统的可能功能,玛吉·普罗菲(参见第二章第一节)首创了另一种解释。她推测,**IgE 系统是针对毒素进化的一个后备防御体系**。

笔者赞同以上观点。寄生虫曾经是人类的大敌,也一直是许多动物的大敌。无论是进入皮毛的寄生虫和进入消化道的寄生虫都曾经给人类带来巨大的痛苦。只是由于最近一二百年不断加强的卫生措施,寄生虫对人类的危害才大大降低。

笔者认为,人类易感变态反应是抗坏血酸遗传缺陷的后果。

**1. 证据一,小白鼠与豚鼠的对比**　笔者推测,寄生虫对能制造抗坏血酸的动物和不能制造抗坏血酸的动物(包括人),毒害程度可能不同。这一点可以从小白鼠与豚鼠的对比中看出。据有关教材记载,豚鼠与小白鼠对比,其皮肤对毒物刺激反应灵敏,近似于人,易引起变态反应。

那么,同样是皮肤上的毒素刺激,两者之间为什么有如此巨大的差别?笔者认为,原因可能就在能否制造抗坏血酸。小白鼠因可以制造抗坏血酸,所以解毒能力强,而豚鼠不会制造抗坏血酸,故而解毒能力弱。在这一点上,人类与豚鼠是同类。

**笔者经过研究认为,人类的免疫系统存在三个致命弱点:一是反应慢(应激水平低);二是主力部队(吞噬细胞)缺少后勤支援;三是缺少自由基清除剂,不能减少误伤(炎症和损伤)。之所以存在这些弱点,原因就在人类有抗坏血酸遗传缺陷,而可以制造抗坏血酸的动物在这三方面都有优势。**

所以,笔者认为,人类之所以易感变态反应,并不是人类 IgE 系统的功能变了,而是一个代价,是丧失制造抗坏血酸功能的后果。以上小白鼠与豚鼠的对比即为证据。

此外,用进化的“利益与代价并存”原理分析,褪去一身体毛可能有一些优势,寄生虫的藏身之地少了,但肯定也会有代价。

也许是进化的力量推动,人类的 IgE 系统似乎在弥补应激水平的降低。按照玛吉·普罗菲的理论,IgE 系统是为快速排出有毒物质而设计的。“我们的免疫系统中仅有这部分(IgE 系统),**看来总是十万火急**,正是它介导了变态反应。”按照玛吉·普罗菲的说法,这个后备防御体系,“用变态反应一下子将毒素赶出体外。流眼泪将毒素冲出眼睛;分泌黏液、打喷嚏、咳嗽,将毒素排出呼吸道;呕吐将毒素从胃里吐出;腹泻将毒素从下消化道排泄。变态反应迅速启动以驱赶我们厌恶的东西”。

笔者认为,虽然反应的启动迅速了,但从本质上说,变态反应并没能有效清除异物和毒素。**对人类而言,由于缺乏维生素 C,IgE 系统独立作战,没有后勤支援,**

**不能减少误伤,因此不仅不能有效排出有毒物质,反而快速引起了变态反应(过敏)。这与其他免疫球蛋白系统独立与细菌病毒作战,缺乏强有力的后勤支援体系和自由基清除体系(主要是维生素 C),容易出现炎症持续,是一个道理。**

**2. 证据二,用大剂量维生素 C 成功治愈变态反应** 本书第一章第五节介绍了卡思卡特的重大发现,他发现大剂量维生素 C 可以治愈多种疾病,其中包括变态反应(过敏)。在他总结的维生素 C 肠道耐受量表中,过敏和甘草热的耐受量是 15 ~ 50 g/24 h。对比其他疾病,变态反应的耐受量不算高,这说明它不是最严重的疾病。卡思卡特是以大量病例为基础总结出来的,至少有 1 000 名。

卡思卡特说,善用大剂量维生素 C,哮喘发作可以很快平息。当运动诱发哮喘时,无论之前之中之后服用大剂量维生素 C,都能预防下一次可能的发作。因感染性疾病,特别是上呼吸道感染诱发的哮喘,一般也都能预防。而在这些病例中,维生素 C 的功效主要取决于患者能否耐受足够的剂量。对严重的急性哮喘,静脉注射抗坏血酸对不能耐受口服大剂量维生素 C 的患者特别有效。对风疹、蜂虫叮咬、橡木刺伤、湿疹等,症状的消除很大程度上也取决于患者能否耐受足够的剂量,**以及一些现未明确的变量**。对这些过敏,抗坏血酸与其他治疗措施协同,经常可以奏效。

对药物副作用,亦即对药物过敏,卡思卡特也有大量研究。他有 2 000 个病人曾接受抗生素联合大剂量维生素 C(达到肠道耐受量)治疗,这些抗生素包括青霉素、氨苄西林、头孢菌素。没有一例发生药物过敏反应。抗坏血酸似乎与抗生素协同作战,并且显著扩宽了抗生素的活性。

早已有人论述过维生素 C 有抗组胺效果,但卡思卡特认为,维生素 C 并非严格意义的抗组胺剂。多数抗组胺剂都含有半乙胺,但维生素 C 没有。抗组胺剂似乎是通过占据受影响细胞的“感受部位”起作用,以排除组胺,所以抗组胺剂是对抗剂类药物。维生素 C 对中枢神经系统没有实质的刺激作用,而多数抗组胺剂都有这种作用。服用维生素 C 消除过敏带来的不舒服以及对脑和全身的毒性作用,从患者的角度说,好像是刺激作用。不过,维生素 C 对中枢神经系统肯定没有像抗组胺剂那样的镇静剂作用,也没有像抗组胺剂那样的局部麻醉作用和类似阿托品的作用。无论口服多大剂量,维生素 C 对中枢神经系统都没有毒性作用,而抗组胺剂则有。

列文(Lewin S.)曾论述过维生素 C 抗组胺的机理,他认为,维生素 C 帮助 AMP(一磷酸腺苷)循环的形成,而 AMP 循环则限制肥大细胞和嗜碱性粒细胞释放组胺。这与抗组胺剂的作用机理是不同的(Lewin S. Vitamin C: Its molecular biology and medical potential. London: Academic Press, 1976)。

卡思卡特医生自己就有严重的过敏倾向,在有花粉的季节,他会得甘草热。他通过自身经验发现,服用维生素 C 达到耐受量可以阻断许多过敏反应。每当有中等程度的花粉过敏时,他会每天口服 16 g 维生素 C,但严重暴露于花粉时,用量要大增,否则不能阻断症状。这时,用量要达到每天 50 g 甚至更多。1981 年,卡思卡特曾突发因玫瑰过敏引起的甘草热,他曾在一个半小时摄入 48 g 维生素 C。

我国山东临沂市兰山区第一人民医院顾三明等三位医师曾进行一项研究,观察用大剂量维生素 C 治疗支气管哮喘的效果。他们将 50 名哮喘患者分成两组,进行对比研究。使用维生素 C 的一组,每天静脉注射 10 g 维生素 C,对照组则仅用葡萄糖和生理盐水,时间为一个月。

结果表明,用大剂量维生素 C 治疗哮喘有明显效果,"可明显降低嗜碱性粒细胞脱颗粒现象,从而减少炎症介质的释放。降低气道炎症细胞浸润,可能是其改善肺功能的机制之一"。

不过,文章的最后一句话:"鉴于维生素 C 价格低廉、药源丰富、无明显副作用,可作为治疗支气管哮喘的辅助药物,值得进一步推广试用" 值得商榷的是其中"辅助" 二字,明明是起着根本的作用,却只能处于"辅助" 地位。

医学研究表明,维生素 C 能调动和集中某些前列腺素,而这类前列腺素可以扩张支气管。实际上,对那些不太严重的哮喘患者,每天 500 mg 的剂量都能清除哮喘。

**根据以上证据,笔者认为,由 IgE 介导的变态反应是抗坏血酸遗传缺陷的后果,维生素 C 遗传缺陷是变态反应的第一位原因。IgE 系统可能没有什么谜团,只是由于人们忽略了研究维生素 C 的作用,因此坠入了迷雾。**

笔者注意到,一些因素会大量消耗维生素 C,比如免疫注射和药物、食物中的铁过剩、精神压力、疲劳、滥用抗生素造成的菌群失调等。还有一些因素会加剧变态反应,比如营养不均衡、椎骨错位。对付变态反应,应该考虑这些因素。

"变态反应另外一个令人迷惑不解的地方是,在漫长的历史上,直到近两百年,它们才明显成为一个簇新的重要的医学问题,至少呼吸道的变态反应是如此。1950 年,日本枯草热的发病率可以忽略不计,但是现在则波及日本总人口的 1/10。如果这种上升确实存在,而非根据不完整记录编织的伪作,那么,近一二百年有哪些崭新的环境因素应该为这一令人警醒的现象负责?"

医学界近年有人提出"卫生假说"( hygiene hypothesis )。卫生假说认为,"除遗传因素外,环境因素亦参与 I 型超敏反应"。其根据是:"早已观察到,发达国家过敏性疾病发病率高达 20% ~ 37%,而发展中国家仅为 2% ~ 10%,提示环境卫生和个人卫生水平似乎与过敏性疾病呈负相关。"(《医学免疫学》第 3 版)

"支持该学说的相关依据为:① 在发达国家或不发达国家,凡儿童期曾遭受实质性感染者,其对过敏性疾病有相对强的抗性,如甲型肝炎病毒感染能保护机体不易患皮肤过敏性疾病和哮喘；② 甲型肝炎曾在北美和欧洲人群中广泛流行，在卫生条件改善后其发病率显著下降，而过敏性疾病发病率却显著增高；③ 早期感染麻疹病毒似乎能减少患过敏性疾病的机会；④ 处于生长期的儿童接触易遭感染的环境，可减少其患过敏性疾病的概率；⑤ **早期接受过大量广谱抗生素和/或疫苗的儿童，其患过敏性疾病的危险性明显增加**；⑥ 前东德与西德合并后，随生活水平（包括卫生水平）提高，当地人群过敏性疾病发病率显著增高。”

笔者对这个问题的解释是：**早期接受过大量广谱抗生素和/或疫苗的儿童，往往**维生素 C 水平低下。在发达国家，不仅儿童，成人吃的药和注射的疫苗均大大领先于不发达国家。本来人体维生素 C 就不足，这样一来，就更加缺乏。

另外，使用抗生素和接受疫苗的儿童、成人，以及过分的清洁乃至洁癖，会产生**菌群失调**问题，引起变态反应。这方面已经有大量研究。如果你有这类问题，补充有益菌可望带来改善。

**讲卫生没有问题，问题是没有将补充维生素 C 作为一项卫生措施。**

这里还有必要谈一谈整脊疗法（chiropractic）。

一般公认，整脊疗法是移居美国的加拿大人帕莫于 1895 年创立的。帕莫并非正规医生，他以磁疗和招魂术为生，并开有一间诊所。一次，一位看门人上门求诊，这个人 17 年前脊椎受伤，同时几乎丧失听力。帕莫检查发现，他的第二胸椎处留有错位，于是，他用手法将错位的椎骨推回正常位置。奇迹突然出现了，看门人大声对帕莫说：“我听到大街上马车发出的隆隆声。”

帕莫被这一奇迹吸引，在以后的两年中，他努力钻研脊柱和中枢神经解剖知识，并形成了一整套自己的理论。他认为，人体的疾病与脊柱的错位有密切的关系，脊柱错位干扰了中枢神经系统的调整机能，使各系统的功能活动出现紊乱，也干扰了疾病的自愈能力，进而导致疾病。两年之后，1897 年，帕莫正式打出了整脊疗法的旗号，在自己诊所的楼上建立了以自己名字命名的帕莫整脊学院。其首届 25 名毕业生中，多数人在入学前就已经拥有博士学位，这些人后来都成为推动整脊疗法发展的功臣。

整脊疗法从诞生起就一直被主流医学视为旁门左道，不断被打压。

网上有“整脊圣手”的文章称：行医在美国是一项收入丰裕的职业，且对于行医资格有严格的法律规定，因此，美国医学会为了保证自己在医疗保健行业中的垄断地位，对以整脊疗法为代表的非主流医学进行了残酷打压。另外，由于整脊疗法的理论（脊柱错位是影响健康及引起人体疾病的重要因素）与人们的生活常识相差太远，得不到美国主流社会的认可。因而，整脊疗法从诞生起，几十年的历史里一直处于一种非法的地位，不仅不能受到与主流医学同样的医疗保险待遇，反而常常因美国医学会的告发，医生被指控为“非法行医”，甚至投入监狱。如帕莫本人就曾3次因“非法行医”被捕。直到20世纪60年代，纽约市还出现过几十个整脊医生同时以“非法行医罪”被判入狱的事件。

主流医学之所以打压整脊疗法，是因为主流医学认为整脊疗法不科学。然而，近年来，这种看法正在逐渐改变。

网上有“王澄”的文章称：“我在美国的行医过程中，极偶然地和整脊师打了个照面。对整脊疗法医学在美国的情况并不了解。从我观察美国现代医学对整脊疗法的看法，有一点像国内医生对正规推拿师的看法。此外，还有几点不同：① 美国对物理治疗和整脊疗法的需求量很大。② 美国的整脊疗法的整脊师不是法定的医生，因为他们没有学习过内外妇儿精神病五大学科。

2004—2005年，加州的一所大学想要新开办一个正式整脊学院。此事引起了全美国现代医学医生极大的愤慨，我才从新闻报道中读到‘不科学’的字样。我买了一本整脊学教科书浏览了一下。我感觉，美国整脊学已经是非常科学了。就脊柱和其周边的解剖部位及其疾病的解释和治疗，说得很详尽了。我认为，说整脊疗法‘不科学’，主要是因为它的治疗是‘模糊治疗’。模糊治疗是指，治疗和效果之间没有剂量关系，比如针灸和推拿。所以对疾病的原理就无法确定，只是猜想。”

对整脊疗法不科学的说法，笔者是从网上一篇《鲍林晚年的失误及其启示》中发现的，其中提到“手法整脊医疗是一种旁道医疗，为主流医学所不取。鲍林应邀在整脊医学院演讲，并和听众合影，供宣传之用”。以笔者对鲍林的研究，当即对这篇文章产生怀疑，同时对被主流医学所不认可的整脊疗法产生了好奇。

从达尔文医学的观点看，人类的脊柱是为爬行设计的，而且主要是为青壮年时期设计的。直立行走固然解放了双手，促进了智力的飞跃，但同时也给人类带来意想不到的后果。人类的脊柱与其他四足脊椎动物的脊柱有共同之处，在人类，从胚胎到新生儿到直立行走之前，脊柱的大体形态结构与四足脊椎动物基本相同，颈椎、胸椎、腰椎、骶椎同在一个略弯曲的水平面上。人类在直立行走以后，颈椎、胸椎、腰椎、骶椎开始由水平排列变为垂直排列，并逐渐形成腰曲和颈曲，这种叠罗汉式的垂直排列方式无疑增加了底层脊椎的负荷，并使颈椎与胸椎、腰椎与骶椎之间容易劳损和扭伤。同时，直立行走以后，人类的脊柱经常受到下弯和侧弯的压力，容易形成错位，一旦错位，通过脊椎的脊神经和血管受压，就容易产生各种疾病。

我对整脊疗法的认识是通过亲身体验获得的：

我素有腰痛连带左腿行动受限的毛病，或因拎重物，或因用力不当，一两年总要犯一次。有时注意不用力，能自然缓解，有时做做按摩，也能缓解。2010年4月，我不知何故，再次腰痛。不能拎重物，左腿吃力，不能下蹲，很担心蹲下就站不起来，而且相当一段时间不见好转。

这时，我想起2009年10月南京市科协主办、南京自然医学会承办的自然医学学术交流会，在会上，一位**史达富医生**做了题为“脊柱科学与健康”的报告。当时我就被报告内容深深吸引，因为这与我所关注的达尔文医学有密切关系。我拿出学术交流会的论文汇编，又一次仔细研读史医生的论文，并被他的理论和实践所折服。于是，我决定找史医生治病。

我清楚记得2010年5月5日这一天，我先接受了一位助理按摩师的“活血热身”按摩，接着，史医生出场了。他用准确娴熟的手法，恰到好处的力道按压我的腰椎，在短短的一分钟内，对两处腰椎实施了整脊，我自己和旁观者都清楚听到脊椎复位发出的清脆悦耳的“啪”的声音。接着，史医生又给我做了颈椎复位。

治疗就此完成，史大夫让我下地活动腰身，看还有没有以前的症状。奇妙的事情发生了，我又可以自由下蹲了，原来的痛感荡然无存！当然，史大夫告诉我，治疗本身产生的局部肿痛可能会持续一段时间，但病已经治好了。

随着时间的推移，治疗本身产生的局部肿痛日渐消退，我又恢复自由了。不仅如此，我原来不太严重的尿频、尿失禁等症状也不见了踪影。通过这次治疗，我亲身体会了整脊疗法的科学性。正如史医生所说，这是一个不动刀的手术。是啊，手术的确有不用刀的，关节脱臼和骨折的手法复位不也都是不动刀的手术吗！经过这次亲身体验，我对整脊疗法有了进一步的了解，许多疾病的奥秘就隐藏在其中，包括哮喘等。我相信，对一些哮喘病人，大剂量维生素C加整脊疗法，可能能取得更好的疗效。

许多事情要亲身尝试才有感觉和体会，比如服用大剂量维生素C治愈感冒、整脊、体验高原反应等。如果尝试过，就有对比，就有前后不同的两种感觉。而身体的感觉非常重要，因为健康是可以感觉到的，有病没病感觉大不相同。一种治疗的疗效最终不是体现在仪器的指标上，而是在患者康复的感觉上。

# 第七节 “解毒功臣”维生素C

## ——揭穿以讹传讹的虚假报道：维生素 C+ 海鲜 = 砒霜

最近几年，常有“维生素 C+ 海鲜 = 砒霜”的报道见诸报端，特别是网络，已经把它传遍了几乎每一个角落，且言之凿凿，似乎确有其事。

一些指导日常生活的书籍，竟然将其列为饮食禁忌。比如青岛出版社的《日常生活禁忌全书》，内蒙古科学技术出版社的《现代人生活宜忌全书》、哈尔滨出版社的《饮食宜忌全书》，中国首届中医学博士、中央保健委员会会诊专家姜良铎教授倾情奉献、中国轻工业出版社的《饮食的病忌药忌人忌》等，都有相关讲述。

笔者曾就此消息开展追根求源调查，结果发现，原来竟是以讹传讹的虚假报道。该虚假报道危害极大，如果不加以纠正，势必贻误大众健康。

**最早的报道来自深圳的《晶报》**，时间是 2003 年 7 月 1 日，题目为：“维生素 C+ 海鲜 = 砒霜？”。文中说：爱吃海鲜的朋友要小心了，不久前，有报道指台湾一位女士暴毙，死因很可能是晚餐吃了大量的虾，同时又服用了大量的维生素 C。专家指出，大量海鲜 + 大量维生素 C= 砒霜。

很多人都有每天服用维生素 C 片的习惯，认为维生素 C 能提高人体免疫力，有益健康。吃海鲜更不用说了，很多人面对美味，情不自禁。可这二者结合竟然会造成这么可怕的后果，事实果真如此吗？

据北京协和医院临床营养师于康医生介绍，多种海产品，如虾、蟹、蛤、牡蛎等，体内均含有化学元素砷。一般情况下含量很小，但日益严重的环境污染可能使这些动物体内砷的含量达到较高水平。虾体内含有五价砷，一般情况下，这种砷对人体是没有害处的，但当高剂量的维生素 C（一次性摄入维生素 C 超过 500 mg）和五价砷经过复杂的化学反应，会转变为有毒的三价砷（即我们常说的“砒霜”），当三价砷达到一定剂量时可导致人体中毒。

于医生认为，上文中提到的那位女士的情况生活中较为罕见，只有在大量吃虾（特别是可能被严重污染的虾）的同时，一次性服用 500 mg 维生素 C 片，才可能导致“砒霜”中毒。于是，于医生为爱吃海鲜又服用维生素 C 的朋友提出忠告：服用大量维生素 C 片（每日超过 5 片）期间，忌食海鲜。

**这里，所谓虚假报道是：“有报道指台湾地区一位女士暴毙，死因很可能是晚餐吃了大量的虾，同时又服用了大量的维生素 C。”这条消息查无实据，完全是**

**杜撰。而所谓“虾体内含有五价砷”也完全是无中生有。根据《现代毒理学》，砷的化合物分为无机和有机两类，“环境中的微生物可以将砷转化为二甲基砷酸盐（有机砷），后者可在鱼和贝类体内富集。”在虾体内富集的是有机砷，而不是无机砷——三氧化二砷。从虚构的莫须有的命题进行推理，距离真理十万八千里。**

**虚假报道加上专家的推波助澜，令广大民众难辨真伪。**

**维生素 C 的解毒原理**

根据毒理学，维生素 C 可以化解许多化学物质的毒性，无论金属的和非金属的，比如汞、砷、铅、镉、铬、苯、酒精、亚硝酸等。

维生素 C 的解毒原理主要有三方面。① 赋予解毒酶活性：解毒酶（细胞色素 P450 酶系统——与药物代谢有关的酶体系中起重要作用的含铁卟啉类酶蛋白）可以中和有毒物质，而要解毒酶有活性，就需要大量维生素 C。笔者推测，维生素 C 的作用可能是保障酶活性中心的铁处于还原状态。② 增加谷胱甘肽的数量。许多金属毒物和非金属毒物都是脂溶性的，要排解这些毒素，必须将其转化为水溶性形态。而肝脏生产的谷胱甘肽即担负这一使命。维生素 C 可以增加肝脏制造谷胱甘肽的数量；在解毒过程中谷胱甘肽被氧化以后，维生素 C 可以使它还原，继续发挥解毒功效。③ 在解毒过程中会产生大量对肝脏有伤害的自由基，而维生素 C 恰恰是最强力的自由基清除剂，从而可以保护肝脏。许多毒物本身也会释放大量自由基危害人体细胞，因此维生素 C 对自由基的清除也是对所有细胞的保护。

**维生素 C 可以解砷毒，包括解砒霜的毒**

人民卫生出版社 1969 年出版的《农村医生手册》是当年十分权威的一本医用图书。在重金属中毒一节，在处理汞、铅、砷中毒时，都提到用大量的维生素 C 解毒，尽管在今天看来，当时所谓的大量不过每天 100 mg（对汞，用于保护肝脏），每天 450 mg（分 3 次，对铅），500 mg（对砷，即砒霜，必要时可隔 4 小时重复注射）。

在第十一节“常见职业病和职业性毒害”中的“砷中毒”，首先提到，“在以白砷制土农药时，在熔炼砷矿石和焙烧其他含砷矿石时，均可能发生中毒。白砷是亚砷酐（$As_2O_3$），为白色粉末，能溶于水。毒性较砷酐（$As_2O_5$）高，比硫化砷（如雄黄）的毒性更高”。这里的所谓白砷、亚砷酐（$As_2O_3$），就是俗称的砒霜。

在谈临床表现和诊断之后，写到治疗，其中急性型中毒的措施之一为：“静脉注射 25% ～ 50% 葡萄糖溶液 20 mL 加入维生素 C500 mg，必要时可隔 4 小时再重复注射。对慢性型砷中毒：采用对症疗法、维生素疗法（维生素 B 和维生素 C）和增加体力的措施（如营养）。”

由此可见，在 1969 年，用维生素 C 解砷毒已被列为常规办法。对急性砷中毒一般用量为 500 mg，必要时可 4 小时一次。500 mg 在今天看来量并不大，但是在那时已经是超大剂量了。

2002 年出版的《现代急性中毒诊断治疗学》,在谈到急性砷中毒的抢救时,将维生素 C 列入“支持对症治疗”一节,其中提到,注意补充维生素 C 等,以保护脏器功能。

2008 年出版的国家医学教育发展中心组织编写的《急性中毒》中,在处理铅、锰、钡、铁、镍、汞、砷中毒时,在对症和支持治疗项下,均提到用大剂量维生素 C 保护肝脏。

2008 年出版的《砷与健康》一书,在急性砷中毒的治疗中,提到进食多种维生素。

2010 年出版的《急性化学损伤应急救援与救治》中,在解砷毒的处置原则下的对症治疗中有“出现周围神经病时,可给予 B 族维生素、维生素 C 等药物治疗”,对慢性中毒有“口服络合剂驱砷治疗,辅以补硒、维生素 C 等对症支持治疗”。

维生素 C 本来可以解砷毒包括解砒霜的毒,但在虚假新闻的渲染和“专家”的推波助澜下,竟然成了制造砒霜的“祸首”。这不是把功臣打成罪犯吗!? 虚假新闻何其毒也!

**正确的结论是:吃了海鲜要吃维生素 C,因为海鲜往往有毒,而维生素 C 可以解毒。**

基于前述维生素 C 的解毒原理,维生素 C 不仅可以解砷毒,而且还有相当广谱的解毒功能。比如解各种农药中毒、蛇毒、毒虫的毒、细菌和病毒的毒。

2004 年出版的《实用农药中毒急救》一书在论述各种农药的解毒原则时,除催吐、洗胃外,作为解毒药物,首先就是维生素 C,尽管用量只有 500 mg。

### 克兰纳医生早已实践

关于维生素 C 可以解毒,化解毒虫蜇咬,克兰纳医生早已实践。在 1940 年末,克兰纳医生曾经抢救一个被毒虫蜇咬的男子,他推测可能是一只黑蜘蛛,在注射一针葡萄糖醛酸钙没有效果后,患者却由于缺氧而皮肤变得铁青。医生目睹患者渐渐休克。这时,克兰纳立即给他从手臂静脉滴注 50 000 mg(50 g)维生素 C(抗坏血酸钠)。未等滴注结束,患者的呼吸已变得轻松。注射结束几分钟之后,患者竟然可以自己走动,想要告辞了。克兰纳后来追述:“若不是这针维生素 C,这个人也许早就因休克和窒息而一命呜呼了。”(参见第四章第二节)

试想,如果还要等检查确定是什么毒虫螫咬,这个男子真就一命呜呼了。

(1)黑寡妇蜘蛛咬伤:一个 3 岁半的女孩说她白天玩的时候一个黑色的大虫爬在她肚子上咬她。然后她突然病了,没有食欲,肚子严重绞痛,恶心,大约 6 小时后开始呕吐。夜间仍间断呕吐,12 小时后她开始发烧。她的母亲注意到孩子肚脐周围有红色，而且“相当肿和硬”，触碰这些地方会很痛。数小时后，孩子的情况急剧恶化，当她渐渐“昏迷”时，说话“语无伦次”。

当克兰纳医生在小女孩发病 18 个小时后看到她时，他用放大镜清楚看到“明显的”黑蜘蛛牙痕。克兰纳注意到，孩子对他的问话没有反应，已几近昏迷，并开始呼吸紧迫，她的腹部“像一块硬板”。

在加倍的大剂量维生素 C 注射后，主要依靠口服，部分注射。经过 4 天，红肿消失，胃口恢复，女孩完全康复。克兰纳报告，在他的医疗实践中，一共成功治愈“8 例确诊的黑蜘蛛咬伤”。

（2）毒蛇咬伤：一个 4 岁的小女孩被一条成熟的山地蝮蛇咬伤。她立即抱怨腿很疼，在被咬 20 分钟后开始呕吐。克兰纳医生给她静脉注射了 4 000 mg 维生素 C。孩子在 30 分钟之内停止了喊叫，喝起流质，并时而笑起来。她坐在急诊室的桌子上喊道：“爸爸你来，我现在全好了，我们回家吧。”因为还有轻微发烧，腿上一直有压痛，克兰纳又给她静脉注射了 4 000 mg 维生素 C，最后在第二天又是 4 000 mg。没有抗生素，没有抗蛇毒血清，用克兰纳的话，“在被咬伤后 38 小时，她完全正常了”。

作为对照，克兰纳医生报告了其他诊所的另一病例。一个 16 岁的女孩也是被山地蝮蛇咬伤，只接受了“公认的”治疗。根据牙痕的外观判断，他推测，这条蝮蛇与咬伤上述小女孩的那条大小差不多。这个较大的患者没有接受任何维生素 C，但给予了三个剂量的抗蛇毒血清。她的手臂肿大到另一侧的 4 倍，且需要吗啡止痛。最终，她住院 3 周才康复出院。

2012 年 6 月 7 日，苏州发生蝰蛇咬人事件。小伙叶某于下午 5 时左右被蝰蛇咬伤，急需蝰蛇血清。尽管多方进行爱心接力搜寻，但终因未能及时获得而未能创造奇迹，叶某于 10 日上午抱憾而逝。也许我们应该向克兰纳医生学习，在等待期间，先大剂量静脉滴注维生素 C，或许这样真能救他一命。

（3）一例生死对照：三个孩子严重暴露于飞机喷洒的农用杀虫剂。最小的一个 7 岁，中毒最轻，因为另外两个大孩子用东西罩住了他。最大的孩子 12 岁，在克兰纳医生诊所接受了注射大剂量维生素 C，每 8 小时一次，每次 10 000 mg+ 冲洗液 50 mL。这个孩子在住院 1 天后回家。而另一个孩子去了其他诊所，没有接受维生素 C 治疗，只是用支持疗法。他得了化学烧伤和皮炎，在住院第 5 天死去。

当年克兰纳医生未必清楚维生素 C 的解毒原理，但通过实践他发现，静脉注射抗坏血酸钠可以化解细菌病毒的毒、一氧化碳中毒、巴比妥类药物中毒、蛇毒，以及其他毒虫蜇咬中毒。加上前述维生素 C 可以解各种农药中毒和各种重金属中毒，我们可以获得这样的认知，**维生素 C 有广谱的解毒功能。**

（4）巴比妥类药物过量：巴比妥类药物在体内过量会导致中央神经系统抑

制，经常导致死亡。克兰纳医生报告过多起使用维生素 C 神奇逆转重度巴比妥类药物过量中毒的病例。当他进入急诊室时，患者的血压下降到 60/0 mmHg，仅勉强活着。他立即拿起针筒，以静脉可以承受的速度迅速注射了 12 000 mg 维生素 C，继而用静脉滴注慢慢输液。在 10 分钟之内，患者的血压回升到 100/60 mmHg。患者在 3 小时后苏醒并完全康复。其总共在 12 小时内接受了 125 000 mg 维生素 C。

在另一例中，一名巴比妥类药物过量患者在注射 42 000 mg 维生素 C 之后苏醒。最终这位患者在 24 小时共接受静脉注射 75 000 mg 维生素 C，口服 30 000 mg 维生素 C。

克兰纳医生认为，在至少 15 例巴比妥类药物中毒病例中，他的维生素 C 疗法均获得了成功，这表明在这种情况下不应该发生死亡。

**维生素 C 的解毒功能与其他解毒剂相比是它的全功能特点**。许多解毒剂都不是全功能的，都需要辅以“支持对症治疗”，而维生素 C 则经常被列入“支持对症治疗”，尽管这些书中经常忘记它可以直接作为解毒剂。

会制造维生素 C 的动物普遍解毒能力比不会制造维生素 C 的动物强。据有关实验动物教材记载，会制造维生素 C 的大鼠抗病力强，对外环境适应性强，成年鼠很少患病。而不会制造维生素 C 的豚鼠则对很多致病菌和病毒十分敏感，豚鼠皮肤对毒物刺激反应灵敏，其反应近似于人。豚鼠易引起变态反应（过敏）。豚鼠对变质饲料特别敏感，常因此减食或拒食，霉变饲料或含有杀虫剂的草可引起豚鼠中毒死亡。可见，能否在体内制造维生素 C，关系到解毒能力的强弱。

维生素 C 的解毒功能只有在大剂量时才能发挥，仅靠饮食中的一点点是绝对不够的。由此我们也应重新认识维生素 C。

**笔者建议，将大剂静脉注射维生素 C（抗坏血酸钠）作为解救中毒的常规方法。**

# 第八节　破解白癜风之谜

## 驳本末倒置的荒诞传言——白癜风不能吃维生素 C

有一种白癜风患者不能吃维生素 C 的传言，流传十分广泛。这种传言在科学文献中查无出处，但在某些地方，比如与治疗白癜风有关的说明中却言之凿凿。多数治疗白癜风的医生都告诫病人，不能吃维生素 C，甚至高维生素 C 饮食也不行。

笔者首先想到，维生素 C 是维持身体正常新陈代谢必不可少的一种物质，身体新陈代谢不正常，才会出现疾病。进一步深入研究，笔者发现，这个传言竟本末倒置，将"功臣"打为"嫌疑犯"。

让我们从皮肤的颜色说起。我们人类的皮肤大体有四种颜色——黑、白、黄、棕，而形成皮肤颜色的"基色"只有两种，这就是真黑色素（eumelanin）与脱黑色素（pheomelanin）。前者不含硫原子，呈棕色或黑色；后者含硫原子，呈黄色或微红棕色。我们的皮肤或黑或白或黄或棕，取决于这两种色素的搭配比例，以及数量多少。

而这两种黑色素都是从酪氨酸转化而来的（图 4-2）。在第一步，酪氨酸转化为多巴的过程中，必须有酶的参与即催化，这个酶就是酪氨酸羟化酶。而酪氨酸羟化酶要有活性，就必须有维生素 C 参与。没有维生素 C 参与，就不能实现这第一步转化，也就最终不可能转化为黑色素。

**真黑色素生成：**

酪氨酸 $\xrightarrow[\text{(VC参与)}]{\text{酪氨酸酶催化}}$ 多巴（3,4 二羟基苯丙氨酸）$\xrightarrow{\text{氧化}}$ 多巴醌 $\xrightarrow[\text{与氧反应}]{\text{多聚反应}}$

多巴色素 $\xrightarrow[\text{羟化(VC参与)}]{\text{多巴色素色构酶}}$ 5,6 二羟基吲哚羧酸（DHICA）$\xrightarrow{\text{脱羧}}$ 5,6 二羟基吲哚

$\xrightarrow[\text{氧化}]{\text{酪氨酸酶}}$ 5,6 吲哚醌＋其他中间产物 ⟶ 真黑色素

**脱黑色素生成：**

酪氨酸 $\xrightarrow[\text{(VC参与)}]{\text{酪氨酸酶催化}}$ 多巴（3,4 二羟基苯丙氨酸）$\xrightarrow{\text{氧化}}$ 多巴醌 $\xrightarrow{\text{半脱氨酸(Cys)}}$

Cys-多巴和 Cys-多巴醌 $\xrightarrow{\text{关环、脱羧}}$ 脱黑色素

**图 4-2　黑色素的形成过程**

酪氨酸酶的活性中心是铜离子，而维生素 C 的作用恰恰在于保证铜离子处于

还原状态——$Cu^+$,即保障它的活性。

前文提到,赖氨酸(注意:不是酪氨酸)羟化酶的活性中心是铁离子,而维生素C的作用恰恰是保证铁离子处于还原状态。由于维生素C具有较强的还原作用,因此有利于生成羟化酶所需的铁离子$Fe^{2+}$和铜离子$Cu^+$,从而有利于羟化酶更好地发挥作用。近年来发现,维生素C还有激活无活性羟化酶的作用。由此可见,维生素C是维持羟化酶活性所必需的关键物质,无论其中心是铁还是铜。

许多临床医生都发现,白癜风的形成与精神因素有密切关系,2/3的患者在起病阶段有过精神创伤,比如精神过度紧张、情绪低落、颓丧、悲痛等。这其实就是应激反应。笔者前面已经提到,应激反应时人体的垂体/肾上腺系统会加速工作,而维生素C在这一过程中不仅不可或缺,而且大量消耗。

与制造黑色素相同,在应激反应时,维生素C介导的羟化反应在肾上腺中也大量出现。比如,将酪氨酸转变为多巴,然后将多巴转变为多巴胺(注意:这个过程与制造黑色素完全相同),再将多巴胺转变成去甲肾上腺素,最后制造出对身体极其重要的肾上腺素(儿茶酚胺)。在遇到紧急状况时,这种重要激素会通过血液涌向全身,刺激肌肉的活性,准备逃避或战斗。

一个人在遭遇重大应激反应时,肾上腺要消耗大量维生素C,按照笔者的理论,我们人体不会制造维生素C,因此维生素C经常处于低水平,在应激反应时如果维生素C在肾上腺消耗殆尽,那么其他需要它的地方就会极度缺乏。相比之下,也许皮肤对合成黑色素的需要没有制造肾上腺素重要,因此,按照"身体的智慧",在已经缺乏的前提下,可能只好缩减对皮肤的维生素C供应。

依笔者之见,抗坏血酸(维生素C)遗传缺陷是白癜风的第一位病因。因此,要预防白癜风,应该补充维生素C。这是两方面的需求导致的:一是皮肤合成黑色素的需要,二是肾上腺合成肾上腺素的需要。而后者在遭遇精神创伤时特别突出。

当一个人遭遇巨大精神创伤时,很可能食欲锐减,有的人什么都不想吃,什么都不吃。这个时候,在缺乏维生素C的同时,蛋白质也会严重不足。而酪氨酸是蛋白质里氨基酸的一种,此时也必然相应不足。本来,各种食物几乎都含有酪氨酸,但含量较高的主要有以下各种:乳制品、豆类及豆制品、肉类、果仁。米面虽然含量少些(300 mg/100 g左右),但只要吃够一定数量,一般也不会缺乏。但如果不吃饭或很少吃饭,且连续数日甚至更长时间,那么酪氨酸就有可能缺乏。制造黑色素的原材料都不够,导致白癜风也就不足为怪。

然而怪就怪在居然有这样本末倒置的荒谬传言,说维生素C会导致并加重白癜风。这样一来,把"救人英雄"误打成"嫌疑犯",将"维生素C"一棍子打死了。

结果,在寻求真理的道路上南辕北辙,越走距离真理越远。

我国天津长征医院的乔树芳 2008 年做“白癜风与高维生素 C 饮食相关性临床观察”,将 160 例活动期白癜风患者平均分成两组,第一组为饮食控制组,禁食含维生素 C 丰富的草莓、西红柿、橘子,同时少食绿叶蔬菜。第二组为非控制组,对以上果蔬不加控制。除此之外,两组的常规治疗方案完全相同。

在三个月的实验结束后进行统计,结果表明:“高维生素 C 饮食与白癜风发展无相关性”。在论文最后的讨论中,作者指出:“白癜风患者局部因无黑素细胞而造成色素脱失,从基本原理来看,白癜风不是因细胞内代谢而致。酪氨酸是黑素形成的基本物质,当人体缺乏时,需要苯丙氨酸的转化,最新的生物化学研究表明,苯丙氨酸在羟化酶的作用下可转变为酪氨酸,在其转化过程中必须有维生素 C 的参与。”“维生素 C 是抗氧化、清除自由基的有效药物,可有效清除自由基,从而保护黑素细胞。”

遗憾的是,该研究缺乏摄入维生素 C 的定量统计和维生素 C 的检测报告。就原理分析时也有缺失,未提及酪氨酸转化为黑色素的过程本身必须有维生素 C 参与。

由于整个医疗卫生系统不重视维生素的研究,普通体检中没有各种维生素(包括维生素 C)的检查项目。但既然是医院的科研项目,理应投入资金,购置设备,进行血液中维生素 C 浓度的检测。估计研发经费不足可能是原因之一。因此,该报告缺乏这方面的数据情有可原。

苯丙氨酸与酪氨酸均为食物成分,当酪氨酸摄入不足时,苯丙氨酸可以转化为酪氨酸,这种转化也需要酶的参与,而这个酶与酪氨酸转化为多巴时的酶结构极为相似,并且都同样离不开维生素 C 参与,否则不能活化,没有活性。

笔者对实验结果并不感到意外,已经有人怀疑“维生素 C 会引起或加重白癜风,白癜风患者不宜吃维生素 C”的流言,并以实验进行验证,笔者深感欣慰。

为什么会出现这种传言,为什么会有如此大的误解,笔者调查发现,原来有这样的说法:“福建白癜风专家介绍:维生素 C 治疗白癜风不但无益反而有害。因为在黑色素的代谢过程中,酪氨酸在酪氨酸酶的作用下形成多巴,接着多巴进一步氧化成多巴醌,在这一反应中如果加入维生素 C,则将已形成的多巴醌又还原成多巴,也即维生素 C 阻止了多巴氧化成多巴醌色素,而中断黑色素的合成,从而阻止了病变处黑色素的再生。再者,服用维生素 C 既会影响肠道吸收铜离子,又能降低血液中血清铜氧化酶(铜蓝蛋白,一种含铜的蛋白质)的含量,从而影响酪氨酸酶(一种以铜离子为辅基的酶)活性,阻碍黑色素的合成。因此,白癜风患者应尽量避免服用维生素 C,特别是大剂量服用。”

这又是一个本末倒置毫无根据的传言。笔者前面已经指出，酪氨酸在维生素C参与下转化成多巴，最终制造出黑色素；而这种传言说，维生素C“将已形成的多巴醌又还原成多巴，阻止了多巴氧化成多巴醌色素，而中断黑色素的合成”。说得更简单些，维生素C首先帮助酪氨酸转化成多巴，然后又妨碍、阻止多巴转化为多巴醌，将已形成的多巴醌又还原成多巴。维生素C似乎在做一件自相矛盾的事情，这在逻辑上是说不通的。

如果单独将多巴醌拿出来，脱离人体生化内环境，在试管中与维生素C进行反应，也许会有阻止多巴氧化成多巴醌的结果，但回到人体生化内环境，维生素C如果做出这种自相矛盾的事情，那我们所有身体健康的人都要得白癜风。这个传言让笔者想起“维生素C + 海鲜 = 砒霜”的故事（参见第四章第七节），如果单独将维生素C与五氧化二砷在试管中进行反应，也许可以还原成三氧化二砷（砒霜），但在人体生化内环境中，维生素C却是解毒剂，可以解砒霜的毒。

维生素C因为有还原作用，因此可以促进许多矿物质在肠道的吸收，包括铜。同时，也因为它的还原作用，对保障酪氨酸酶（一种以铜离子为辅基的酶）活性极其重要。因此，上述传言说“服用维生素C既会影响肠道吸收铜离子，又能降低血液中血清铜氧化酶（铜蓝蛋白，一种含铜的蛋白质）的含量，从而影响酪氨酸酶活性，阻碍黑色素的合成”完全是谬论。

有的治疗白癜风的宣传中提出要多吃含铜的食品，乃至使用铜器，这些方案是非常危险的。过量的铜有害无益，会造成铜中毒。

**白癜风的预防**

现有的治疗白癜风的方法都是治标不治本的方法，“均不能达到最佳效果”（《最新皮肤科学理论与实践》P403）。有许多医院和医生都声称可以治愈白癜风，但提不出预防白癜风的手段，这就是明证。因为，如果找到了病因，自然可以提出预防的手段。

在此，笔者根据自己的理论，提出预防白癜风的方法。

首先，经常补充维生素C，且逐渐达到一定的数量，弥补人类这个先天遗传缺陷。其次，适量补充其他各种必需营养素，使身体处于最佳健康状态。最后，保持心情愉悦。

综上所述，根据笔者的研究，说白癜风患者不能吃维生素C的流言蜚语，就像对一个人的污蔑与诽谤，也需要拨乱反正，予以平反。笔者希望，这个查无实据、本末倒置的荒诞传言不要再传播，病人也不要再盲目相信。因为，从原理上讲，白癜风是缺乏维生素C的后果，如果已经患白癜风，缺乏维生素C则会加剧白癜风。不吃维生素C的后果不仅可能造成白癜风，还会引起本书所提及的其他各种疾病，特别是各种感染性疾病，以及心脑血管疾病。

笔者推测，在白色人种白色皮肤的形成过程中，可能有维生素 C 遗传缺陷的影响。是否与白癜风有关，也很值得研究。

人类毛发颜色的变化，特别是从黑变白，也可能有维生素 C 遗传缺陷的影响。

世传伍子胥过昭关，一夜急白了头，可能是花白。由于名医扁鹊弟子东皋公的巧妙安排，寻找了一个和伍子胥相貌相似的人代替伍子胥出关，引起混乱。由于伍子胥头发花白，更衣换装后，无人能识，于是混过了昭关。

着急可以理解为刺激应激反应加速，于是垂体和肾上腺大量消耗维生素 C，从而制造黑色素必需的维生素 C 势必缺乏，或者导致白发，或者导致白癜风，应该不足为怪。

# 第九节　维生素 C 与神经系统

笔者在前文曾指出，维生素 C 有多少功能，那么，丧失制造维生素 C 的功能以后，在所有这些功能上都要付出代价。

（1）维生素 C 参与合成神经传递介质（简称神经递质），从而关系到神经系统的健康。酪氨酸是神经递质的前体之一，人体可将酪氨酸转化成多巴胺、肾上腺素、去甲肾上腺素等神经递质。而这种转化的第一步是将酪氨酸转化为多巴。与前文所述黑色素转化过程的第一步一样，将酪氨酸转化为多巴，必须有维生素 C 参与。缺乏维生素 C，必然影响神经递质的合成，从而影响神经系统的健康。

（2）现在，越来越多的证据表明，氧应激参与各种退行性神经病变过程，是神经元凋亡和坏死的共同毒理机制。而所谓“氧应激”就是指氧自由基危害的加剧。这是人体自由基清除剂（抗氧化剂）缺乏的后果，其中主要是维生素 C 的缺乏。

（3）维生素 C 促进乙酰胆碱释放，因此有利大脑健康，防止老年痴呆。

（4）神经细胞、神经纤维均有“管子”包覆，这就是神经髓鞘，其重要成分是胶原蛋白，所以有神经胶质、胶质细胞等称谓。维生素 C 不足，必然影响髓鞘的质量，亦即管子的质量，进而影响神经系统的工作。

（5）另一方面，用大剂量维生素 C 与大剂量维生素 $B_3$ 联合，霍夫（Abram Hoffer）医生在治疗精神病方面取得重大成果。在日本，柳泽医生为预防癌症，采取静脉滴注大剂量维生素 C 的方法。有一位女同行也效法，结果，该女士的抑郁症明显好转。这也说明，神经精神系统疾病与缺乏维生素 C 密切相关。

# 第十节 明星之死与白血病

2001年9月末,媒体报道,中国著名健身健美教练、中央电视台体育频道节目女主持马华女士不幸因白血病去世。

刚一听到这个消息,人们都很震惊。一位平素大众如此熟悉、如此活跃的“健康形象大使”怎么会年纪轻轻就忽然离去!要知道,许多人甚至把她看作健康的化身、健美的典范。一时间,社会上议论纷纷,各种猜测、各种分析接踵而来。

第一种猜疑是,马华可能吃减肥药,且通过节食减肥。

第二种猜疑是,马华是死于白血病吗?

第三种猜疑是,马华得绝症跟健身有关。

第四种猜疑是,马华死于健身房装修材料的污染。

然而,这种种猜疑随着时间的推移,一一被推翻。

第一,马华从来没吃过减肥药,她不仅不节食,反而饭量相当大。她自己有一套饮食标准,而且还为其学员制定饮食方案。她知道,像她这样的运动量,没有充分的营养是不能支撑的。

第二种猜疑与第一种有关,因为如果马华吃减肥药,人们就有理由怀疑可能是减肥药的副作用导致死亡的,而不是白血病致死。

第三种猜疑反映了人们的一种恐惧,健身健美的典范居然得了绝症,以后还能做健身健美吗?如果真是这样,做健身健美岂不致癌?

第四种猜疑也随着科学的检测被否定,健身房的辐射指标和空气质量都符合国家标准。这种怀疑反映了当前人们对环境质量的担忧,对污染的关注。

马华死于白血病是确凿的事实。

马华于2001年2月初患感冒,马华的母亲是退休医生,劝她到医院看一看,查一下血。马华说忙,没有去。她当时忙于配合中央电视台体育频道《早安中国》节目,带着自己俱乐部的一位女学员去拍摄《减肥跟踪纪实》。

过了一阵子,马华的感冒症状日渐加重,咳嗽、发烧、嗓子痛、关节痛、腰痛。后来,她身上起了一块块的紫斑,就像磕了碰了一样。现在回过头来看,这既是坏血病的症状,也是白血病的征兆。由于她以前也经常皮肤过敏,母亲并没有把这一症状同白血病联系起来,就这么拖了半个多月,马华始终没有到医院检查。

当时,她,包括她的家人对“感冒症状”并没有特别紧张,认为这不过是紧张繁忙所致。她以前也从未因病住过医院。拍摄期间，浑然不知严重后果的她，实在坚持不住了，就趁休息时间悄悄吃上几片感冒药。

难以置信的是，她还坚持每天为俱乐部学员上三节课。作为明星、董事长，在有其他教练的情况下，她完全可以作壁上观，但她一直身体力行。

2 月 16 日，高烧中的马华再一次来到俱乐部为学员带操上课，一做就是两小时，这是马华人生中的最后一课。

2 月 18 日，马华参与《减肥追踪》节目第一阶段最后一次制作。这天马华很晚才回到家中，也没吃饭，就躺在床上睡了。

2 月 19 日，母亲带她到医院检查，即刻发现马华得了白血病，马华当晚住进了 301 医院。第二天，确诊为“急性非淋巴细胞白血病”。主治医生迅速做出立即化疗的决定。

5 月 7 日，马华转到北京市人民医院专科医生陆道培病房。就目前的医学水平而言，治疗白血病的最有效的手段是进行骨髓移植。马华哥哥的骨髓与她的骨髓配型完全吻合，她哥哥也随时准备为妹妹做骨髓移植手术，他一直在焦急地等待。但要进行异体骨髓移植必须具备一个先决条件：患者通过化疗，其体内的幼稚细胞要控制在 5% 以下。可遗憾的是，马华经过多次化疗，其体内幼稚细胞一直杀不下去，因此，一直没有骨髓移植的机会。

后来，由于抵抗力不断削弱，引发了混合感染，出现了间质性肺炎。医院实施抗菌治疗，家人也托人到香港及国外购买相关药物。但由于这种感染本身很难控制，尽管什么药都用了，还是无效。马华最后死于肺炎，年仅 41 岁。

至今尚未见到从马华之死我们应该获得什么教训的报道。既然她的死因不是节食或吃减肥药，也不是放射性污染或有害气体污染，那么按医学上的说法，她的死因就是白血病。可她患白血病的原因何在呢？这个问题在医学上竟很难回答。翻开教科书，也没有明确答案，只是写着：“白血病是一种原因尚未十分明了的疾病”。既然如此，医学的任务就是如何救治，没有教你如何预防的。对急性白血病，除骨髓移植外，也没有其他有效手段。

然而，依笔者的见解，马华之所以罹患白血病，根本原因是维生素缺乏问题。可前文说过：“马华自己有一套饮食标准，而且还为其学员制定饮食方案。她知道，像她这样的运动量，没有充分的营养是不能支撑的。”如此看来，她不是很懂营养吗？而营养加锻炼是最好的健身之道，不仅不应该得癌，连感冒之类的都应该很少发生。

那么，马华会缺少什么维生素呢？

首先，就是维生素 C 缺乏，也就是欧文 · 斯通博士所揭示的“低抗坏血酸症”。人类本来就有不能在体内制造维生素 C 的遗传缺陷，感冒时则会极度消耗体内储备的维生素 C,而缺少维生素 C 的机体,必然会得亚临床乃至临床坏血病,血管会脆弱出血,形成“紫癜”,这就是前面所说的“她身上起了一块块的紫斑,就像磕了碰了一样”。同时,免疫机能必然下降。“我弱则敌强”,病毒一定愈加猖狂。

据马华的哥哥说,在感冒期间,马华吃了大量感冒药,马华的皮肤过敏,很可能就是药疹。之所以出现药疹,维生素 C 缺乏是首要原因。因为,感冒药也会消耗大量的维生素 C。

第二, B 族维生素缺乏。我们的身体在应付压力时,会消耗大量的 B 族维生素。感冒等疾病更是如此。

感冒看似小病,但对身体会带来各方面的损伤,而这些损伤需要补充大量的营养素来修复,单靠一日三餐所获营养是难以在短期内完成的。更何况,一般的感冒药都会伤胃,令胃口下降,在身体最需要营养的时候你不想吃东西,这势必削弱机体的免疫功能,不能迅速有效地战胜病毒,使感冒病程拖延。且不说感冒药还有诸多的毒副作用。

在日常生活中我们经常被告知,感冒要多喝水。其实这是不完全的知识。我们知道,维生素 C 与 B 族维生素均属于水溶性维生素,喝水越多,经汗液和尿液排泄得也越多。这样,势必造成机体中维生素 C 与 B 族维生素浓度大大降低。前面已经谈过,维生素 C 与 B 族维生素对免疫功能极为重要,如果机体缺乏这两种维生素,那么,各种感染就会接踵而来。同时,各种矿物质也会随水大量流失,因为它们也是水溶性的。美国营养学家戴维丝曾遇到一位女士,她营养吃得很全面,但仍出现了严重的 B 族维生素缺乏症,原因何在呢? 戴维丝找到了她的问题所在,原来是喝水太多!

有报道称,马华的运动量非常大,如果你见过她跳操,就会马上否认她吃过减肥药。她精力十足,一边喊一边与学员一起跳。跟着她跳的人个个大汗淋漓,而她比学员流的汗还多。她一节课下来,那么大的健身房,所有的镜子都挂满雾水,连人都看不清了。可以想见她出了多少汗。

出汗多必然要多喝水,营养素的大量流失也可想而知。体内水溶性维生素 C 与维生素 B 的流失如果得不到补充,后果必然是免疫功能的下降。

第三,缺乏维生素 A。《现代营养学》称: 虽然肝中储存大量的维生素 A,且消耗的速度很慢(每日仅 0.5%),但维生素 A 在体内却处于**极高的动态。而严重感染伴有发烧时,则成为维生素 A 丢失的主要途径。**

**笔者认为,维生素 A 的首要功能是保障细胞的正常分化,细胞分化不正常,就有可能发生异常增生。**

前文已述,笔者认为,将白血病归为癌症,是医学分类学的一大失误,使本来已经被复杂化的癌症研究更加纷繁。白血病是白细胞不能正常分化、成熟的一种疾病。而根据营养学原理，维生素 A 的一项重要功能就是维持细胞正常分化。因此，从逻辑上分析，白血病可能是维生素 A 严重缺乏的后果，应该是合理的。

从我国著名白血病专家王振义教授的成就，也可以推测，白血病是维生素 A 严重缺乏的体现，可以归类为维生素 A 营养不良。

据《众病之王：癌症传》："从 20 世纪 70 年代开始，这种癌症（指白血病）细胞的成熟障碍已经促使科学家去寻找一种能迫使这些细胞成熟的化学物质。人们在试管中对这种癌症的细胞测试了几十种药物，只有一种药物脱颖而出——视黄酸（retinoic acid——类维生素 A），一种氧化形式的维生素 A。但是，研究人员发现，视黄酸是一种令人苦恼的、不可靠的试剂。某一批酸可能催熟这种癌细胞，而另一批相同的化学品却可能失败。这些变化莫测的反应令人沮丧，让起初对这种催熟的化学物质满怀热情的生物学家和化学家调头离开。

1985 年夏天，一队来自中国的白血病研究人员到达巴黎，王振义与法国巴黎圣路易斯医院迭格斯医生（Laurent Degos）合作。

他们知道，视黄酸有两个密切相关的分子形式，称为顺式视黄酸和反式视黄酸。两种形式的成分相同，只是分子结构略有差别，但其化学反应却迥然不同。

上海郊区有一家制药厂，可以制造纯的不掺杂反式视黄酸的顺式视黄酸。王振义将在瑞金医院的急性早幼粒细胞白血病患者身上测试这种药物。"

从上文可见，王振义教授走的路仍然是沿着西方制药界走的路。

一般，西方制药公司是这样运作赚钱的：① 寻找一种对健康有益的天然物质；② 用化学方法改变这种物质，使它符合专利的要求，这是因为天然物质不能成为专利；③ 登记新药专利并获得 FDA 批准。

维生素 A 就是一种对健康有益的天然物质。以上"研究人员发现，视黄酸（维生素 A）是一种令人苦恼的、不可靠的试剂"意味着维生素 A 不可靠，这是为用化学方法改变这种物质寻找理由。

无论如何，即便从维生素 A 衍生物对白血病治疗的有效性，我们也可看出，白血病可能是维生素 A 缺乏的结果。

流行病学调查表明：维生素 A 的摄入与癌症的发生呈负相关，动物实验也表明维生素 A 可减轻致癌物质的作用。大量研究表明，视黄酸能诱导 HL-60 细胞及急性早幼粒细胞（白血病）的分化（《生物化学》第 5 版）。

目前发现动物缺乏维生素 A 容易发生肿瘤，用维生素 A 或维生素 A 的衍生物补充，能预防与治疗肿瘤。这些研究已经在国际权威性杂志 *Science* 上讲得非常明确，国内也进行了很多研究（陈仁淳，《营养保健食品》）。

笔者以为，这类可以用维生素 A 预防与治疗的肿瘤与笔者破解的癌症不是同一类，属于缺乏维生素 A 引起的异常增生，是营养缺乏病。

综上所述，依笔者之见，感冒病毒对骨髓造血功能的破坏可能是马华罹患白血病的肇因（外因）；而维生素 C、维生素 A 的缺乏则是其根本原因（内因）。

从马华之死我们可以看出营养补充的重要性，仅靠一日三餐不能纠正我们与生俱来的遗传缺陷（维生素 C 遗传性缺乏），一旦生病，相关营养素更大量流失，当这些营养素极度缺乏时，就有可能引发恶性疾病。

* 本节内容已征得马华亲属认可。

# 第十一节　大鼠、豚鼠与药物安全性实验

## ——抗坏血酸遗传缺陷学说对实验动物学的指导意义

笔者创立的“人类抗坏血酸（维生素C）遗传缺陷学说暨人类第一病因学说”，传达了这样的信息——能否在体内制造维生素C，造成我们人类与动物在健康方面的巨大差别。绝大多数哺乳动物都可以在身体内部合成维生素C，不仅如此，在它们要生病时，还会加大维生素C的生产数量，做出迅速的应激反应，把疾病消灭在萌芽状态。而我们人类的祖先却在进化的某个阶段丢失了这个“本领”，造成我们应激反应慢，经常被病原体打败。

**判断一个器官的功能，比如甲状腺，最简单的方法就是把它摘除，看机体会发生什么故障（*Why We Get Sick*）。这就是对比的方法，看有甲状腺的机体与没有甲状腺的机体有什么不同。同样，判断维生素C的功能，最简单的方法就是对比，看会制造维生素C的机体与不会制造维生素C的机体有什么不同。**

缺少了制造维生素C的“本领”，人和动物显示出巨大的差异。我的一个小学同学以不吃蔬菜水果的肉食动物豺狼虎豹为例，作了一番比较：

心脑血管疾病（冠心病、中风）是人类的第一杀手，豺狼虎豹几乎没有；

癌症是人类的第二杀手，豺狼虎豹中也没有发现；

每个人每年都会感冒数次，豺狼虎豹从来不会感冒；

人类喝不得生水和污水，豺狼虎豹即使喝泥塘里的水，也安然无恙；

人类吃不得生肉和腐肉，豺狼虎豹不仅可以吃生肉腐肉，而且生气勃勃；

热带丛林中，人被蚊子叮咬很容易得疟疾，豺狼虎豹同样被叮咬，却从来不会打摆子。

从下述报道我们也可以看出，人与动物相比，健康状况的差距十分鲜明。

2001年12月19日《北京晚报》报道：“进入严冬，儿童感冒人数大增，北京两所最著名的儿童医院人满为患。北京儿童医院日门诊量超过5 000人，其中接受输液者超过1 300人；首都儿科研究所附属儿童医院日门诊量突破3 000人，有150多个孩子接受输液。小儿秋季腹泻还没‘走’，呼吸道感染又来了。一个宝宝看病，常跟来4位家长，使医院更加拥挤。”

与此相映成趣的是下述报道。2001年12月17日《北京青年报》报道：“正当人们饱受流感痛苦折磨时，北京动物园450余种，5 500余只动物却欢蹦乱跳、健

康如常。不过最让管理人员伤脑筋的是灵长类动物，它们的身体与人类最为相近，也最容易患感冒。”

卡思卡特医生观察到，会制造维生素 C 的动物在经历手术、外伤和感染时，疼痛时间和伤残时间均比人类短，似乎它们没有人类那样的二次炎症“暴发”。他说，他的观察印象得到兽医的证实。

动物界能否制造维生素 C 的分界线恰好在低等灵长目与高等灵长目之间。也就是说，在低等灵长目以下的几乎所有哺乳动物都会在体内制造维生素 C。可是，大自然十分奇妙，在啮齿类动物中，创造了一种不会在体内制造维生素 C 的哺乳动物——豚鼠。

现在，让我们比较一下会制造维生素 C 的实验动物大鼠和不会在体内制造维生素 C 的实验动物豚鼠，看看有什么不同。

据有关实验动物教材记载，大鼠抗病力强，对外环境适应性强，成年鼠很少患病。垂体与肾上腺系统功能发达，应激反应灵敏。教材虽然知道大鼠会在体内制造维生素 C，但并不清楚维生素 C 有良好的解毒功能，在有关教学资料中仍然写着“大鼠适于做畸胎学研究和避孕药研究”。实验动物大鼠已被人工驯化百年以上，笔者估计，其野生同类可能有更强的解毒能力和抗病能力。

与此形成鲜明对照的是，据有关教材记述，豚鼠对很多致病菌和病毒十分敏感，是进行各种传染性疾病研究的重要实验动物。如结核、白喉、鼠疫、斑疹伤寒、炭疽、脑膜炎等，均常选用豚鼠进行研究。豚鼠皮肤对毒物刺激反应灵敏，其反应近似于人。豚鼠易引起变态反应（过敏）。教材虽然知道豚鼠不会在体内制造维生素 C，但对维生素 C 功能的认知则仅限于“缺乏会引起坏血病”。

早在 1971 年，有一位医生琼格布鲁特（C.W.Jungeblut）就发现，豚鼠具有人类的特定生理特征，包括，不仅易患坏血病，而且容易过敏性休克，易染白喉、肺结核、病毒性白血病，以及一种像脊髓灰质炎的“向神经病毒感染”。

豚鼠每天只需要维生素 C 1.5 mg 就能防止坏血病，这比 RDA 对人的标准稍高，但 M.S. 尤（M.S.Yew）的研究表明，为了最佳成长和健康，它需要每日 16 mg/kg，而在手术和麻醉后的恢复期，则需要每日 50 mg/kg。

豚鼠饲养规范中说：“豚鼠自身体内不能合成维生素 C，饲料中一定要注意维生素 C 的补充。比较经济和高效的方法是将维生素 C 溶于饮水中（200 ～ 400 mg/L，新鲜配制）。其中用于溶解维生素 C 的饮水最好使用蒸馏水或去离子水，因为含氯离子和一些金属离子的水会使维生素 C 失效，最好使用不锈钢的饮水设备。”“一般豚鼠维生素 C 每日需要量为 1 mg/100 g 体重。在生长、妊娠、泌乳期间实际需要每日 15 ～ 25 mg/100 g 体重。豚鼠对变质饲料特别敏感，常因此减食或拒食，霉变饲料或含有杀虫剂的草可引起豚鼠中毒死亡”（《新编实验动物学》P135，367 ～ 368）。

通过以上比较，我们可以很清楚看出，由于不能在体内制造维生素 C，豚鼠比大鼠容易生病、中毒。能否制造维生素 C 对健康的影响一目了然。

1990 年，马修斯 · 拉舍用豚鼠做实验，证明人类冠心病的根本原因是体内不会制造维生素 C。为什么选用豚鼠，因为豚鼠与人一样，不会在体内制造维生素 C。后来有人用大鼠做实验，但用遗传工程使大鼠不会制造维生素 C，也取得了同样的结果。实验证明，人类因维生素 C 缺乏导致胶原蛋白合成受阻，血管壁的损伤得不到修复，致使脂蛋白（a）带领胆固醇（LDL）沉积血管壁，形成冠心病。为了预防冠心病，使血管壁健康，豚鼠需要每天摄入维生素 C 70 mg/kg。这与小鼠、大鼠每天合成大约 200 mg/kg 维生素 C 相比，还有相当大的差距。

笔者认为，大鼠与豚鼠之所以产生如此巨大的差异，原因正在于豚鼠不能在体内制造维生素 C，这就涉及维生素 C 的基本功能，因为，丧失制造维生素 C 的本领，必然削弱这些功能。笔者常将维生素 C 的基本功能概括为以下五项（另有多项，参阅第四章）：**应激、解毒、免疫、抗自由基、组织修复**。

由于失去了制造维生素 C 的“本领”，以上各项功能均被大大削弱，致使在对抗疾病方面，豚鼠远不如大鼠。

人类的情况与豚鼠相似，不会在体内制造抗坏血酸，因此与绝大多数哺乳动物比较，健康状况也存在巨大差异。根据珍妮 · 古德尔的观察，黑猩猩与人类在疾病的易感性方面有许多相似点。黑猩猩是与人类血缘关系最近的物种，与人类一样，也不会制造抗坏血酸。

可见，能否在体内制造维生素 C，影响的范围甚广。笔者相信，维生素 C 有多少个功能，那么，这些功能应该全部受到影响。

今后的教材应该加上一笔，在有关冠心病的研究中需要进行动物实验时，应该选用豚鼠。因为它与人类一样，都不会在体内制造维生素 C。

我们知道，“反应停”的药物安全性实验是用大鼠做的，而大鼠会在体内制造维生素 C，有良好的解毒功能，与人类不可同日而语（没有可比性）。因此，实验铸成大错，认为“反应停”是孕妇可以接受的，结果害了成千上万的孕妇，在全世界生下至少 12 000 个外形像海豹的畸形儿（海豹儿）。“反应停”虽然下架了，但是另外一种药品“镇吐灵”则被许多医生认为可以接受，有可能重新上架。笔者以为，“镇吐灵”的动物实验也是用大鼠做的，换作豚鼠，结果可能完全不能接受（参见第二章第二节）。

由以上分析可见，体内能否制造维生素 C 是一个分水岭，对人与动物的生理、新陈代谢带来巨大差异。不过，这个概念在医学界、药学界还不普及。药物安全性实验即检验药品是否有毒副作用，首先看动物是否受到毒副作用影响，而动物是否易感则是前提。选择不易感的动物，会得出毒副作用低的结论，如果再做人体临床试验,容易出现偏差。**目前,药物安全性实验仍以小白鼠、大鼠为主,这样的实验结果令人担忧其安全性与可靠性**。

通过以上分析可见,大鼠与豚鼠在抗病力(免疫力)方面之所以有如此巨大的差别,关键原因在于能否在体内制造维生素 C。做药物安全性实验应该用豚鼠,因为它与人是一类,不能在体内制造维生素 C,而不应该用大鼠或小白老鼠,因为它与人不是一类,可以在体内制造维生素 C。然而现实是,在现代药物的开发中,“常用的实验动物有小鼠、大鼠、兔子、猫、狗、猴子等”(《科学成就健康》)。但我们须知,这些动物(除猴子外)均会在体内制造维生素 C,与人类的抗病能力、解毒能力不能类比。做实验的猴子主要是猕猴,与人类一样不能在体内制造维生素 C,作为实验动物是合适的,但一方面成本高,另一方面,现在人们已经意识到动物保护的重要性,用猴子做实验的越来越少。然而,许多新药开发仍然以小鼠、大鼠为主,而不用豚鼠,相信不是经济成本的原因,而是没有维生素 C 遗传缺陷的概念。兔子、猫、狗、猴子的成本均应高于豚鼠。

总之,大鼠与豚鼠对比,大鼠可以在体内制造维生素 C,因此抗病能力、解毒能力强;豚鼠不能在体内制造维生素 C,因此抗病能力、解毒能力低下。而人类也属于不能在体内制造维生素 C 的一类,与豚鼠有许多共同点。因此,进行药物安全性实验应该使用豚鼠。

注:豚鼠(*Cavia porcellus*),又名荷兰猪、荷兰鼠、天竺鼠、葵鼠、几内亚猪、彩豚,在动物学的分类是哺乳纲啮齿目豚鼠科豚鼠属。尽管被叫作“几内亚猪”,但是这种动物既不是猪,也并非来自几内亚。它们的祖先来自南美洲的安第斯山脉。根据生物化学和杂交分析,豚鼠是一种天竺鼠诸如白臀豚鼠、艳豚鼠或草原豚鼠等近缘物种经过驯化的后代。在南美的土著文化中,豚鼠占有重要地位,它们不仅是一种食物来源,也是一种药物来源和宗教仪式的祭品。豚鼠以青草、植物的根以及果实种子为食,是绝对的素食主义者。野生的豚鼠身材苗条,运动灵活,由于长期被人类当作宠物饲养,缺乏运动,才变得胖乎乎的。豚鼠喜欢多只挤在一起,这或许是因为野生状态下多只生活在一起可以增加发现敌人的概率。豚鼠会通过轻微的叫声相互沟通。

图 4–3 哺乳类中,人、猴、豚鼠,最容易得感染性疾病,而正是它们,都不会合成维生素 C

《不列颠百科全书》国际中文版对豚鼠的解释为:“一种驯养的啮齿目豚鼠科动物,原产于南美洲。在印加时代以前即已驯化,美洲发现后不久便引进欧洲,并迅即成为受人喜爱的观赏动物和有价值的实验动物。”

# 第十二节　哈曼的故事

## 维生素C——抗衰老的先锋

长寿自古以来一直是人类的梦想。人类从未停止过寻觅长生不老药，而科学家则从未停止过探求人为什么会衰老。因为，只有找到衰老的原因，才能找到对抗衰老、延长寿命的最有效手段。

20世纪中叶，在人类探索衰老原因、寻求延长寿命良策的漫长历史上，一项划时代、具有里程碑意义的重大发现诞生了！

这一年，美国科学家、内布拉斯加大学医学院教授顿汉·哈曼（Denham Harman，1916—2014）博士提出一项有关衰老的新学说，即所谓"自由基"理论。该学说认为，体内的自由基攻击生命大分子造成组织损伤，是引起机体衰老的根本原因，也是诱发肿瘤等恶性疾病的重要原因。后来的众多研究又表明，补充可以对抗自由基的抗氧化剂，特别是维生素C，可以延缓衰老，预防各种中老年慢性疾病。

哈曼生于1916年，毕业于内布拉斯加大学医学院，毕业后在壳牌石油公司从事化学研究。他当时研究的课题是有关氧、硫化物、磷化物以及有机化合物的自由基反应。

所谓自由基是指少了一个配对电子的原子或分子，也叫游离基（free radical）。比如塑料这种有机化合物在自由基的作用下会发生反应，原来很有弹性的塑料渐渐变硬变脆，出现俗称的所谓"老化"。

哈曼的研究与石油化工产品的开发密切相关。他对自己的研究兴趣盎然。然而，他从未将自由基与人类的衰老（即老化）联系在一起，尽管他在学医时曾对衰老的原因抱有好奇。

1945年12月的一天晚上，哈曼下班回家，妻子给他看了一本杂志，其中有一篇文章叫《明天你将更年轻》。这篇文章是苏联基辅老年医学研究中心波哥马列茨博士写的，内容涉及衰老的机理以及如何长寿。

哈曼回想起在大学学习时听说过的曾轰动一时的、著名的洛克菲勒实验。洛克菲勒大学的卡雷尔教授*对鸡细胞的研究似乎说明，在组织培养中，细胞可以无

* 卡雷尔：1873—1944年，法国医学家、生物学家，曾获1912年诺贝尔生理学或医学奖。

限制地分裂，鸡细胞似乎是“不朽的”。哈曼虽然对这个实验始终有所怀疑，但从未有机会验证过（后来有人研究证实，这个实验的确是错误的）。

由于以上两件事的刺激，哈曼向自己提出问题：人为什么衰老？或者说是什么原因引起人的衰老？人固有一死，这是必然的，但人类的最大寿命不能改变吗？年龄增长是否一定意味着体质变弱、日渐衰老？

1949—1954年，哈曼又在加州斯坦福大学完成生物学课程，同时在斯坦福大学医院和美国荣军医院完成住院医生实习。

1954年6月实习结束后，哈曼进入加州大学伯克利分校的Donner医学物理研究所。

这年11月上旬的一个早上，哈曼在自己办公室的写字台前坐下，像往常一样静静地思考着衰老之谜。这一天他想到，大自然母亲似乎有某种东西在万物的衰老中起作用，恰如一首乐曲一而再、再而三地在一个旋律下变奏。既然衰老死亡是普遍规律，既然万物都要衰亡，那么，对生物来说，特别对动物，一定存在一个随遗传和环境而变化的共同原因。想着想着，他的脑海中突然灵光一闪：“自由基，自由基与衰老？自由基——衰老！”哈曼突然意识到，自己找到了衰老原因的正确答案。他豁然开朗了——人类衰老的根本原因一定是自由基！

12月上旬，哈曼在伯克利校园漫步，与有关师生探讨自己对衰老原因的这个新见解，征询他们的意见，但绝大多数师生都表示怀疑，认为衰老的原因很复杂，这样解释似乎太简单了。

自从有了这个想法以后，哈曼投入了更深入的研究。从1956年起直到他去世，共发表各种论文数十篇，以大量的科学实验为基础，探求自由基引起衰老的奥秘。不过，有关自由基的研究，范围非常广泛，似乎非一人之力所能胜任。可以说，哈曼启动了科学界对自由基与衰老、抗氧化剂与抗衰老进行大规模研究。

大量证据表明，人体衰老的奥秘（近因）已被破解，人类虽然不能长生不老，甚至很难突破寿命的极限（寿限115岁），但延长平均寿命且健康长寿是完全可能的。因为，抗衰老、延缓衰老的良药就是抗氧化剂，而各种抗氧化剂不仅已经找到，而且可以大量生产和提供。哈曼的发现无疑是人类发展史上的重大事件，理应载入史册。笔者认为，从这层意义上说，哈曼博士应该获得诺贝尔奖。

哈曼博士提出的衰老的自由基理论，其实是一种假说。**许多假说的验证并不依靠实验方法**。那么，这种假说是否令人信服，就看它有没有道理。

笔者认为，哈曼的理论有它的道理。首先，哈曼是从对比中发现真理的。他虽然学医，但研究过有机化工产品的自由基反应，就是研究我们常见的有机化工产品的老化问题；而人也是有机体，只不过是有生命罢了。自由基可以让塑料之类老化，那么，人的老化是不是有相同的原因呢？如果哈曼没有在壳牌石油公司做化学研究的经历，他不大可能将有机化工产品的老化与人的衰老联系在一起。

其次，他的见解有道理："既然衰老死亡是普遍规律，既然万物都要衰亡，那么，对生物来说，特别对动物，一定存在一个随遗传和环境而变化的共同原因。"

其三，真理往往很简单。许多人都认为，衰老的原因很复杂，以为这样的解释似乎太简单了。**但爱因斯坦在建立相对论的过程中，始终坚信一个思想：一个科学理论逻辑上的简单性，是这种理论正确性的重要标志**。明白了自由基是衰老的原因，即明白了老化是氧化的结果。事情的确很简单，衰老就如同铁的氧化一样简单明了。

尽管从达尔文医学（即进化论医学）的视角看："在过去的数百年里，现代社会中，人的平均寿命（期望寿命）稳定地延长了，但是，最高寿命（寿限）却没有变化。几百年前，就有一些人活到115岁，今天，这个寿限依然如故。所有的医学奇迹，所有公共卫生事业的进步，都没有切实地提高这个寿限。"

虽然我们难以逾越寿限，但如果生活环境适宜、没有战争，又采取一定的合理措施，特别是采用抗氧化剂，笔者认为，人类有可能更加健康长寿。

维生素C是最重要的抗氧化剂。有人将维生素C列为最有益于长寿的维生素。多项研究确认，维生素C能够消除自由基，延缓衰老，延长寿命（简·卡帕，《延缓衰老》；谢良民，《营养抗衰老》）。

维生素C的抗衰老作用至少体现在以下八个方面：

（1）预防癌症：到目前为止，已经有120多项科学研究确认维生素C具有抗癌防癌功效，特别是瑞欧丹的重大发现——维生素C解体癌细胞。

（2）保护动脉等血管：动脉由平滑肌构成，其中主要成分是胶原蛋白，而合成胶原蛋白必须有维生素C参与。

（3）增强免疫力：众所周知，淋巴细胞（白细胞）是机体对抗细菌和病毒等病原体入侵的生力军。充足的维生素C可令机体免疫系统产生足量的淋巴细胞。

（4）放慢生物钟：哈曼博士的研究表明，人体的生物钟就在细胞的线粒体中，随着年龄增长线粒体被越来越多的自由基攻击，人体也就日复一日衰老。而大量补充维生素C就能提供大量的抗氧化剂，使线粒体退化的速度放缓。

（5）保护牙齿：老年人牙齿越来越少，正如韩愈所谓的"尔齿牙动摇"。大量证据表明，维生素C可以保护牙龈组织，令你牙坚齿利。

（6）预防白内障：老年人常患白内障，正如韩愈所谓的"尔视茫茫"。这是由于自由基攻击眼睛中的晶状体而形成的。加拿大的一项对照研究表明，不补充维生素C者患白内障的危险性要比补充者高出3.3倍。

（7）预防关节炎：发炎过程与氧自由基关系密切，自由基导致透明质酸降解、变性，而透明质酸是高黏度关节润滑液的主要成分。维生素C等抗氧化剂的缺乏是人体炎症的重要成因。

（8）预防老年痴呆：自由基带来的氧化损伤是老年痴呆的重要原因。自由基攻击脑脊液，使其中的多糖类物质变性；自由基攻击细胞膜导致脑细胞衰亡。维生素 C、维生素 E 可以对抗自由基，保护细胞膜，从而预防老年痴呆。

哈曼博士（图 4-4），88 岁时仍活跃在抗衰老研究领域，并被公认为"衰老的自由基理论之父"。他的观点一直是：自由基是引起机体衰老和各种疾病的根本原因，补充抗氧化剂可以延缓衰老。他是自由基理论的创立者，也是自由基理论的实践者和受益者。

图 4-4　84 岁仍然继续抗衰老研究的哈曼博士

他自己每天补充下列营养素：

维生素 C——2 000 mg，每日 4 次，每次 500 mg。

维生素 E——150 ～ 300 IU。

β－胡萝卜素——隔天服用 25 000 IU（15 mg）。

辅酶 $Q_{10}$——30 mg，每日 3 次，每次 10 mg。

硒——100 μg，每日两次，每次 50 μg。

锌——隔天服用 30 mg。

少量服用不含铁的复合维生素片剂。

哈曼博士 2014 年 11 月去世，几近百岁。94 岁时，他仍继续在办公室工作，每天 7 小时，每周 4 天。

笔者认为，哈曼因"衰老的自由基理论"应该获得诺贝尔奖。有此看法的人恐怕不在少数。哈曼曾经 6 次被提名诺贝尔奖，可惜诺贝尔奖没有综合理论奖、假说奖。哈曼从 38 岁起开始研究衰老问题，直至 94 岁，依然在实验室工作，真可谓"老骥伏枥，志在千里"。

在诺贝尔奖成立的最初几年，诺贝尔奖评定委员会认为，**理论研究不如实验研究更值得信赖和奖励。获得诺贝尔奖的人都应该是工作在他们（指委员会）认为**

重要的领域。即便爱因斯坦,也不是因为相对论获奖,而是表彰他在光电效应研究方面做出的贡献。显然,这是无法与相对论同日而语的。这一传统似乎一直在延续。

确定一位科学家在科学发展史上的地位不是诺贝尔奖的初衷,它只是一项奖励而已。比如,我们不能因为沃森与克里克(破解 DNA)获得诺贝尔奖,而否定鲍林对破解 DNA 的贡献。鲍林可以说是这二位的老师,教会了他们破解 DNA 的方法,而这二位则是站在巨人鲍林肩上获得成功的,尽管他们绝少提起。我们常说,历史会有公论,科学史也一样。

同样,哈曼在医学发展史上的地位与是否获得诺贝尔奖无关,医学教材在提到自由基理论时,每每提及它的创始人是哈曼,这就是对他的最大奖励。

## 参考文献

[1] Cathcart R F. The vitamin c treatment of allergy and the normally unprimed state of antibodies (Submitted to Medical Hypotheses February 13, 1986)[J/OL]. http://www.vitamin c orthomed.com.

[2] Cathcart R F. The three faces of vitamin C[J].Medical Hypotheses, 1986, 21(3): 307-321.

[3] Centre for Advanced Medicine Limited. Vitamin c: evidence, application and commentary[J/OL]. http://www.camltd.co.nz .

[4] Cheraskin E. The vitamin C connection[M].New York: Harper& Row, 1983.

[5] Cooke W L, Milligan R S. Recurrent hemoperitoneum reversed by ascorbic acid[J].JAMA, 1977, 237(13): 1358-1359.

[6] Disease by titrating to bowel tolerance[J].Othomolecular Psychiatry, 1981, 10(2):125-132.

[7] E 霍奇森,等 . 现代毒理学[M]. 江桂斌,等译 . 北京: 科学出版社, 2011.

[8] Hoffer A. Clinical procedures in treating terminally Ill cancer patients with vitamin C[J]. Journal of Orthomolecular Medicine, 1991, 6(3): 4.

[9] Klenner F R. The treatment of poliomyelitis and other virus diseases with vitamin C[J]. South Med J, 1949, 3(7): 209-214.

[10] Ledley F D. 苯丙氨酸羟化酶和酪氨酸羟化酶结构和功能的同源性[J]. 诸利人,译 . 医学分子生物学杂志, 1986(6):43-44.

[11] Lewin S. Vitamin C: its molecular biology and medical potential[M]. London: Academic Press, 1976.

[12] Nesse R M, Williams G C.Why we get sick[M].New York : Vintage Books, 1995.

[13] Pauling L. How to live longer and feel better[M].Corvallis: OSU Press, 2006.

[ 14 ] Rath M, Pauling L. A unified theory of human cardiovascular disease leading the way to the abolition of this disease as a cause for human mortality [ J/OL ]. http：//www.orthomed.org.

[ 15 ] Robert F Cathcart.The method of determining proper doses of vitamin C for the treatment of terminated [ J/OL ]. http://www.vitamincfoundation.org.

[ 16 ] Thomas E Levy. Primal panacea [ M ]. NV：Henderson，2012 .

[ 17 ] Vitamin C cures New Zealander's Swine Flu just as life support was to be virus pneumonia and its treatment with Vitamin C [ J ]. Journal of Southern Medicine and Surgery，1948，110：60-63.

[ 18 ] Ziegler E E. 现代营养学 [ M ]. 闻芝梅,陈君石，主译 . 7 版 . 北京：人民卫生出版社，1998.

[ 19 ] 安德尔 · 戴维丝 . 吃的营养科学观 [ M ]. 王明华，译 . 台北：世潮出版有限公司，1995.

[ 20 ] B A 鲍曼，R F 拉赛尔 . 现代营养学 [ M ]. 荫士安,汪之顼，译 .8 版 . 北京：化学工业出版社，2004.

[ 21 ] 伯克利 G E. 癌症预防 [ M ]. 陈祖辉，译 . 香港：医药卫生出版社，1983.

[ 22 ] 陈仁淳 . 医药保健食品 [ M ]. 北京 . 中国轻工业出版社，2001.

[ 23 ] 陈媛,周玖 . 自由基医学基础与病理生理 [ M ]. 北京：人民卫生出版社，2002.

[ 24 ] 方舟子 . 科学成就健康 [ M ]. 北京：新华出版社，2007.

[ 25 ] 顾三明,崔岩,孙风春 . 大剂量维生素 C 治疗支气管哮喘的疗效观察 [ J ]. 临沂医专学报，2000 ( 4 )：287.

[ 26 ] 李华,等 . 新编实验动物学 [ M ]. 沈阳：辽宁民族出版社，2006.

[ 27 ] 利迪亚德 P M. 免疫学 [ M ]. 林蔚慈,译 . 北京：科学出版社，2001.

[ 28 ] 刘家驹,陈俊杰 . 现代免疫学概述 [ M ]. 桂林：全国卫生局长学习班学习材料，1981.

[ 29 ] 乔树芳 . 白癜风与高维生素 C 饮食相关性临床观察 [ J ]. 皮肤病与性病，2008，30 ( 1 )：29-30.

[ 30 ] 王世臣 . 思维方式的变革与大剂量维生素 C 疗法的创立 [J]. 地方病通报，1996 ( 02 )：7.

[ 31 ] 张开明,等 . 最新皮肤科学理论与实践 [ M ]. 北京：中国医药科技出版社，2000.

[ 32 ] 周爱儒 . 生物化学 [ M ]. 北京：人民卫生出版社，2001.

# 第五章 鲍林与维生素C

本书已多次提到鲍林。就世界范围来说，莱纳斯·鲍林（Linus Pauling）是一个知名度极高的科学家。他曾在两个截然不同的领域**两次独获诺贝尔奖**，这在迄今为止的800多位获奖者当中是独一无二的。1954年，他因在化学领域的卓越成就而荣获诺贝尔化学奖；1963年，又因在禁止核武器与争取世界和平事业上的巨大贡献而荣获诺贝尔和平奖。

**图5-1 两次获得诺贝尔奖的大科学家莱纳斯·鲍林**

一个科学家的影响力和知名度与他的著作和名字被他人引述的次数成正比。也许是基于这一理由，英国著名《新科学家》杂志将他列为**人类有史以来最著名的20名顶级科学家之一，可以与爱因斯坦比肩**。所以，笔者将鲍林称为**大科学家**。

然而，鲍林也是一个颇具争议的科学家，其中争议最大的话题集中在他对维生素C的态度上。在20世纪七八十年代，他曾引发两场与主流医学的争议，引起世界范围的关注，并由此成为20世纪最大的科学争议。一场是维生素C有没有预防和治疗感冒的效果，另一场是维生素C有没有预防和治疗癌症的效果。

通读本书后，你可能发现，在预防和治疗癌症方面，随着瑞欧丹医生的医疗实践和重大发现，以及美国主流医学的验证，这第二场争议对鲍林来说已见曙光。许多文章都在重新评价鲍林，可以借用我们中国常见的一个词——“平反”，“平反冤假错案”。一些有见地有影响的主流医学医生已经提出呼吁，重新评价维生素C在预防医学和治疗医学中的作用。随着这种重新评价的深入，笔者相信，第一场争议的曙光不久也会出现。

不过，作为关注维生素C命运的一员，笔者对这两场争议始终难忘。

# 第一节　鲍林与维生素 C 的缘分

中国有句成语叫“无巧不成书”，鲍林与维生素 C 的缘分始于 1966 年。这年，鲍林已有 65 岁。在纽约市为他举行的“卡尔·纽柏格奖”颁奖典礼上，鲍林应邀致辞。在讲话中他提到，这辈子还想做许多事情，还想看到科学和社会的新发展，真希望能多活 15 ～ 20 年。过了几天，鲍林收到一位名叫欧文·斯通（参见第一章第四节）的生物化学家来信。信中说，在颁奖宴席上有幸与鲍林见面并听到鲍林的这段话，他希望鲍林如愿以偿。他寄去一份营养素特别是维生素 C 用量很大的“营养处方”，并称，这种维生素摄生法是他 30 多年的研究成果。他向鲍林保证，如果大剂量服用维生素 C，他可以健康地多活 25 年。

凑巧，当时手头并没有特别紧迫的课题，鲍林决定严肃认真地按斯通的建议去做，因为他敏感地意识到，这起码还是个科学问题呢！不久，鲍林夫妇发现，斯通的“处方”十分有效，他们不仅感到身心舒畅，精力充沛了许多，而且从这以后患感冒的次数开始大大减少，感冒的严重程度也大为降低。

**始料未及的冲击**

接着发生的事情让鲍林始料未及。

1969 年，鲍林应邀参加一个庆典活动，并被邀请做 10 ～ 15 分钟讲演。在简短的讲演中，鲍林根据自身的体验，提到维生素 C 有预防感冒的价值，对医疗和身体健康都很重要。因为是名人，他的讲话在报纸上刊登出来。

不久，鲍林收到一位著名临床营养师维克多·赫伯特博士的来信，他以极强烈的措辞攻击鲍林关于维生素 C 的陈述，其中有这样的一段话：“你企图支持维生素庸医骗取美国公众每年成亿美元的血汗钱吗？你可以给我做一项双盲实验以显示维生素 C 能战胜感冒吗？”

鲍林当时回信给这位专家说他不能，因为他尚未查阅过任何文献。其后两三个月，鲍林虽然一直没有涉足此事，但这件事肯定深深地刺痛了他，因为信中的措辞“庸医”和“骗取美国公众每年成亿美元的血汗钱”让他感觉很受伤害。

鲍林决心查阅一下医学文献，当时，他一共发现有 6 篇这方面的双盲试验报告。虽然有 5 份报告的结论都是否定的，但瑞士里泽尔博士的一篇研究报告表明：服用维生素 C 的孩子比服用安慰剂的孩子患感冒的要少 2/3，试验用量达到每天 1 000 mg。

在 1985 年鲍林写 *How to Live Longer and Feel Better*（《如何健康长寿》）一书时，他又对当时已有的 20 个双盲实验进行了研究，并且对其中 16 个列表进行了分析，其他 4 个他已在 1976 年《维生素 C 与普通感冒和流感》一书中进行过分析。

鲍林指出："大多数对照试验之所以证明维生素 C 对预防和治疗感冒无效，基本原因是用量太小。就像一些医生和营养学家荒谬地推论：既然小剂量的维生素 C 能治疗坏血病，为什么要用天大的剂量治疗感冒呢？即使如此，16 个试验平均每人疾病严重程度降低 34%，在 5 个剂量仅为 70 ～ 200 mg/d 的试验中，仍达到 31%，而其他 11 个剂量为 1 g/d 或更多的试验中，则达到 40%。我们可以得出结论，即使每天加服小剂量 100 ～ 200 mg 维生素 C，也相当有价值，如若大剂量服用，价值可能更大。"

卡思卡特也曾指出，所有获得否定结果或模棱两可结果的研究，原因都在于用量不够。

鲍林注意到，所有这些双盲对照研究均缺乏应有的规范：① 维生素 C 的剂量太小；② 服用维生素 C 的时间不够长；③ 没有考虑到每一个人都有不同的生化特性。

医学界并未接受鲍林的意见，依然继续进行这种缺乏规范的试验。到目前为止，总共已经有 31 个类似的试验了。每次试验结束，就像终审法官宣判一样，宣布维生素 C 对预防和治疗感冒无效。

今天回头来看，这中间还另有原因。当时，维生素 C 已被划归药物，每片含量只有 60 mg。200 mg 已有 3 片之多。按照人们对药物的理解，两三粒药片就应起很大的作用，这才叫有效。所以，3 片都下去了，才降低感冒发病率 15%，不能算作有效。今天，在某些医院，对某些感染性疾病，输液时输入 2 500 mg 维生素 C 已经是常规，如果换算成 100 mg 一粒的片剂，就是 25 粒。这个剂量如果放在那个时代，对于习惯将维生素看作药物的人，可以说是惊人的，是难以接受的。

**鲍林有深邃的洞察力**

鲍林想到，历史上曾有多次重大科学发现被忽视、被束之高阁的事例。比如，青霉素是 1928 年由弗莱明发现的，弗莱明当时就指出了青霉素的抗菌作用，但是直到 1941 年这一重大发现才被其他科学家再次挖掘出来，并用于临床治疗疾病。

更为早期的一个事例是对产褥热的防治。美国作家霍姆斯早在 1843 年就发表过文章，认为产褥热是接触传染造成的，并建议医生完成一次接生后应把手洗干净再做下一个。然而，他却遭到人身攻击。1847 年，匈牙利医生塞麦韦斯建议接产医生在两次接生之间要用含氯消毒水将手洗净。在他自己的维也纳诊所和后来的布达佩斯诊所，产妇的死亡率从可怕的 16% 下降到 1%。然而很长时间里，其他医生都反对他的这个主张，这使他非常苦闷，以致精神失常。

鲍林认为,20 世纪的二三十年代,各种维生素相继被发现,并认识到它们是维持生命健康所必需的营养物质,这是科学对人类健康所做出的最重要贡献之一。然而,这些重大科学发现在人类健康事业上应起的作用却被大大忽视了。所以鲍林大声疾呼,我们不仅进入了原子时代、电子时代、航天时代……我们还进入了维生素时代。

鲍林查阅了大量资料后发现,维生素 C 与普通感冒等疾病的研究早在维生素 C 刚刚被鉴定为抗坏血酸后不久即已开始,大约在 1935 年。

最早的一项研究是由哥伦比亚大学的琼格布鲁特进行的,1935 年,他发现大量摄入维生素 C 可以使病毒失活。其后,前文提到的克兰纳医生在琼格布鲁特发现的鼓舞下又进行了大量的医学应用研究。他也证明,大量摄入维生素 C 可以使病毒失活。而感冒是由病毒引发的,此前已为科学家所证实。

寄给鲍林"营养处方"的欧文·斯通博士也是这方面研究的先行者,他于 1971 年出版了《维生素 C:治疗疾病不可或缺的要素》(*The Healing Factor: Vitamin C Against Disease*)一书。该书总结了 20 世纪 30 年代以来有关维生素 C 预防和治疗各种病毒性疾病以及细菌性疾病的研究成果。

鲍林意识到,在维生素 C 预防和治疗感冒问题上,存在着两种截然不同的观点。一些人持肯定态度,而另一些人(大多数医生和营养学家)则持否定态度。**鲍林对有争议的问题特别敏感,抱有强烈的好奇心,具有敏锐的洞察力。**

同一个双盲实验在鲍林看来,却有不同的理解。从这里我们可以看出两获诺贝尔奖的大科学家鲍林博士有深邃的洞察力。

**撰写《维生素 C 与普通感冒》**

1970 年,鲍林将自己从 1966 年开始对维生素 C 与普通感冒的研究进行了整理总结,撰写并出版了《维生素 C 与普通感冒》一书。

该书于当年 12 月发行,甫登市场,立即受到广大读者的青睐,成为当年最佳科普图书,获得菲贝塔·卡帕奖。该书受欢迎的程度令人惊讶。鲍林再次成为电台、电视台的嘉宾,邀请他讲演的信函如雪片般飞来,报纸杂志等媒体不断采访,令他应接不暇。

《维生素 C 与普通感冒》一书由于十分畅销,1971 年和 1973 年曾两次再版。1976 年,针对可能暴发的流行性感冒(学名猪流感),鲍林又将内容扩展后再次出版,书名改为《维生素 C 与普通感冒和流感》。由于出版及时,广大民众普遍进补维生素 C,从而提高了自身免疫力。这年冬天和翌年春天,流感并未暴发,原因可能是多方面的,但许多人认为,鲍林和他的《维生素 C 与普通感冒》一书显然功不可没。

在初版《维生素 C 与普通感冒》一书推出后不久,许多读者写信告诉鲍林,他们发现维生素 C 的确有效，一是减少了感冒的次数，二是缩短了病程，三是降低了严重程度，而原来感冒时则给他们带来很大的痛苦。他们还报告说维生素 C 有许多其他好处，如明显提升免疫功能，促进创伤愈合、骨折复原、精力恢复，有助战胜过敏、减轻痛苦、解毒、克服药瘾。它还能迅速治愈难以治愈的传染病、恶性皮下出血、牙龈炎、植物刺毒、传染性单核细胞增多症，以及其他更严重的急慢性感染。

**掀起世界范围的“维他命旋风”**

有人说，由于《维生素 C 与普通感冒》的出版发行，鲍林在世界范围掀起了一股“维他命旋风”，因为他们眼见，一时间维生素和保健成了公众的热门话题，补充维生素以增强体质和预防疾病渐成全球风尚。而鲍林则成为世界范围内维生素 C 爱用者的旗手和榜样。他的书被译成 8 种文字，在世界上许多国家和地区出版。

《维生素 C 与普通感冒》出版的一个直接的效果是，药店的维生素 C 存货被如饥似渴的民众一扫而空。

说来也是必然，这一新的浪潮引发了一场全球范围内维生素 C 供应商的竞争，继而刺激精细化工厂家和制药厂家（主要是美国、欧洲和日本），扩大其批量生产维生素 C 的能力，降低生产成本，以求价格更低。

《维生素 C 与普通感冒》出版后，鲍林收到大量来信。鲍林对公众来信非常重视。然而，当鲍林谈到这些来自公众的个人经验时，许多科研人员和内科医生却说，这些是逸闻，并不能说明什么。但鲍林总喜欢倾听那些实践者的故事，因为数量众多的个人经验使鲍林更加坚定了要维护维生素 C 和其他微量营养素多方位价值的信念。鲍林知道，从生物化学的角度看，每一个人为达到健康所需要的营养素的量是不一样的。他相信，编写一份个人报告将积累一个数据。由此我们也可以看出，鲍林在认识论方面有自己独到的见解，他颇为重视经验的作用。这其中，包括他自身的体验，也包括前述欧文·斯通、克兰纳，以及圣捷尔吉的亲身感受。

**鲍林曾经两次来华**

1973 年，鲍林第一次访问中国，他向中国医学界介绍了维生素 C 防病治病的理论和实践，将“维他命旋风”刮进了我国医学界。据北京昌平医院退休老医生马普静说，就在 70 年代中后期，我国许多医院都有加大力度使用维生素 C 的历史，后来却似乎被淡忘了。笔者注意到，医疗方法以及保健方法有时似乎也会像时装一样，有流行一时的现象。作为时装、时尚，一年一变的流行并不奇怪。但是，对医术，如果也有流行和时尚，就应该仔细分析和认真对待了。好的医术不应该只流行一时。所谓“维他命旋风”，因为符合科学，历史已经证明，并不是只刮了一阵的旋风。笔者深信，补充维生素等营养素迟早一定会成为人类生活方式的一种趋势，用维生素等营养素防病治病迟早一定会成为新医学的主流。

1981 年，鲍林以 80 岁高龄第二次访问我国，除在天津主持召开大型国际营养学学术会议外，所到之处仍然大力宣传维生素 C 的作用，特别是维生素 C 的抗癌功效。

**一场轩然大波**

鲍林“入侵”营养学领地，在医学界乃至科学界引起了一场轩然大波。有人认为，鲍林已经步入老年，或许已经成了老糊涂。有人认为，鲍林不是医生，而是一个退休的老年科学家，已经失去深刻的思维能力。更有甚者认为，鲍林是捞过界，跨入了自己不懂的营养学领地。

在众多批评鲍林维生素 C 理论的言论中，哈佛大学公共卫生学院营养系主任斯戴尔（Frederick Stare）的观点常被引用。在美国有“营养学界大佬之一”之称的斯戴尔先是赞许明尼苏达大学的研究十分严谨，但又说其结果并未证实维生素 C 有对抗感冒的功效。他继而下结论，鲍林在化学上有伟大的贡献，但却不是营养学权威。许多媒体的报道都引述这一观点，比如著名的《新闻周刊》（*Newsweek*）。

1969 年 11 月，在医学期刊《护理》上，斯戴尔发表了一篇关于维生素 C 的文章，集中火力批判鲍林，认为鲍林的论点是没有事实根据的。他说，鲍林服了维生素 C 后，即使真的减少了感冒，其原因也纯粹是因为鲍林老了，因为老年人较少得感冒（笔者认为，斯戴尔博士的这一观点可能缺乏统计数据支持。老年人免疫力下降是自然规律，在同等环境条件下，可能比年轻人易患感冒）。

“哈佛大学公共卫生学院斯戴尔批评鲍林从未受过营养学教育，其维生素理论真是荒谬。”
——《莱纳斯·鲍林》作者 大卫·牛顿

斯戴尔在 1975 年一篇文章中写道：“这个绝顶聪明、令人喜爱的人，迷失在健康与营养的丛林中，因为这是块他力所不及的领域。”——科学史学者瑞玛·爱波

1975 年的《美国医学会杂志》（*JAMA*）刊登了两篇研究报告，都显示维生素 C 对治疗感冒功效有限。鲍林投书该刊，指出这些研究的疏漏之处。结果引来《美国医学会杂志》编辑的答辩。这个编辑劈头就说：“鲍林博士以顽固的不切实际的热忱，将推广维生素 C 视为己任，实在令人不胜景仰。”而他在解释这两篇文章后的结语中说：“尽管这位著名的科学家提出了无人附和的异议，我们还是要建议美国民众，至今仍无研究证实维生素 C 可以有效预防、治疗感冒。”

**对鲍林进行人身攻击**

“在大多数情况下，他们并不针对鲍林提出的学说本身做攻击。加州大学伯克利分校的营养学教授布里格斯（George Briggs）直言，鲍林不应超出其化学本行去干涉医学方面的研究；哈佛大学公共卫生学院斯戴尔则批评鲍林是‘完完全全地迷失了’。”
——鲍林传记作者 Anthony Serafini

“不管上述这些分析，批评还是排山倒海似的涌至。其中可能最恶毒的攻击来自斯戴尔在哈佛大学的同僚海耶士（K.C.Hayes）医师，他说：鲍林博士最近有关营

养学方面的观点使我们非常失望……以现代营养学或医学的观点而论,他是一派胡言,并且也会使一般患病的民众误认为他们可以用鲍林的维生素疗法治愈他们的病痛。”“在他们(指医生)眼里,鲍林更像是一个玩弄营养学概念的江湖郎中,鼓吹使用维生素,但终究是一个没有行医执照的人。不错,他是一位诺贝尔奖得主,但是,大多数医生对他辉煌的科学生涯了解得不多。他已经上了年纪,已经对自己的研究领域生疏了;他这个人迷上了维生素 C,然而又固执地相信自己不会错。维克多·赫伯特甚至在电视上为他做了这样的诊断:鲍林生了一种类似于老年性夸大狂的疾病。”

——鲍林传记作者 Anthony Serafini

“在医生的心目中,鲍林显得愈来愈尖刻,甚至到了可悲的地步。他们一致认为,这样一位伟人堕落为一个江湖骗子,实在太可惜了。”

鲍林:20 世纪的科学怪杰

科学史学者瑞玛·爱波称:面对鲍林在媒体上获得的关注,其反对者不只是点出他在科学观点、理论上的漏洞,还攻击他个人。瑞玛·爱波认为,这些对人不对事的攻击,使得**鲍林的反对者看来心胸狭窄**。而新闻媒体上常见的相互矛盾的研究资料,更使这些反对者的立场显得不稳。因为,如果连自诩为专家的医师们都没有共识,那或许鲍林这个聪明的科学家说的话,真有几分可取。

**医学界的声音并非一致**

瑞玛·爱波称:“尽管批评鲍林及其理论的人多不胜数、火力旺盛,尽管包括美国医学会、食品及药物管理局、国家研究委员会,以及许多声誉卓著的科学团体都反对鲍林的论点。但医学界的声音却并非一致。”

《莱纳斯·鲍林》的作者 Anthony Serafini 称:“但更重要的是,渐渐有一些备受尊崇且受过严格训练的营养学家,包括戴维斯(Adelle Davis)和佛瑞德利克斯(Calton Fredericks)医师,以及《预防》杂志都赞同鲍林关于维生素 C 的论点。很多私人医师也开始相信维生素 C 可能对预防感冒或至少减轻其症状大有助益。”

甚至反对鲍林最强烈的一些医学人士现在都承认维生素 C 可能具有一些对抗感冒的疗效。梅约医疗中心(Mayo Clinic)的莫特尔(Charles Moertel)医师也写道:“我还不十分清楚大量维生素 C 对身体各种生理状况的影响。在较早期的双盲试验中,有人说明了维生素 C 对感冒引起的症状确有一些疗效。”

**与卡梅伦医生合作,验证维生素 C 的抗癌功效**

早在 20 世纪 40 年代,就已有人研究维生素 C 是否具有抗癌功效。欧文·斯通博士在 1971 年撰写的《维生素 C:治疗疾病不可或缺的要素(*The Healing Factor: Vitamin C Against Disease*)》一书中,介绍了 20 世纪 40 年代以来有关维生素 C 和癌症的全部研究,其中就有证明维生素 C 有抗癌功效的实验。

卡梅伦医生是苏格兰莱文谷医院的肿瘤专家、外科主任。他认为，对引起如此巨大痛苦的疾病需要用一种新的治疗方法。他收集了有关癌症的大量信息，并建立了癌症起因的一种新理论。1966 年，他写了《透明质酸酶与癌症》一书，书中特别强调，恶性肿瘤会产生一种酶，叫透明质酸酶，它会侵袭周围组织的胞间结构（结缔组织），使其机能衰退，从而使癌瘤能侵入这些组织。他认为，可以找到某种加强胞间组织的物质和方法，巩固人体的自然抵御机能，防止癌细胞的侵入。

鲍林阅读了卡梅伦的这本书，被他的想法深深地触动。1971 年，鲍林产生了这样的想法：既然胶原是胞间结构的主要成分，而我们又知道抗坏血酸是合成胶原不可或缺的物质，那么，大剂量服用维生素 C 应能增加胶原的合成，从而加强胞间结构。

1971 年底，他们开始合作。1973 年，鲍林和卡梅伦以及阿仑・坎贝尔开始在苏格兰的格拉斯哥进行一系列试验，以验证维生素 C 的抗癌功效。

卡梅伦和鲍林曾经想到，应该进行一个双盲对比试验，将病人分成两组，随机选择一半病人给他们每天服用 10 g 维生素 C，而另一半病人则只服用安慰剂。但是，由于此前已有 50 个病人的成功经验，他们对维生素 C 治疗晚期癌症的价值已非常信服，因此不愿违背伦理让那些应该服用维生素 C 治疗的人不用维生素 C。于是，他们认为，不能对病人进行这种双盲对比试验。如果采用双盲实验，那将有悖医德。

这样，他们决定，以 1 000 名在同一医院而非他们主管的从未服用过维生素 C 的病人做对照进行试验。他们把这些人的病历根据癌的类型、年龄、性别分成 10 组，每组 100 人，然后再与接受维生素 C 治疗的 100 名患者进行分析比较，做出评价。

**他们先用静脉注射维生素 C（抗坏血酸钠）每天 10 g，共 10 天，再口服维生素 C 每天 10 g，以后一直坚持每天口服 10 g。**试验结果令人震惊。截至 1976 年 8 月 10 日，1 000 名对照组病人都去世了，而 100 名用维生素 C 治疗的癌症患者中还有 18 人仍然活着。在被宣布为“无药可救”之后，用维生素 C 治疗的病人，平均存活时间是对照组的 4.2 倍。这 100 名用维生素 C 治疗的病人比对照组病人的存活时间平均延长 300 多天。此外，令他们印象很深的是，这一组病人在临终前的这段时间要比对照组病人活得轻松一些。鲍林在他 1985 年的著作中提到，直至他写作的当时，其中的某些人还活着，每天仍然坚持服用维生素 C。还有一些人由于消除了癌症迹象，被认为已经痊愈，从而开始过正常人的生活。

卡梅伦和鲍林认为，这是一个伟大的成功，如果癌症死亡率能减少 5%，在美国每年就有两万癌症患者的生命获救。

1973 年 1 月至 1978 年的 5 年里，日本福冈县鸟饲医院的森茂福美和村田晃也进行了类似的研究,并取得了与卡梅伦他们相似的结果。

1979 年,鲍林和卡梅伦将他们在苏格兰莱文谷医院的研究成果整理成书,命名为《癌与维生素 C》。

该书的结论认为:"大剂量服用维生素 C 是一种既简单又安全的治疗方法,对晚期癌症患者的治疗有一定价值。虽然证据还不够充分,但我们相信,维生素 C 对早期癌症患者的治疗有更大的价值,对预防癌症也有一定的作用。

我们大力主张,在治疗所有癌症患者时(也许,除了在高强度的化疗期间外)应尽可能早地补充维生素 C。我们相信,这种简单的方法可以十分显著地改善整个癌症治疗的结果,不仅使患者对他们所患疾病有较强的抵抗力,而且避免癌症治疗本身带来的某些严重的、偶发的、致命的并发症。我们深信,在不久的将来,补充维生素 C 在所有的癌症治疗方法中将占有一席之地。

我们有幸研究那些在接受高强度化疗期间每天服用 10 g 或更多维生素 C 的病人的情况。可以很明显地看到维生素 C 带来的好处,它把对细胞有毒的化疗药物的副作用(如恶心、头发脱落等)控制在有限范围,对增强化疗药物的作用似乎也有助益。现在,我们建议尽可能早地开始服用大剂量维生素 C,对某些病例,剂量可以高达肠道耐受量(参见第一章第五节)。

在治疗癌症患者中,把维生素 C 作为常规治疗的补充手段有许多优点。维生素 C 很便宜,不仅没有严重的副作用,而且能改善食欲,减轻折磨癌症患者的痛苦感觉,改善患者整体的健康水平,增强患者活下去的信心。通过使用维生素 C 结合适当常规治疗,以及适量服用其他营养素,每个患者的癌症都有机会得到长久的控制。"

**梅约医疗中心否定鲍林和卡梅伦**

前文已经提到,梅约医疗中心于 1979 年和 1985 年也做了维生素 C 治疗晚期癌症的实验研究,但结果却是否定的。梅约诊所的结论认为:维生素 C 的保护作用很小,维生素 C 治疗癌症的效果极为可疑。当年的美国国立肿瘤研究所对此大力宣称:梅约医疗中心的研究**最终明确表明,维生素 C 对晚期癌症没有价值,没有必要再做进一步的研究**。

尽管鲍林和卡梅伦关于维生素 C 具有抗癌功效的实验遭到否定,但鲍林的继承者并没有放弃。经过 30 多年,新的证据和新的成果终于登上历史舞台(参见第一章第七节)。

**鲍林提倡维生素 C 疗法威胁到一个庞大的专业群体**

美国科学史学者瑞玛·爱波称:"鲍林提倡维生素 C 疗法所引起的争议,威胁到一个不同的专业群体——医疗和营养学研究者的发言人都对鲍林**恨得牙痒痒的**,他们认为,大剂量维生素 C 根本没有疗效又浪费钱,甚至还可能有害。但这个由非医师提出的主张竟大受欢迎，这无疑削弱了医师在健康话题上专业权威。这场鲍林和反对者间针锋相对的辩论，也将维生素科学的争议性本质赤裸裸地暴露在了美国大众面前。

尽管医疗专业的反对声浪强大，但鲍林的理论却具有充分的说服力，使许多美国人跟着服用维生素 C 来预防感冒。”

**我国有学者跟风向鲍林泼脏水**

上文中所谓“**恨得牙痒痒的**”，更直白地说，就是恨得咬牙切齿。哪儿来这么大恨劲儿呢？这恨劲儿似乎余波未了，一直从美国的西海岸拍击到中国，直到 21 世纪还在拍。

美国医学界对鲍林的态度必然影响到我国医学界，因为我国医学界的许多学子都是在美国留学、研修回来的。我们从国内一些颇具影响的出版物即可见一斑。

比如，我国有人鹦鹉学舌，跟着一些美国人贬低鲍林：“美国化学家、诺贝尔奖获得者鲍林在生前提倡维生素 C 疗法，认为每天大量地服用维生素 C 能防止感冒、癌症等多种疾病，这是没有科学依据的，**一直受到美国医学界的批评**，但是由于鲍林的名气，至今仍有许多美国人信他那一套。”“值得指出的是，鲍林鼓吹大量服用维生素 C 有其商业背景：世界上最大的维生素 C 片厂家是其研究所的最大捐助者。”（《科学成就健康》）

“鲍林晚年致力于‘营养保健’的研究，极力**鼓吹正分子医学**、大剂量维生素疗法和其他旁道医疗，**支持庸医骗术**，由于他的科学家声誉致使**谬种流传**，在社会上产生不良的影响，遭到美国医学界的一致批评。”“鲍林的失误不在于他是不是医生，而是他不遵守评价药物（包括“保健品”）的规则，不懂得临床试验的重要性，所以他的理论和疗法经不起实践检验。”（祖述宪）

《百年诺贝尔科学奖启示录》将鲍林列入“获奖后的遗憾”一节。其中说道：“鲍林在对于维生素 C 的态度上，却令人感到他有失作为一名杰出科学家应有的科学精神。……认为维生素 C 具有治疗多种疾病的作用，几乎是‘包治百病’的‘灵丹妙药’，特别在抗癌方面。……这成为鲍林科学生涯中最大的遗憾。”好在该文认为，鲍林的遗憾并非道德品质方面的缺陷。

而《科学失误故事》则将鲍林说成一个人格、人品有问题的人：在维生素 C 治病问题上，鲍林产生了很大失误，从中吸取教训非常重要。首先，鲍林之所以在晚年进入到他并不十分熟悉的医学领域，这与“生物化学家”斯通（参见第一章第四节）有关。斯通是一个仅学过两年化学、由一所未经承认的函授学院授予“博士”学位的、科学品性有问题的人。但鲍林却对他偏爱不已，与之长期合作，从而在失误的路上越走越远。可见，科学家在涉足自己并不十分熟悉的领域时，应慎之又慎，以免被人牵着鼻子走。第二，“鲍林的失误还与经济利益有关。”这里，鲍林被描述成与药厂有“利益互换”关系，“为一己的私利驱动，不顾大多数人的利益，必然走向歧途”。“于是，‘利益互换’关系形成了：集团出资支持研究所，研究所宣传该集团所生产的产品能治百病。这时，什么科学家的责任、良心、实事求是的精神，已荡然无存。”第三，鲍林在处理自己研究所内的科研项目和人际关系中“掩耳盗铃”。第四，鲍林进了“伪科学、骗子出没的高发案区——医药、保健领域”。

国内出版物对鲍林的不实之词源自美国，但颇具中国特色，有“落井下石”之嫌。其中，尤以《科学失误故事》为最甚，充满了不实之词和污蔑造谣。

鲍林传记的作者 Anthony Serafini 认为，从当年美国医学界对鲍林颇带感情色彩的攻击，人们可以看出，美国医学界捍卫的并不是真理，而主要是他们的声誉、权威和利益。

**鲍林对医学的贡献**

鲍林果真是医学的门外汉吗？其实，鲍林对医学的贡献是**十分巨大**的。

从 1935 年起，鲍林先后研究过血红蛋白和其他蛋白质的结构和性质、抗体的结构和免疫反应的实质、麻醉理论、镰状细胞贫血症，并取得了举世瞩目的成就。鲍林对医学的贡献主要有以下几个方面：

（1）抗体的研究：1936 年，鲍林接受兰德施泰纳（Karl Landsteiner）（因为发现 ABO 血型获得诺贝尔奖）的邀请，开始研究抗体。兰德施泰纳在研究人体免疫机制时，遇到如下困扰：抗体获得特异性的化学机制是什么？抗体如何区别不同抗原之间的差异？是什么力量使抗体和抗原互相结合？机体怎么能够这么精确地制造出那么多抗体？对于从未接触过的抗原，机体怎么知道该如何塑造抗体蛋白质？

1940 年，鲍林将自己几年来关于抗体形成的研究总结成论文《抗体的结构及其形成机制》，并发表在《美国化学学会学报》上。鲍林的理论成为抗体形成最主要的理论，对免疫学产生了广泛而深远的影响。鲍林传记作者戈策尔认为：尽管鲍林的理论在今天来看“原来是错误的”，但“鲍林对免疫的早期研究极大地推进了免疫学的发展，功不可没”。他提出的匹配或互补理论不仅被用于免疫研究，也被用于后来的 DNA 研究。

（2）麻醉理论：鲍林的麻醉理论肇始于 1959 年。他花了两年时间研究麻醉剂的水合作用，其结果形成论文《普通麻醉的分子理论》，发表在 1961 年 7 月《科学》杂志上。

（3）镰状细胞贫血：镰状细胞贫血是 1910 年被发现的。一位名叫赫里克的医生收治了一个黑人病人。病人面无血色，四肢无力，一看就知道是严重贫血。医生使用了治疗贫血的所有药物，但都毫无作用。尤其令医生吃惊的是，血液检查发现，病人的红细胞在显微镜下呈现出奇特的形状，它不像正常的红细胞那样呈圆饼形，而是呈弯弯的镰刀形。此后，这种病被称为镰状细胞贫血。1945年在纽约举行的世纪俱乐部（Century Club）学术会议上，鲍林第一次听到镰状细胞贫血的研究。依鲍林的观点，问题不在于红细胞，而在于红细胞中的血红素异常，这种异常会阻碍氧与血红素结合。

因为对血红素（亦称血红蛋白）已断断续续研究了10年，鲍林很自然地对镰状细胞贫血产生了兴趣。经过3年的研究，他与合作者终于破解了镰状细胞贫血之谜，原来，组成血红素的146个氨基酸中有一个发生了异常（HbS）。他们的论文《镰状细胞贫血，一种分子疾病》（*Sickle-cell Anemia, a Molecular Disease*）于1949年发表在美国《科学》（*Science*）杂志上。

**鲍林在创造"分子疾病"这一术语的同时，对科学做出了重大贡献。**

鲍林的这一发现是重大发现，它推动了世界范围对血红蛋白的研究。到目前为止，全世界已经发现异常血红蛋白400种以上。

过去，人们认为，镰状细胞贫血在我国非常罕见，现在，我国各地区都发现了同类疾病，尤其在我国南方，还是一种比较常见的遗传性疾病。

（4）精神病学：鲍林关注精神病的生化机制大约始于1950年，但关注并开始研究维生素与精神病的关系，则始于1964年。"我看到两位精神病医生汉弗莱·奥斯蒙德（Humphry Osmond）和艾布拉姆·霍夫（Abram Hoffer）博士（参见第四章第九节）的报告，他们当时在加拿大萨斯喀彻温省萨斯卡通市工作。他们的报告使我震惊，他们给某些急性精神分裂症患者每天服用维生素$B_3$（又名烟酸或烟酰胺）多达50 g。我知道这种维生素每天服用5 mg就能预防维生素缺乏引起的糙皮病。70年前，这种糙皮病曾引起成千上万人腹泻、皮炎、痴呆，直至死亡。"

鲍林颇为赞赏该报告的论点。不过，仍然有一些问题他感到吃不准。思考了一周，他突然找到了答案。他知道，大多数药物只是在一定范围的浓度内是安全有效的——即使是阿司匹林，过量用药也可能致命。在霍夫和奥斯蒙德的研究中，烟酸是当作药物使用的，但剂量很大时，仍然非常安全，而且随着剂量的加大，效果甚至更显著，这种剂量的数量级远远超过了内科医生的建议量。对此，鲍林感到很惊奇，他开始考虑其他维生素是不是也有这样的情况。

几个月之后，鲍林与霍夫会面，考察了超大剂量维生素疗法的作用。一种至关重要的理论在他的头脑中酝酿起来，他为自己的理论起了一个新名称——"正分子"精神病学，而且在1968年的一篇论文中解释了这一理论。

然而，"1973年美国精神医学会的报告几乎全盘否定了鲍林的理论。今天大多数的医师不是不曾听过鲍林的理论就是完全忽视它。有趣的是，这个被否定的理论仍然有些活力，一些年轻的医师对大剂量维生素治疗有了新的看法，例如犹他大学的温德医师及哥伦比亚大学医学院的克来医师在他们的著作《心灵、情绪和医学》中，就谈到鲍林的大剂量维生素治疗和精神疾病的概念。虽然他们在书中并没有特别讨论鲍林的理论，但至少他们认同了精神疾病与饮食之间的关系，这是朝向重新考虑鲍林理论的第一步。而从他们的语气中，显然他们相信鲍林的理论可能是对的，或至少应予以认真看待。”　　《莱纳斯·鲍林——科学与和平的斗士》

笔者以为，且不谈鲍林发现蛋白质螺旋结构和为破译DNA结构奠定基础——这些分子生物学的理论已经成为现代医学的基础，单就上述四个方面：免疫、麻醉、镰状细胞贫血、精神病的生化机制，我们不难看出，鲍林对现代医学的贡献是十分巨大的。许多人都认为，仅凭镰状细胞贫血这一项发现，他就有资格再获诺贝尔奖。由于在医学方面的成就和贡献，从1955年至1991年，鲍林共计获得18个奖项。

晚年，鲍林协助马修斯·拉舍，破解了人类冠心病之谜，再次对医学乃至人类健康做出重大贡献。瑞欧丹破解癌症之谜也与鲍林/卡梅伦的研究有关（参见第一章第六、七节）。

**鲍林完全有资格讨论医学和营养学问题**

由以上鲍林对医学的贡献不难看出，大科学家鲍林完全有资格讨论医学和营养学问题，他对医学的见解应该受到医学界的重视。

鲍林特别擅长解决跨学科领域的课题，因为他的知识既广博又深入。就拿维生素C与感冒的研究来说，它涉及认识论、进化论、统计学、免疫学、流行病学、营养学。双盲实验就属于流行病学的范畴，流行病学又离不开统计学，而统计学实际上又是数学。

《莱纳斯·鲍林——科学与和平的斗士》一书的作者说：“一直到现在（1989年），鲍林还是受到类似的批评和攻击。但是以常理而论，批评一个发现蛋白质重要理论、解开镰状细胞贫血症成因的伟大科学家‘缺乏在医学领域中探讨的能力’，确实是说不过去的。况且从理论的观点而言，医学本身并不是知识领域中的特殊学问，也就是说，它并不能脱离一般物理、化学的法则而独立。更正确地说，‘医学’本身就是采取各个学科的原理和法则，包括化学、生物、生化、物理、心理学，甚至工程方面的学科。因此，鲍林这一位具备物理、化学、生化及生物等学科训练而根基深厚的科学家，应该对医学的了解比一般医学院训练出来的医生更深入，也较能胜任基础医学方面的研究工作。”

**鲍林中肯批评美国医学界**

1984年，鲍林开始写*How to Live Longer and Feel Better*（《如何健康长寿》），在书中他对美国医学界提出了中肯的批评。他说：

“我是一名科学家、化学家、物理学家、晶体学家、分子生物学家、医学研究者。

20 年前,我开始对维生素发生兴趣。当时我发现,营养学已停止发展,老一代营养学家陶醉在 50 年来这门科学所取得的成就中,居然无视生物化学、分子生物学、医学,以及维生素和其他营养素的新发现。尽管新的营养科学正在发展,但这些老营养学教授仍继续给学生灌输陈旧的乃至错误的营养观念,比如:身体正常的人无需补充维生素,你只要吃好一日三餐,就能获得足够的营养。

由于营养学教育裹足不前,大多数营养学家和食疗专家至今还在老框框里工作,无法突破,所以,美国人的健康水平并不理想。医生对此也有责任。他们在医学院校读书时只学过一点儿营养学知识,而其中多数还是过时的。离开学校上岗后,他们忙于诊治病人,没有时间关注维生素和其他营养素的新知。

……

在这个国家,医生、强大的医疗体系和相关企业称自己为健康专业、保健中心、保健公司,这完全是用词不当,因为他们其实是疾病产业(sickness industry)。……目前,医生的主要工作是治疗有病前来就诊的病人,至于对如何预防疾病,如何获得最佳健康,他们没有下什么工夫。

……

要小心医生对维生素和其他营养素的建议,因为,多数内外科医生在医学院校学习时,在这方面学得很少,而毕业以后还得到不少错误的资讯。当你住院时,特别重要的一条是,别让医生阻止你补充维生素,因为,这时正是你最需要它的时候。”

鲍林认为,医学界向钱看的风气和墨守成规的陋习成了他们的绊脚石。他说,医生们忙着挣钱,顾不上读一读有关维生素 C 的文献,他们一味依赖于自己专业领域里诸如斯戴尔和赫伯特那样的专家发表的声明。鲍林对一位记者这样说:“他们三番五次重复那些陈词滥调,不愿意回过头来看一看实际的情况。……他们或者是相互吹捧,或者是迷信权威,得到的是一鳞半爪的知识,甚至是错误百出的信息,就是不愿核对一下实际的情况,最终得出自己的结论。”

**反对鲍林给西方医学带来巨大损失**

笔者认为,与伟大科学家鲍林作对,对美国医学界乃至整个西方医学界造成巨大损失。

我们有句成语“爱屋及乌”,我想它的反义词应该是恨屋及乌吧,对鲍林的恨必然也波及维生素 C。自从 20 世纪七八十年代美国医学界否定鲍林以后,在美国主流医学,有关维生素 C 的研究被另眼相看,若提出相关科研项目甚至被认为脑子有问题,拿不到科研经费。在医学教育方面,有关维生素 C 的知识只当走马观花。

破解人类冠心病之谜的马修斯·拉舍医生在他的书中提到:“想象一下 1987 年吧,提倡维生素 C 当时被看成庸医,没有一家著名的医学研究机构愿意考虑从事与维生素有关的临床研究。有关维生素 C 充当细胞生物能量转运媒介的知识在医学教育中完全被删除了。只有可取得专利的药物才被认作唯一可以接受的医学用药。”

由这段文字不难看出，美国医学界那时根本不可能认认真真从事与维生素 C 有关的临床研究，因为用维生素 C 预防和治疗疾病已经被视为庸医、江湖骗子，只有傻子才会提出这方面的课题。

1968 年前后，欧文・斯通发现人类抗坏血酸（维生素 C）遗传缺陷，然而他的论文被权威医学刊物拒载。这大大延误了人类认识疾病、战胜疾病的时间。

1990 年，拉舍在鲍林的协助下破解了人类冠心病之谜，可这样重要的冠心病成因理论，竟被美国医学界和心脏病学界封杀。一个可以根除冠心病的理论，包括措施，不能及时普及，无异于谋杀患者，包括潜在的患者。

20 世纪 90 年代初，随着自由基学说的兴起，维生素 C 作为自由基清除剂的角色再次被提了出来。“许多研究人员本来深受鲍林理论的影响，但他们常常避免提到鲍林的名字。因为鲍林对维生素 C 的研究不落俗套，令他们感到羞辱，他们担心提到鲍林会给他们争取科研经费带来困难”（戈策尔《莱纳斯・鲍林传》）。20 世纪 90 年代初是这种局面，此前的情况就可想而知了。

用维生素防病治病，其实是一个道理很简单的想法，也是一个符合逻辑的想法。然而，研究的闸门被关上了。有时，打开别人关闭的门，也许会另有一番天地。

**正分子医学**

自从 1966 年开始研究维生素与健康的关系以后，鲍林于 1968 年在美国《科学》杂志的一篇论文中首创“正分子医学”（orthomolecular medicine），这一新词并论述了正分子医学的理论基础。

**鲍林认为，用体内正常出现的为生命所需的物质治疗疾病，比如用维生素治疗疾病，比用合成药物（如阿司匹林以及抗生素等）更好，因为后者常具有不良的副作用。**

**所谓正分子医学是指：依靠调节人体内正常出现的并为健康所需的物质的浓度，优化人体生化内环境，令身体保持良好的健康状态或治疗已出现的疾病。**鲍林创造出这一词汇后，有位里莫兰德医生非常赞同，为了强化这一新概念，他建议把使用药物治病的常规医学称为**毒性分子医学**。

诸如对动脉硬化症、癌症、精神分裂症、抑郁症等疾病，从正分子医学的观点看，通过提供足量的维生素、氨基酸、矿物质、脂肪酸等，可以纠正体内生化异常，从而预防或治疗这些疾病。

为了推进这一领域的研究，鲍林于 1973 年创办了正分子医学研究院。1974 年，该研究院更名为“莱纳斯・鲍林医科院”，现名为“莱纳斯・鲍林研究所”。1975 年，美国正分子医学协会成立，鲍林一直任该协会的名誉主席。至 1985 年，这个协会已有 500 名会员。

由于它的非主流性质，正分子医学似乎被认为是对传统医学的一种威胁。在所有美国医生中，只有很少一批人在应用正分子医学，并把自己称为正分子医生。他们除利用传统的预防和治疗措施外，还推荐维生素及其他正分子物质（要达到最佳摄入量）作为补充。

正因为如此，一些正分子医生甚至受到医学机构的困扰和折磨。鲍林的一个朋友曾任某地正分子医学协会主席，1984 年他在加利福尼亚州被吊销营业执照，不得不移居到另一州继续行医。鲍林曾在听证会上为他作证。鲍林当时感到奇怪，没有一个患者向他的朋友提出控告。相反，控告却是由一个内科医生提出的，理由是：他没有尽最大努力使他的反对化学疗法的癌症病人改变他们的主意。鲍林分析，这位内科医生可能认为，正分子医学引起了不公正的竞争，因为患者受益很大，而代价却很低——维生素比药物要便宜得多。

现在，正分子医学虽仍未被主流医学所承认，但它已存在、发展三十多年了，正分子医生的队伍也在不断扩大，许多国家都成立了正分子医学协会。创刊于 1975 年的《正分子精神病学杂志》，后更名为《正分子医学杂志》也已有 30 多年的历史，总部设在加拿大。

不过，从 2005 年主流医学验证维生素 C 的抗癌功效一事可以看出，许多主流医学的医生已经是正分子医生了。

**用维生素 C 战胜感冒的曙光迟早会出现**

前文提到，第二场争议对鲍林来说已见曙光，第一场争议的曙光不久也会出现。这是笔者的信心，但并不一定会很快出现。

关于癌症的治疗，如果你是癌症患者或者你有亲友是癌症患者，你或你的亲友或许会有这样的经历，听一个病人说有一种方法或有一个医生可以治好癌症，立即也去尝试一番。笔者相信，瑞欧丹疗法就是这样传播开去的。口口相传，有口皆碑，还没等到主流医学临床试验有结果，已经有上万个美国医生采纳了。**癌症是让人产生最强求生意志的一种疾病**。被宣判死刑、缓期执行，要在缓刑期间逃生，患者肯定选择有口皆碑的。

而随着这种选择的增加，大剂量静脉滴注维生素 C 的效果一定会在其他疾病上体现出来，比如冠心病，各种感染性疾病及炎症，包括感冒、肺炎，以及神经精神疾病等。因为，按照抗坏血酸遗传缺陷理论，这些都是第一遗传病。

已经有人用这个方法预防癌症了，比如日本的柳泽医生等。而用于感染性疾病治疗的则有新西兰、澳大利亚等地，由此发生了艾兰·史密斯因流感和肺炎起死回生的故事（第四章第四节）。

笔者相信，大范围用这个方法治疗感冒等感染性疾病的时机迟早会到来。

笔者接着仍旧要介绍一下早已流行的口服维生素 C 治疗感冒的方法。

## 第二节　用维生素C战胜感冒

用维生素C治愈感冒（维生素C冲击疗法）可以说是一项创举。笔者以为，这个方法可能是欧文·斯通创造的，他首次在给鲍林的“秘方”中提到这个方法。后来这个方法被卡思卡特医生进一步完善。而用大剂量维生素C预防感冒则应归功于“维生素C之父”圣捷尔吉，他曾经用每天服用1～2 g维生素C的办法，战胜了青年时代经常折磨他的感冒，所谓战胜，应该是感冒次数大大减少、严重程度大大降低。

20世纪40年代，克兰纳医生发现，司空见惯的感冒，也同其他感染性疾患一样，都会大大消耗人体内的维生素C，或者换一种说法，免疫系统在杀灭感冒病毒的时候，似乎要消耗大量维生素C。因此，克兰纳医生建议，经常口服维生素C来预防感冒，当发现有感冒初起征兆时，则应增大剂量。

欧文·斯通博士将自己30年来的研究成果——延缓衰老的“秘方”教给大科学家鲍林博士，鲍林用后感冒次数大大减少，严重程度大大降低。这个所谓“秘方”就包括在感冒时如何加大维生素C的剂量。后来，鲍林在介绍自己的养生之道时，着意介绍了具体的操作方法：

“最好准备一些1 000 mg一片的维生素C，随身携带。在感冒的最初征兆出现时，如咽喉发痒，流鼻涕，或肌肉酸痛，或浑身不舒服，立即吞下两片（2 000 mg）或更多。以后每隔一小时两片或更多，一直持续若干小时。”

现在，这种方法在民间被称为“维生素C冲击疗法”“维生素C冲洗法”或“维生素C冲厕法”（Vitamin C flush），是有效降伏感冒以及各种急性感染的有力武器。

过程中如放屁增多或有腹泻，说明将要见效或已经见效，用量可以略减，但不要骤停，因为敌人（细菌、病毒、有害自由基等）尚未彻底消灭，还会反攻。也即是说，敌人不会立即消失，而是保持被抑制状态。因此，再持续使用一段时间就很关键。有人8小时之内就彻底好转（痊愈），如果感冒严重，一般第一天即可好转，三天之内痊愈。

这种方法的特点是维生素C用量很大。对普通感冒，第一天的用量可达10至数十克（一般不超过60 g）。正因为用量很大才能出效果，所以，如果你不知道维生素C遗传缺陷理论，又没有医生向你推荐，那么你往往会怀疑，这样做能行吗？

卡思卡特医生说：“许多人研究每天用2～4 g维生素C进行治疗，结果只有一点儿临床效果，但没有统计学意义。这并不让我感到奇怪。如果你得的是 100 g 感冒，我习惯给疾病起这么一个名字，它表示患者头两天消耗的不引起腹泻的维生素 C 剂量，而你大体一天服用 100 g 维生素 C，那么，这个疾病 90% 的症状会迅速消失。但是，如果你一天只服用 2 g 甚至 20 g 维生素 C，那你不会有多大效果。”（Vitamin C miracles of Dr Robert F Cathcart. holistic-personal-development.com，2007.03.06）

笔者的切身体会是，用“维生素 C 冲洗法”战胜感冒有许多好处。① 免除了注射的痛苦（不必上医院），避免了吃感冒药的副作用。② 基本不伤胃口，可以照常吃饭，从而提供营养用于抗病。要知道，生病的时候，正是最需要营养的时候。③ 由于没有受到药物伤害，又能及时补充营养（照常吃饭），因此，恢复后的感觉特别好，没有那种大病初愈后的衰弱感觉，而是好像没生过病一样。④ 由于减少了药物伤害，恢复得快，因此，身体受到的损伤小。⑤ 方法简单。如果有 1 g（1 000 mg）一片的维生素 C，每次吃 1 ～ 3 片，每小时一次，5 ～ 8 次即可见效。用此法一次次战胜感冒，就会积小胜为大胜，达至健康长寿。

关于用大剂量维生素 C 治愈感冒以及其他感染性疾病时的感觉，卡思卡特医生十分重视。这种感觉说明，大剂量维生素 C 对身体没有伤害，没有毒副作用。

欧文·斯通博士的理论和卡思卡特医生的发现也都说明，机体在感冒时特别需要维生素 C，而此时，维生素 C 的作用恰恰在于支持免疫系统。其中包括：① 增强抗体的识别能力；② 加强白细胞战斗力；③ 加速白细胞“行军”速度，即趋化；④ 增加抗体产量；⑤ 增加干扰素产量；⑥ 强化和修复结缔组织，巩固细胞间的一道道防线；⑦ 清除自由基；⑧ 解毒。

卡思卡特医生在欧文·斯通的理论和自己实践的基础上，发展出一整套用大剂量维生素 C 战胜感染性疾病，包括感冒在内的理论和方法。他发现，普通感冒的耐受量为 30 ～ 60 g/24 h，重感冒则达到 60 ～ 100 g，流感则更增加到 100 ～ 150 g。只要在治疗时达到这个剂量，感冒症状就明显减轻。并在短期内（1 ～ 3 天）彻底治愈。原来，用维生素 C 治疗感冒的用量可以达到每天 100 g 左右！这与进行双盲实验时的用量 1 000 mg 相比，有 100 倍的差距。与双胞胎实验的 5 000 mg 相比，仍有 20 倍的差距。

在医学上，感冒属于自限性疾病，即，即使不予治疗，一段时间后（7 天左右）也会自愈。我们之所以能够康复，其实因为我们自身的免疫系统在几天之内逐渐认识了入侵者，针对特定入侵者的抗体越来越多，最终战胜了病毒和细菌。笔者相信，我们的前人在普通感冒时就是熬时间熬过来的。有了维生素 C 冲击疗法，上述自愈过程的时间可以大大缩短。

普通感冒就症状而言并不可怕，但可怕的是，它可引起卡思卡特医生所谓的

"诱发的低抗坏血酸症",即体内维生素C迅速消耗殆尽,从而导致免疫功能下降,产生继发性二次感染。比如,感冒可引发咽喉炎、扁桃体炎、腮腺炎、支气管炎、鼻窦炎、中耳炎、肺炎、脑炎、肾炎、水肿、肾性高血压、尿路感染、膀胱炎、胆囊炎、盲肠炎、肝炎、毛囊炎、带状疱疹、急性病毒性白血病等。哮喘常发生在上感(上呼吸道感染)、麻疹、支气管炎、肺炎之后。严重的感染还会引发败血症。

感染会引起变态反应即过敏、结缔组织肿胀、变性或增生、炎症细胞浸润,从而在心脏、血管、浆膜等处形成瘢痕,导致风湿性心脏病、二尖瓣狭窄、关节炎、心肌炎。风湿病对脑部的侵害会引起不自主、不协调的肌肉运动,如挤眼、耸肩、挥臂等(舞蹈病)。

感冒还会加重其他疾病,例如关节炎和心脏病。有报道称,儿童时期罹患感冒有可能伤及胰脏,日后促成糖尿病。

有了维生素C冲击疗法,上述一切继发性二次感染可以完全避免。

感冒无特效药。这是英国威尔士大学"普通感冒研究中心"耗时10年耗资500万英镑研究得出的结论。一般医学文献称:没有确实有效的方法治疗感冒。

既然没有特效药,人们为什么还要吃那些所谓"抗感冒药"呢?是抗感冒药治好了感冒吗?一般人因为不懂医学,或偏信广告,误以为是这些感冒药杀死了病毒,治好了感冒。

感冒是因病毒而非细菌引发的,用药物战胜病毒谈何容易,更何况能引起感冒的病毒有200余种。说到底,所有感冒药都是症状针对型药物,可解热(退烧)、通鼻、止痛、抗过敏,唯独不能消灭病毒,更不可能也丝毫不会提升机体的免疫功能(俗称抵抗力)。其消炎作用针对的是可能出现的二次感染,而二次感染主要的元凶则是细菌。就这一点而言,它似乎也有点儿针对性。就好像对敌作战,外敌(病毒)入侵了,而且占了上风,暂时打不过,但对伪军(细菌)却有些办法。

至今,人类尚未研制出可以战胜感冒的万应良药,况且,感冒病毒有200余种,要研制出如此广谱的抗病毒药物也绝非易事。即使假设可以开发成功,其毒副作用能否低到可以接受,也令人担忧和怀疑。再者,在与药物的"军备竞赛"中,细菌也在不断变异、进化,而且进化的速度十分惊人。细菌一天的进化可以与我们一千年的进化相当(*Why We Get Sick*)。另一方面,新病毒也层出不穷。据统计,在近30年内出现了近30种新病毒,如艾滋病、埃博拉、尼帕、西尼罗河、辛诺柏等病毒,多种肝炎、禽流感和其他新型流感病毒,以及SARS病毒,使医学科学家疲于奔命。

整个医学界并不重视感冒的研究,也正因如此,致使医生没有有效手段帮助病人战胜感冒。由此,感冒成了人类最普遍的常见病、多发病。感冒的频繁发生居然令许多人以为,感冒生病是正常的,不感冒生病反而不正常了。认为感冒有好处的谬论也顺理成章地出现了。有个笑话:一个医生对病人说,"你得了感冒别来找我，我无法治疗。不过，如果感冒发展成了肺炎，你来找我，因为我能治愈肺炎。”

感冒看似小病，但会对身体带来各方面的损伤，而这些损伤需要补充大量的营养素来修复，单靠一日三餐所获营养是难以在短期内完成的。更何况，一般的感冒药都会伤胃，令胃口下降，在身体最需要营养的时候你不想吃东西，这势必削弱机体的免疫功能，不能迅速有效地战胜病毒，使感冒病程拖延，且不说感冒药还有诸多的毒副作用。

在日常生活中我们经常被告知，感冒要多喝水。其实，这是不完全的知识。我们知道，**维生素 C 与 B 族维生素均属于水溶性维生素，喝水越多，经汗液和尿液排泄得也越多**。这样，势必造成机体中维生素 C 与 B 族维生素浓度大大降低。前面已经谈过，维生素 C 与 B 族维生素对免疫功能极为重要，如果机体缺乏这两种维生素，那么，各种感染就会接踵而来。同时，各种矿物质也会随水大量流失，因为它们也是水溶性的。

感冒时往往要发汗，出汗多必然要多喝水，营养素的大量流失也可想而知。体内水溶性维生素 C 与维生素 B 的流失如果得不到补充，后果必然是免疫功能的下降。所以，感冒时喝水也要适度。我们常见，秋日来临之际，感冒等感染性疾病大幅增加。原因就在于，夏日饮水过多，维生素 C 与 B 族维生素大量流失，引起免疫功能下降。

感冒时因食欲下降，蛋白质也相应缺乏，即使食欲尚可，也常被告知，要吃清淡。这种饮食的结果也极大地损害了免疫功能，因为我们知道，蛋白质是白细胞以及制造白细胞的免疫器官的原材料。不过，这里指的蛋白质是纯粹的蛋白质。

我们日常感冒时中医往往嘱咐要吃清淡，这也有它的道理。许多荤菜尽管含有丰富的蛋白质，但也存在一些对治疗感染不利的成分。这些不利成分，中医称之为“发物”，比如铁就是一种发物，患感冒或其他感染性疾病时应极力避免。

笔者在第二章第一节已专门谈到限铁，**在感冒和感染性疾病时，限制吃红肉等含铁量高的食物是有科学根据的**。

感冒时我们既需要蛋白质，但可供我们选择的蛋白质食物又很有限。燕窝是生病时非常适合的蛋白质，这是中医经验的总结，原因可能就因为它不含发物。

红楼梦里的林黛玉生病时常吃的就是燕窝。据推测，林黛玉很可能患有肺结核。这是一种由结核菌引起的感染性疾病。此时为增强免疫功能，吃燕窝当然是最好的。问题是价格太贵，一般人承受不起。好在现在科技发达，已有不含“发物”的类似燕窝的商品出售，这就是所谓蛋白质粉。

在感冒时补充维生素 A 也很重要。感冒后期口腔与鼻腔的种种不适，均与缺乏维生素 A、维生素 B、维生素 C 有关。虽然肝中储存大量的维生素 A，但也在不断消耗中，消耗的速度虽然很慢（每日仅 0.5%），**但严重感染并伴有发烧时，维生素 A 则大量消耗，成为维生素 A 丢失的主要途径**。而丢失的后果即维生素 A 缺乏，而极度缺乏时，笔者认为有可能造成细胞不能正常分化。

充分的休息也很重要，这样可以降低营养素，包括维生素 C 的消耗，缩短恢复时间。

笔者认为，维生素 C 缺乏是人类易患感冒的第一位病因，因此，用大剂量维生素 C 战胜感冒，配合补充上述各种营养素，符合科学，是人类战胜感冒的最佳选择。

关于用量，如果你把维生素 C 当成药品，一次吃 5 粒 100 mg 的都会觉得多。但是，当你把观念调整过来，知道维生素 C 不是药，是保证健康的必需品，你可能会接受更高的剂量。不过，如果你有兴趣尝试的话，应该先从小量开始，逐渐加大剂量。正如笔者在前文曾经指出的，每个人的耐受量不一样，反应也不一样。

当然，笔者并不反对感冒患者吃“速效感冒丸”之类的药物。当一个演员即将上台表演时，用维生素 C 冲击疗法可能并不合适：第一，它不可能在一两个小时立即见效；第二，它可能引起放屁和腹泻，令演出无法正常进行。不过，演出结束，回到家中，则完全可以放心采用。对上班一族，也有类似问题，如欲采用，用量可以适当降低，或者将吃感冒药与吃维生素 C 二者结合。不过，如果今后大剂量维生素 C 静脉滴注普及的话，对这些人用静脉滴注可能是最佳选择。

人类抗坏血酸遗传缺陷，即人体不能制造维生素 C，是人类第一病因，也是人类易患感冒的首要原因。如果我们没有这个遗传缺陷，即如果我们的体内可以制造维生素 C，生病的时候还能增产维生素 C，或者，如果我们弥补了这个遗传缺陷，我们就不会感冒。现在，我们还没有改变基因的手段能再造维生素 C 于体内，但已可以从外界补充同样结构的维生素 C，而且补充的数量可以应感冒之需而增加，如此也就弥补了我们的遗传缺陷。导致感冒的遗传缺陷得以纠正，感冒自然也得以预防和治愈。病因找到了，防治的方法也就有了。

国外维生素 C 专家和爱用者已经总结出这样的经验：维生素 C 的日常补充量要随年龄的增加而增加，30 岁可以达到每天 3 g，40 岁可以达到每天 4 g，50 岁 5 g，60 岁 6 g，70 岁 7 g，80 岁 8 g，90 岁 9 g，100 岁 10 g。当然，这也是平均而言的。每个人可以自己摸索出适合自己的最佳补充量。

从以上介绍的维生素 C 冲击疗法，我们可以看出，它的用量十分巨大，而且还因人而异，用双盲试验来验证是相当困难的。笔者认为，有些创举未必需要进行双盲试验，前提是要有科学道理。卡思卡特已经用肠道耐受量滴定法测定了感冒时维生素 C 的需要量，笔者的抗坏血酸遗传缺陷学说也为这种方法提供了理论支持。

你可以选择向开拓者克兰纳、欧文·斯通、卡思卡特学习，不等双盲试验有肯定结果就采取行动。你也可以选择等待。但是有人估计，这个双盲试验可能 100 年都不会有结果。

**卡思卡特曾在 1981 年指出，这个方法就其性质而言，不能用双盲试验验证，**

**因为没有安慰剂可以模拟这种肠道耐受量现象。这种方法对所有可以耐受这么大剂量的患者，效果如此惊人，特别对急性自限性病毒性疾病，完全无可争议。而安慰剂则不可能如此有效，也不可能用于婴幼儿和儿童，也不可能对危重病人有如此突出的效果。病情越稳定的病人，越能耐受抗坏血酸肠道耐受量，而且几乎一致有上佳的结果。而越容易受影响的、病情越不稳定的病人则越难体验这种效果。**

（This method cannot by its nature be studied by double blind methods because no placebo will mimic this bowel tolerance phenomenon. The method produces such spectacular effects in all patients capable of tolerating these doses, especially in the cases of acute self limiting viral diseases as to be undeniable. A placebo could not possibly work so reliably, work in infants and children, and have such a profound effect on critically ill patients. More stable patients will tolerate bowel tolerance doses of ascorbic acid and almost uniformly have excellent results. The more suggestible unstable patient is more likely to have difficulty with the taste.）

## 参考文献

[1] Anthony Serafini. 莱纳斯·鲍林—科学与和平的斗士[M]. 邱翼聪，吴世雄，邱式鸿，译. 台北：牛顿出版公司，1994.

[2] Cameron E，Pauling L. Cancer and vitamin C[M]. Kamino Books，1993.

[3] Cameron E，Pauling L. Experimental studies designed to evaluate the management of patients with incurable cancer[J].Proc Natl Acad Sci，1978，75：4538–4542.

[4] Cameron E，Pauling L. Supplemental ascorbate in the supportive treatment of cancer: Reevaluation of prolongation of survival times in terminal human cancer[J].Proc Natl Acad Sci，1976，73：3685–3689.

[5] Pauling L. How to live longer and feel better[M]. London：OSU Press，2006.

[6] 陈仁政. 科学失误故事[M]. 北京：北京出版社，2004.

[7] 大卫·牛顿. 诺贝尔化学奖、和平奖双料得主——莱纳斯·鲍林[M]. 林琳，译. 北京：外文出版社，1999.

[8] 方舟子. 科学成就健康[M]. 北京：新华出版社，2007.

[9] 特德·戈策尔，本·戈策尔. 科学与政治的一生——莱纳斯·鲍林传[M]. 刘立，译. 上海：东方出版中心，1997.

[10] 托马斯·哈格. 鲍林——20世纪的科学怪杰[M]. 周仲良，郭宇峰，郭镜明，译. 上海：复旦大学出版社，1999.

[11] 王渝生. 百年诺贝尔奖启示录[M]. 北京：农村读物出版社，2002.

# 结语 C

## 我们为什么容易生病以及我们如何预防和治疗疾病

——我的疾病观

弄清我们生病的原因，也就是医学上所谓的病因，才能治疗疾病和预防疾病。不明病因，治疗就无从下手，或者只能从症状入手，想办法消除症状。这我们通常称为“症状针对型治疗”，或者说“治标不治本”。预防也是一样，不明病因也就无从预防。

关于我们为什么生病，为什么容易生病，自古以来一直有种种思考。笔者将人类对生病的原因，即病因的认识分为四个阶段：

**1. 蒙昧阶段** 认为有妖魔鬼怪作祟，或是神灵的安排。在多神论时代，人们认为，有一个神给我们带来疾病，而另一个神则能祛病除灾。在一神论时代，人们认为，疾病是神灵对人类罪恶的惩罚。那么，如何祛除疾病，很显然，要驱魔打鬼、求神拜佛。

**2. 细菌阶段** 自从19世纪50年代巴斯德创立细菌学说，人们认为疾病主要由一些肉眼看不见的致病微生物，所谓病原体造成。但是，在巴斯德刚刚提出细菌致病的理论时，当时的医生曾普遍怀疑，认为像细菌这样用显微镜才能看到的小东西，能引起我们身体发生巨大改变，让我们生病，乃至杀死我们，让我们死亡，是不可想象的。不过，很快，寻找致病微生物成为医学界的时尚，而人们普遍对细菌产生了恐惧。以致1895年巴斯德临终前说："我错了，细菌根本没什么可怕，它所繁殖的**土壤**决定一切。"那么，如何治疗疾病，方法也很显然，既然是细菌作乱，那么，就消灭细菌。好在1928年弗莱明发现青霉素可以杀死细菌。再就是免疫接种，这是巴斯德的伟大贡献。

**3. 维生素阶段** 1911—1912年，丰克创立"维他命理论"。自此，人们知道，缺乏某些维生素可以引起某些疾病。对付这些维生素缺乏病的措施也很简单，多吃含有这些维生素的食物，美其名曰，膳食平衡。

**4. 认识自身遗传缺陷的阶段** 即认识维生素遗传缺乏的阶段。这就是本书的话题。

按我国中医理论，病因可分为外因和内因。前三个阶段基本都是寻找外因。而第四个阶段则是寻找内因。

**《我们为什么生病》(*Why We Get Sick*)的作者尼斯和威廉姆斯创立了达尔文医学，从进化的角度分析疾病的成因，将病因分为近因和进化史成因两类。他们认为："在一个设计得如此精巧的人体机器上，缺点和败笔，以及权宜之计，成就了大多数疾病。"这也是在寻找内因。他们认为：**

**首先，有些基因使我们易感疾病。**

**第二，我们之所以患某些疾病，是因为我们现在所处的环境已不是过去人类进化所处的环境。假以时日，身体几乎可以适应一切。但是，从人类文明萌芽以来，一万年的时间还不充分，所以我们会生病。感染性疾病的病原体进化得飞快，以致我们的防御总是落后一步。**

**第三，设计上的妥协方案，也会产生一些疾病，例如与直立体位相关的背部问题。**

**第四，我们有自然选择催生和供养的适应性，但其他物种也有，自然选择也同样勤奋地为试图吃我们的病原体工作，为我们想要吃的有机体工作。在与这些有机体的冲突中，正如在棒球场上，你不可能永远是赢家。**

**最后，疾病还可能起因于进化史的遗赠，比如咽喉的交叉设计。如果有机体可以重新设计、作重要修改，也许可以找到预防多种疾病的更好办法。但是，人类 代代相传，已经没有可能走回头路，再重新设计了！**

笔者的"人类第一病因学说"也是寻找疾病的"进化史成因"，属于达尔文医学。在生物的进化过程中，生命体制造维生素的种类经历了一个从多到少的过程。比如低等单细胞生命有机体"红面包霉菌"(red bread mold)可以制造几乎所有维生素。但是，从低等单细胞生命有机体到万物之灵的我们人类，生物越进化，制造维生素的种类反而越来越少，到我们人类，身体组织已经不能制造任何维生素。

生命有机体在丢失制造某种维生素的能力之后之所以能够继续正常生存，原因很可能是周围环境能够提供足够的这种维生素。我们人类的远祖何时丢失了制造维生素 C 的能力？欧文·斯通通过研究认为在 5 800 万年前，但制造其他维生素的能力在何时丢失，尚无从知晓。不过，我们可以设想，在遥远的远古时代，由于我们的远祖可以从周围环境中充分获得这些维生素，于是，经过漫长的岁月，可能几万年或几百万年以上，体内制造各种维生素的能力退化殆尽。从达尔文医学的观点看，这是一次次的修改人体设计，逐渐形成一些所谓**变态基因，它们在远祖所处的环境中有益，或至少无害，但在现代环境中要付出代价。**

丧失制造各种维生素的功能在远祖所处的环境中有益，它可能节约了能量，更有利于体能和脑力的发展。但是，随着世代的推移、环境的变迁，周围环境渐渐不能充分提供这些维生素了，于是，这些变态基因的代价逐渐体现出来。而所谓的代价就是各种维生素缺乏病。

鲍林 1962 年曾经指出："我们今天需要的各种维生素都是千百万年以前祖先生过的分子型疾病的见证。"笔者以为，按照达尔文医学，我们今天需要的各种维生素都是千百万年以前进化作出重要设计修改的见证。

据研究，人类的祖先后来被迫从树上转移到地上生活，这种改变可能使人类远祖的食物结构发生变化。我们知道，坚果类食物以及水果类食物含有丰富的营养，其中包括维生素 C、维生素 B 族、维生素 E，以及各种必需脂肪酸、蛋白质。人类的祖先转移到地上生活后，有可能损失维生素 C、多种维生素 B、维生素 E，以及各种必需脂肪酸。在地面，人类祖先接触致病微生物的机会增多，可能需要更多的维生素 C 支持免疫系统。

进入狩猎采集时代以后，动物蛋白可能增加了，但是维生素 C 仍然可能缺乏。

进入农业时代以后，"放牧和农业虽然使食物产量增加了，但竟造成营养的缺失。一千克小麦的热量和蛋白质比一把野生浆果多许多，但野生浆果的维生素 C 则比小麦多得多。如果一个农耕群体依赖小麦提供大部分热量和蛋白质，那么，对比狩猎采集者丰富多彩的饮食，就很容易缺乏维生素和其他微量营养成分。如果小麦和其他农产品也用作家畜家禽的饲料，以提供肉、蛋、奶，那么，农夫的饮食将大大改善，但营养缺乏，尤其是维生素 C 缺乏，依然是潜在威胁"（*Why We Get Sick*）。

"大约 1 500 年前，美国中南部的一些土著部落放弃了狩猎采集的生活方式，开始种植谷物和豆类。这个变化清楚地记录在他们的骨骼上。与更早期的骨骼相比，平均而言，这些农民的骨骼不够强壮，经常体现出维生素 B 和蛋白质这类营养素的缺乏。尽管有这些营养缺乏，但与他们的祖先相比，死于饥饿的可能性已大为降低。他们可能更能生育,因为谷物和豆类可以促进提前断奶。尽管如此,在一些重要方面,他们并非如想象般健康”( *Why We Get Sick* )。

维生素的遗传缺乏只有在环境改变中才会体现出来,而我们当今的时代,当今的环境,恰恰最能体现出人类维生素的遗传缺乏。我们大量地吃种植的食物,吃以前先以高温烹调,我们摄入的脂肪几乎都经过深加工。维生素 C 本来含量就有限,经过加工,含量更微。各种维生素 B( 或称为 B 族维生素 )经过加工,也程度不同地损失。我们可以大量喝水,这在远古的祖先则未必可能,为争得水,动物之间的竞争可谓你死我活。水喝得太多,也极大地冲淡了体内的水溶性维生素 C 与维生素 B 族。脂肪的深加工致使维生素 E 和各种必需脂肪酸大量流失。大量用眼,消耗大量维生素 A 和维生素 B; 常在强紫外线、强光下生活,体内的维生素 A、维生素 B、维生素 C 入不敷出。在我们当今时代,当今的环境,维生素不是个别人缺乏,而是普遍的人群缺乏; 维生素不是个别种类缺乏,而是多种维生素缺乏。

缺乏维生素会生病,这是维生素的发现对人类的巨大贡献。

缺乏维生素会生病,这在人类的儿童期体现最为明显,可以说,没有没生过病的儿童。

缺乏维生素,特别是维生素 C,在感冒这个疾病上体现最明显,可以说,几乎没有没得过感冒的人。

在远古的环境,生病即意味着死亡。而今,环境变了,人类占了统治地位,缺乏维生素生了病仍能继续生存,没有老虎狮子来吃你。所以可以说,我们是带着遗传缺陷庆幸地活着。

有一个老概念说,缺少一种维生素会得一种病。我们从维生素 C 的多功能特点已经清楚,缺少一种维生素不只会得一种疾病,而是会得多种疾病。坏血病其实是多种疾病的综合。缺少其他维生素也是如此。

**缺乏维生素 C** 易疲劳、牙龈出血、皮下出血( 紫癜 ),易感各种感染性疾病( 由细菌病毒引发 )包括各种传染病,如感冒、流感、脑炎、小儿麻痹( 脊髓灰质炎 )、心肌炎、腮腺炎,咽炎、鼻炎、气管炎支气管炎、肺炎,胃炎、肠炎、肝炎、胰腺炎、胆囊炎、阑尾炎,尿道炎、膀胱炎、肾炎,盆腔炎、卵巢囊肿、子宫内膜炎、精囊炎、睾丸炎,泪囊炎、结膜炎( 红眼病 )、中耳炎,艾滋病( 获得性免疫缺陷综合征 )等等,易患冠心病、出血性疾病、白内障,易过敏、哮喘,易精神失常( 神经传导阻滞 ),易便秘,伤口不易愈合。

**缺乏维生素 A** 易感眼疾,包括干眼病、夜盲症,眼部灼热、发痒、发炎、疼痛、眼屎增加、角膜溃疡; 易感皮肤病,包括皮肤干燥、皮屑多、皮肤瘙痒、疱疹、青春痘、皮肤癌。一切有上皮组织或黏膜的地方都容易病变,如呼吸道,包括鼻腔、鼻咽、喉、气管、支气管; 如消化道,包括口腔、咽、食管、胃、小肠、大肠、肛门,肝管、胆囊、胆管、胰管；如泌尿道，包括膀胱、尿道、输尿管、肾小管；如生殖道，包括输精管、阴道、输卵管、子宫内膜；其他，如各种内分泌腺管、血管、泪管、耳道。缺少维生素 A 免疫功能下降，红细胞和白细胞形成受阻。

维生素 B 是一个家族，共有十四五种之多。

**缺乏维生素 $B_1$** 会得所谓“脚气病”，这其实也是数种疾病的组合。消化系统：食欲不佳、消化不良、便秘；神经系统：淡漠、神经炎、神经痛、神经麻木、魏尼克脑病；心血管系统：心肌衰弱、心力衰竭、肥大型心脏病。

**缺乏维生素 $B_2$** 容易疲劳，伤口易发炎、不易愈合，口唇干裂、肿胀、溃疡，口角炎，舌炎、舌肿胀、舌痛，鼻角裂口、疼痛发炎，角膜血管增生（俗称血丝眼），眼睛对光敏感且易疲劳，视物模糊，眼睛发红、发痒、流泪，脂溢性皮炎，贫血。妊娠妇女如缺乏，胎儿易骨骼畸形（骨短、肋间及指间畸形）。

**缺乏维生素 $B_3$（烟酸）**会得糙皮病，它主要是两方面的疾病：一方面是皮肤和黏膜病变，癞皮样皮炎、胃肠道黏膜发炎、口舌疼痛、腹泻便秘交替；另一方面是精神异常，急躁、抑郁、精神错乱、幻觉、慌乱、迷向、呆滞。

**缺乏维生素 $B_5$（泛酸）**会烦躁不安、食欲减退、消化不良、腹痛、恶心、头痛、精神抑郁、颓丧、疲倦无力、手足麻木和刺痛、抽筋、脚灼热、失眠、呼吸道感染、脉搏加快、步伐趔趄。

**缺乏维生素 $B_6$** 会得脂溢性皮炎，体重下降、肌肉萎缩，贫血，急躁或精神抑郁。儿童如果缺乏会急躁、肌肉抽搐、惊厥、腹痛、呕吐、体重下降。

**缺乏维生素 $B_{12}$** 会生舌炎、舌疮，虚弱，体重下降，背痛，四肢有刺痛感，神态呆滞，精神失常，以及众所周知的恶性贫血（巨幼红细胞贫血，除上述症状外，脸色蜡黄、厌食、气短、腹部不适、四肢强直、过敏）。

**缺乏叶酸**也会得巨幼红细胞贫血，易患舌痛、舌炎、口角炎、口腔黏膜溃疡等，易消化不良，常见食欲减退、食后腹胀、腹泻或便秘、消瘦，孕妇缺乏可能会生畸形儿（神经管畸形）。

以上只是 B 族维生素家族中的 7 个。其他还有肌醇、生物素、胆碱、生物类黄酮、肉毒碱、苦杏仁苷、对氨基苯甲酸（PABA），潘氨酸、硫辛酸、牛磺酸、辅酶 Q 也常被归类为 B 族维生素。限于篇幅和能力，这里不详细展开。

**缺乏维生素 E（生育酚）**与缺乏必需脂肪酸往往同时发生，会造成不育不孕、畸胎，容易引起乳房小叶增生、视网膜脱落、肌肉无力、重症肌无力、贫血，伤口愈合慢、瘢痕组织纤维化、组织水肿、内分泌失调、月经不调。

我们可以提出问题，缺少其中两种维生素会得什么疾病，缺少三种会得什么疾病，缺少三种以上会怎么样。可以想象，这是一个非常复杂的问题。但缺乏两种的问题可能简单些。

这里,我们讨论既缺乏维生素 C 又缺乏维生素 $B_1$ 的一个特例。缺乏维生素 C 易感冠心病,而缺乏维生素 $B_1$ 易感肥大型心脏病。如果同时缺乏这两种维生素,这两种心脏病就可能同时发生。其实,这样的心脏病在现实中并不罕见。遗憾的是,这样简单的病因和病理在医学上仍然是空白。

按照笔者的理论,即维生素遗传缺陷理论,各种维生素的叠加缺乏是十分普遍的。而维生素的叠加缺乏有什么后果又是一个十分复杂的问题。好比在数学上,有 100 个变量均对结果有影响,那么该怎么解决这个数学问题。

影响健康的营养素并非只有维生素,还有碳水化合物、蛋白质、脂肪(必需脂肪酸)、矿物质、水,其中脂肪和矿物质又各有许多种,如果把这些因素都考虑进去,这道数学题的变量就更多。

也许,我们应该倒过来考虑这个问题,即,如果我们的身体出现某些症状,我们可能缺乏哪些维生素?这个问题可能比较好解决,只要对照上述每种维生素缺乏的症状,就能基本判断出来。比如便秘,缺乏维生素 C 可能便秘,缺乏维生素 B 也可能便秘。如果将碳水化合物、蛋白质、脂肪、矿物质、水等因素也考虑进去,将纤维素的因素也考虑进去,我们还会找到,便秘可能缺乏蛋白质、纤维素。

这里,我们已经进入了一门并不算新的学科,即**营养治疗学**。从笔者的上述论述不难看出,缺乏营养素可以导致疾病;那么,反过来,如果补充这些营养素就应该可以预防和治疗疾病,也就是说,从逻辑上讲,营养可以预防疾病、治疗疾病。

用营养和营养素预防和治疗疾病的理论与实践早已有之,但一直以来都没有获得它应有的地位和重视。因此,正如鲍林 1986 年所说,它基本还停留在老的阶段:"在半个世纪后的今天,守旧的营养学家和美国科学院食品与营养部的权威仍然无视已有的证据,否定维生素最佳摄入量的价值,固守半个多世纪以前靠临床经验确立的标准,他们推荐的维生素用量仅仅是为防止维生素缺乏症所需的最低补充量。他们推荐的标准压制了新营养学的普及,也限制了人们更广泛地运用新营养学的知识。"(*How to Live Longer and Feel Better*)

笔者手头就有一本 1950 年的《饮食治疗学》(图结 -1)。一般,现在编写的"饮食治疗学"前面都冠以"临床"字样,这种书主要是面对住院病人的,似乎并不准备面对普通读者。

这种书的编写似乎很科学,但笔者以为,它最关键的缺陷是不提营养补充。传统的仅靠调整一日三餐预防和治疗疾病的实践早已有之,也有许多成功的事例和成就斐然的实践家。但以笔者的理论衡量,这显然是落后的。依笔者的理论,预防和治疗疾病,补充营养素才是关键。我们是遗传缺乏(不只是饮食缺乏)重要的维生素,只有靠补充才能弥补。

笔者赞赏一个提法,即"自己做自己的医生"。

自希波克拉底以来，医学的奥秘一直掌握在医生手里，而且按照希波克拉底誓言，这些奥秘是不能随便外传的。然而在当今，科学知识如此普及，信息传递如此便捷，医学的奥秘几乎是人人可以触及的，只要你有文化。也可以说，医学已经没有什么奥秘可以隐瞒。

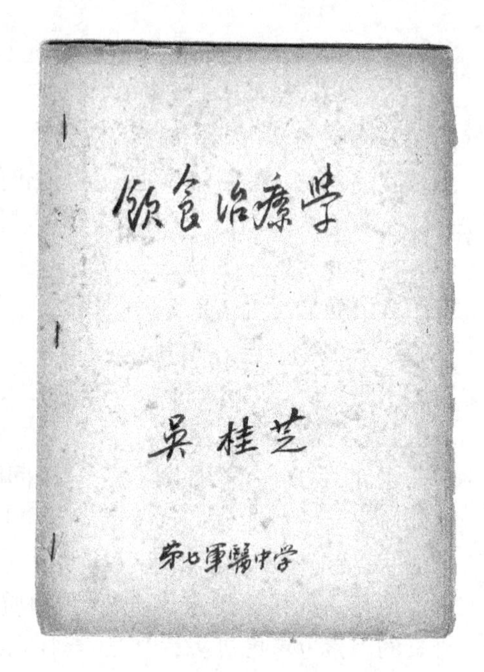

图结 –1 《饮食治疗学》( 1950 年版 )

在医学，谈到病因，无非是清楚与不清楚、明确与不明确。如果说有什么不清楚、不明确的，恐怕就涉及本书的话题了，比如，数种营养素缺乏会得什么病？哪些疾病是进化的馈赠（或者叫“进化病”）？而这些，通过学习都不难掌握。如果你对本书提出的生病的原因有了了解，那么，如何预防疾病就有了方向，如何治疗疾病也就有了简单的手段。

笔者相信，补充营养素一定会成为人类新的生活方式。

# 附 录 C

## 附录 1 维生素 C 的吸收、储存和代谢

从口腔进入的维生素 C 主要在小肠被吸收，小肠按顺序又分为十二指肠、空肠、回肠，而维生素 C 则在小肠上段的十二指肠和空肠被吸收。此外，口腔黏膜会吸收极少的量，胃也会吸收少量。

由小肠上部吸收的维生素 C，经由门静脉、肝脏送到血液，再进入血细胞和各个组织。

一个体重 70 kg 的人，其各组织器官的维生素 C 浓度和储量如表附 1–1 所示：

**表附 1–1 人体组织器官维生素 C 浓度与储量**

| 组织 | 重量（g） | 维生素 C | 维生素 C |
|---|---|---|---|
| | | 浓度（mg/100 g） | 维生素 C 储量（mg） |
| 脑垂体 | | 40 ～ 50 | |
| 肾上腺 | 12 | 30 ～ 40 | 36 ～ 48 |
| 玻璃体 | | 25 ～ 31 | |
| 脑 | 1 300 | 13 ～ 15 | 169 ～ 195 |
| 肝脏 | 1 500 | 10 ～ 16 | 150 ～ 240 |
| 脾脏 | 150 | 10 ～ 15 | 15 ～ 22.5 |
| 胰脏 | 100 | 10 ～ 15 | 10 ～ 15 |
| 肾脏 | 300 | 5 ～ 15 | 15 ～ 45 |
| 心肌 | 300 | 5 ～ 15 | 15 ～ 45 |
| 肺 | 800 | 7 | 56 |
| 骨骼肌 | 32 000 | 3 ～ 4 | 960 ～ 1 280 |
| 睾丸 | 50 | 3 | 1.5 |
| 甲状腺 | | 2 | |
| 体重 | 约 70 kg | | 1 600 ～ 1 700 mg |

注：对体重平均为 65 kg 的国人（健康的成年人），维生素 C 的储量大约为 1 500 mg。

对每天平均补充 2～3 g 维生素 C 的人，其各组织器官的维生素 C 浓度和储量如下表所示：

**表附 1-2　每日补充维生素 C 人体组织器官维生素 C 浓度与储量**

| 组织 | 组织 | 维生素 C | 维生素 C |
|---|---|---|---|
| | 重量（g） | 浓度（mg/100 g） | 维生素 C 储量（mg） |
| 骨骼肌 | 32 000 | 4 | 1 280 |
| 骨骼 | 11 000 | 10 | 1 100 |
| 脂肪 | 11 000 | 5 | 500 |
| 血液 | 5 000 | 1.4 | 70 |
| 皮肤 | 4 700 | 15 | 705 |
| 肝脏 | 1 500 | 30 | 450 |
| 脑 | 1 300 | 25 | 325 |
| 小肠 | 800 | 20 | 160 |
| 肺 | 800 | 15 | 120 |
| 血管 | 400 | 5 | 20 |
| 心脏 | 300 | 10 | 30 |
| 肾脏 | 300 | 10 | 30 |
| 大肠 | 300 | 20 | 60 |
| 胃 | 200 | 20 | 40 |
| 脾脏 | 150 | 30 | 45 |
| 胰脏 | 100 | 20 | 20 |
| 睾丸 | 50 | 20 | 10 |
| 肾上腺 | 12 | 70 | 10 |
| 体重 | 69 915 | | 4 975 |

上表数据系对 70 kg 体重的人。

引自《你怎样吃维他命 C》，台湾林鬱文化事业有限公司，p28。

# 附录2 我国是维生素C生产大国

目前,维生素C是全世界产销量最大、应用范围最广的维生素类产品,年产销量近10万吨,年销售额达5亿美元。

制造维生素C的原料是玉米,我国拥有资源优势。目前,我国已成为全球维生素C生产和出口大国。

近十年来,全 球维生素C的产销量一直在8万～8.5万吨徘徊,最近,已接近10万吨。2002年以前,国际维生素C市场由罗氏公司、巴斯夫公司和我国的四家企业占据,势如三足鼎立,三分天下。在市场份额上,罗氏公司大约占40%,巴斯夫公司占28%,我国占30%。

有资料显示,近年,我国维生素C产量已达5万吨左右,占全世界的50%。2003年我国维生素C出口54 101吨,2004年1—7月出口36 571吨,均为全球之冠。

就生产能力而言,2004年全球维生素C的生产能力已达12万吨,而我国四大企业就占有8.2万吨,约占全球的68%。我国生产维生素C的四大企业是东北制药总厂(2.2万吨)、江苏江山制药公司(1.5万吨)、石家庄制药厂(维生药业)(3万吨)、华北制药集团(维尔康)(1.5万吨)。

在生产工艺方面,江山制药的两步发酵技术是全球最先进的。

在国际市场上,维生素C的55%被用于医药领域,35%被用于食品领域,10%被用于饲料领域。而在我国,这个比率则为90%、0.6%、0.4%。

维生素C的品种现在越来越多,有维生素C结晶、维生素C钠、维生素C钙、维生素C纤维素、维生素C磷酸酯、异维生素C钠、包衣维生素C、维生素C口嚼片、维生素C泡腾片、维生素C银翘片。

我国维生素C产量的80%以上出口海外,生产的主要目的也是为出口。目前,在大多数国家,维生素类营养补充品被划归为食品,在商店、超市的货架上,占据重要位置。其中,维生素C最为突出,剂型有每粒500 mg或1 000 mg等数种,且并无使用说明。

综观70年来维生素C从实验室的科研产品发展为药品又发展为生活用品的历程,我们有理由相信,维生素C一定会成为人类的一种生活必需品。

# 附录3 瑞欧丹IVC规程2009

（The Riordan IVC Protocol 2009）

**重要提示**

对合并糖尿病的肿瘤患者使用大剂量（15 g以上）维生素C静脉滴注（以下简称IVC）时，如果采用普通电化学方法——取指尖血或耳垂血用葡萄糖试纸插入各种血糖仪测定，读数往往假性偏高。

根据IVC的剂量大小，假阳性抑或偶尔出现的酮体阳性会在IVC后8小时持续。而不用简易测定法，抽静脉血在实验室用己糖激酶法测定才会不受影响！电化学试纸不能区别高水平的抗坏血酸和葡萄糖，因此把二者均当作葡萄糖测在一起。

口服维生素C不会产生这种现象。因此，需要自己测定血糖的患者，特别是自己注射胰岛素时，一定要遵照这个提示！

Jackson JA, Hunninghake RE, et al. False positive blood glucose readings after high-dose intravenous vitamin C[J]. J Orthomol Med, 2006, 21(4): 188-190.

## 1. 引言

（1）科研人员研究使用维生素C治疗肿瘤已逾30年。

（2）研究维生素治疗肿瘤的先驱有克兰纳（Klenner）、卡梅伦（Cameron）、鲍林（Pauling）、坎贝尔（Campbell）、霍夫（Hoffer）和瑞欧丹（Riordan）。

（3）口服抗坏血酸（以下均称维生素C，VC）和静脉滴注抗坏血酸（以下均称IVC）早已被用于治疗肿瘤，或作为主要手段，或作为辅助手段。

（4）口服维生素C补充剂（或其他抗氧化剂）一直被用于预防肿瘤的初发和再发。

（5）标准化疗和放疗规程已经将IVC作为辅助疗法以增强其效果并降低其副作用。

（6）作为首选疗法，无论是否补充其他营养补剂，IVC疗法对肿瘤患者已经显示减轻症状、改善生存质量、延长生存期等效果。

（7）本规程由瑞欧丹医生（Hugh D. Riordan，1932—2005）和他的研究团队制定。他们开创了IVC（作为一种化疗制剂和生物反应调节剂）疗法并确定了这个疗法的适用范围。因此，这个规程被命名为瑞欧丹规程。

## 2. IVC疗法的理论根据和对肿瘤细胞代谢的影响

（1）本中心迄今为止已发表大量关于IVC案例的研究报告，涉及各种类型的肿瘤病人。

（2）图附 3-1 表示 4 种在培养皿中的肿瘤细胞随着 VC 浓度增加的反应。

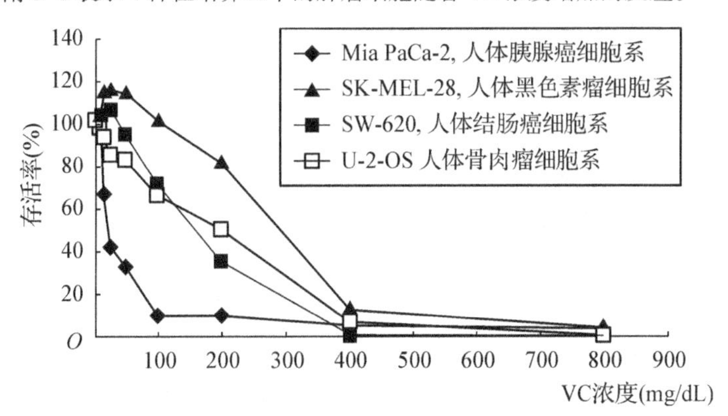


**图附 3-1 4 种在培养皿中的肿瘤细胞随着 VC 浓度增加的反应**

图附 3-1 表示人体癌细胞在高浓度抗坏血酸培养皿中的存活率（Survival）。曲线表示它们对不同浓度维生素 C 的反应（12 个样本的平均数），全部样本都来自美国标准生物品收藏中心（ATCC）。结果反映所有存活细胞。维持培养基为高葡萄糖培养基 DMEM（Irvine Sci.），wf10% 热灭活胎牛血浆 + 抗生素 + 两性霉素，置于 5%$CO_2$ 湿润培养器，温度 37℃。实验培养基分别来自确诊患这些肿瘤的病人的血浆。在加入维生素 C 后培养 3 天。在 96 个培养皿中种入 24 000 个癌细胞，使用微板荧光计测定活细胞的绝对数量。

图附 3-2 表示维生素 C 对人体结肠癌细胞的毒杀作用。

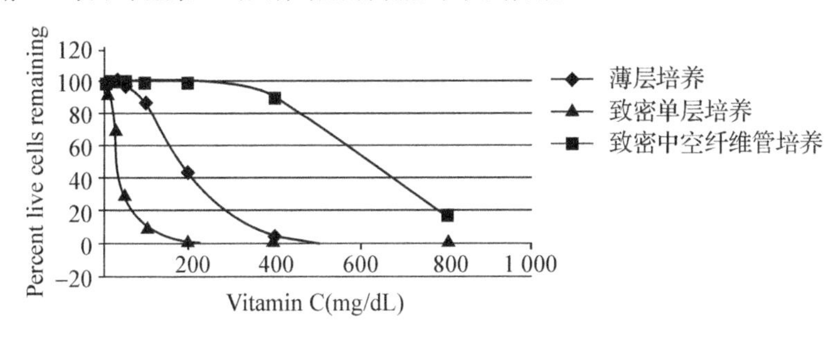


**图附 3-2 维生素 C 对人体结肠癌细胞的毒杀作用**

（3）口服维生素 C 达不到足以杀死肿瘤细胞的维生素 C 血液浓度。根据我们的研究，足以杀死肿瘤细胞的维生素 C 剂量应使血液中维生素 C 浓度水平达到 350 ～ 400 mg/dL。这样，氧化还原循环将诱导细胞产生过氧化反应。这种维生素 C 诱导的过氧化反应导致肿瘤细胞因缺少过氧化氢酶而凋亡，而让正常细胞避开氧化损伤。

图附 3-3 表示三位有代表性的患者接受 IAA 治疗时血浆抗坏血酸浓度随时间的变化情况。患者 1 是一名 74 岁男性，被诊断为非转移前列腺癌。他在过去两年曾接受超过 30 次 IVC 静脉滴注，并已临床治愈。他的血浆浓度达到一个峰值 702 mg/dL。患者 2 是一名 50 岁

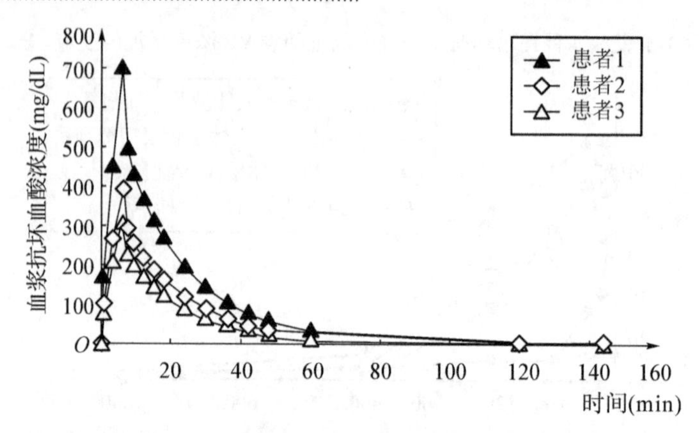


**图附 3-3 三位有代表性的患者接受 IAA 治疗时血浆抗坏血酸浓度随时间的变化**

男性，患非霍奇金淋巴瘤，曾接受 16 次 IVC，仍在继续治疗。患者 3 是一名 69 岁男性，患空肠癌，已转移，曾接受 16 次 IVC，仍在继续治疗。他们分别达到更低的血浆 VC（抗坏血酸）浓度 396 mg/dL（患者 2）和 309 mg/dL（患者 3）。

维生素 C 浓度达到 350 ～ 400mg/dL 时，维生素 C 与铁离子反应在细胞外围组织间隙之间产生大量 $H_2O_2$。正常细胞不受 $H_2O_2$ 影响，但肿瘤细胞因为缺乏过氧化氢酶，因此被消灭。肿瘤细胞膜上有大量葡萄糖受体，因为维生素 C 的分子结构与葡萄糖分子结构极其相似，因此被肿瘤细胞吸引，浓度达到正常细胞周围的 5 倍以上。

维生素 C 可促进线粒体功能正常化，刺激免疫系统产生干扰素，增加 NK 细胞的数量、吞噬细胞的吞噬能力和趋化速度以及杀伤能力。维生素 C 可减少因化疗和放疗对 P53（细胞凋亡调节）基因产生的损伤和突变，这有助于预防 DNA 损伤和突变，反过来也促进肿瘤细胞的凋亡或非功能性死亡。

对结缔组织的形成，维生素 C 帮助产生胶原蛋白和肉毒碱，从而有助于形成包围肿瘤的“围墙”。维生素 C 还有助于软骨、骨基质、牙本质、皮肤和肌腱的形成。

维生素 C 有助于氨基酸转化为神经递质，减少产生前列腺素 $E_2$，抑制炎症反应，刺激干细胞生成，从而有利于修复正常组织。

### 3. 瑞欧丹 IVC 规程的适用范围

（1）IVC 疗法适用于以下患者：

① 标准治疗无效者；

② 希望加强标准治疗有效性者；

③ 希望减轻标准治疗副作用及致癌作用者；

④ 希望在缓解期采取促进健康手段者；

⑤ 谢绝标准治疗且希望进行另类基础治疗者。

（2）患者（监护人或法律认可的陪护人）必须签署一份同意接受 IVC 治疗的协议。患者应无明显的精神疾患、晚期心力衰竭和其他不可控的并发疾病。

（3）提供下述检查报告：

① 包括电解质在内的血液生化检测；

② 全血计数及各分项；

③ 红细胞 G6PD（必须正常）；

④ 一般尿检。

（4）为正确评估患者对 IVC 治疗的反应，在实施 IVC 之前应取得以下有关患者的完整信息。

① 肿瘤的种类和阶段，包括手术记录、病理报告、特殊疗程报告、其他阶段性信息（如果属于再发或诊断后症状有所发展，应再次进行病期诊断）。

② 以往的肿瘤指标，以及 CT、MRI、PET 扫描、骨扫描，X 片影像。

③ 对以往的标准治疗，患者的反应和副作用。

④ 对患者各项体能的评分（ECOG）。

⑤ 体重。

| 体能评分表（引自日文版） |
| --- |
| 0：可以活动，完全没有问题。与发病前一样，日常生活没有限制 |
| 1：激烈的身体活动受限，但可以步行，可以坐着干点儿轻活儿，比如家务或事务 |
| 2：可以步行，可以自己料理自己，但不能干活儿。一天 50% 以上的时间是躺着 |
| 3：只能部分自己料理自己。一天 50% 以上的时间在床上或椅子上 |
| 4：完全不能行动。完全不能自己料理自己。全部时间都在床上或椅子上 |

### 4. 治疗前注意事项及副作用

（1）25 年来，本中心实施 IVC 超过 40 000 例，我们的临床经验表明，IVC 极少副作用。不过，仍有一些事先应注意的事项和潜在的副作用。

（2）本规程开篇已有重要提示，采指尖血自己测定血糖以决定胰岛素注射量的患者必须注意，在 IVC 治疗过后用这种方法读数会假性偏高。这些患者如果要知道自己正确的血糖值，应该抽静脉血送实验室用己糖激酶法测定。

（3）有报告称，有患者在 IVC 后出现肿瘤坏死或肿瘤溶解综合征，有鉴于此，本规程一般从 15 g 剂量开始（见后述）。

（4）有一个报告指出，有一肾机能不全患者在用 IVC 60 g 治疗时，发生急性草酸盐肾病。因此，实施 IVC 时应在事前确认肾功能和排尿功能正常，没有脱水症状。不过，根据我们的经验，在 IVC 治疗中和治疗后均不会产生草酸钙结石。

（5）曾有报告称，有 G6PD 缺损者在实施 IVC 时引起溶血症，因此在 IVC 之前必须测定 G6PD 水平。本中心曾测得 5 例（女性 1 例）G6PD 减少者，但随后实施的 25 g IVC（或更少）对他们没有副作用也没有溶血症。

（6）有患者诉针刺部位有痛感，静滴速度超过 1.0 g/min 可能有这种情况。本规程建议为降低疼痛和血管痉挛，添加一定的镁制剂。

（7）由于 IVC 有螯合作用，可引起低钙或低镁血症，因此有少数患者发生颤抖。此时可在输液中加入 MgCl 1.0 mL 一般可以解除。如果颤抖严重，可在输液中加入 10 mL 葡萄糖酸钙，每分钟 1 mL。IVC 之前不要空腹，以防出现低血糖现象。

（8）承载 VC 的容器和溶液，数量应适当，任何可能对溶液负荷和钠负荷有负面影响的情况均应避免。因此，对出血性心力衰竭、腹水、水肿等症状有可能加剧的病患，IVC 是相对禁忌的（用于 IVC 的抗坏血酸，为调整其 pH 值，可添加适量的氢氧化钠或碳酸氢钠）。

（9）有报告称，IVC 会引起铁过剩，我们碰到一例铁末沉着病患者，但用大剂量 IVC 没有出现副作用或对铁代谢的明显改变。

（10）如同所有静脉注射一样，IVC 滴注也会在针刺处引起渗漏。采用静脉留置针可以避免渗漏。我们的护士用 23 号翼状针浅表扎入，因此极少渗漏。

（11）IVC 应以 0.5 g/min 的速度缓慢滴注。虽然 1.0 g/min 的速度也可耐受，但患者可能出现呕吐、寒战和畏寒等症状，因此需要密切观察，切勿疏忽大意。不能静脉推注，也不能肌肉注射或皮下注射。速度过快、渗透压过高可引起外周静脉硬化。

（12）表附 3-1 为本 IVC 规程所用维生素 C 的剂量和稀释液的规格，以及滴注时间和产生的渗透压。根据我们的经验，渗透压低于 1 200 mOsm/（kg · $H_2O$），多数患者可充分耐受。低速滴注（0.5 g/min）不会令渗透压上升，可降低血管紧张度。为获得维生素 C 在血液中充分的浓度，虽然可用 1.0 g/min 的速度加快滴注，但这时建议测定滴注前后的血液渗透压。

（13）我们目前使用的是产自美国洛杉矶的抗坏血酸钠溶液（MEGA-C-PLUS 500 mg/mL，pH5.5 ～ 7.0.Merixt Pharmaceuticals，Los Angeles，CA，90065.）

（14）我们建议患者每天至少口服 4 g 维生素 C，特别在未做点滴的那些天，以防止可能发生的维生素 C“反弹效应”。根据情况，我们也建议口服 α-硫辛酸（针对糖尿病患者）。

**表附 3-1　瑞欧丹 IVC 规程**

| 维生素 C（g） | 稀释液类型 | $MgCl_2$ 添加量 | 滴注时间（g/min） | 估计渗透压 ** |
|---|---|---|---|---|
| 15 | 250 mL 林格氏液 | 1 mL | 30* | 827 mOsm/L |
| 25 | 250 mL 蒸馏水 | 1 mL | 50 | 800 mOsm/L |
| 50 | 500 mL 蒸馏水 | 2 mL | 100 | 900 mOsm/L |
| 75 | 1 000 mL 蒸馏水 | 2 mL | 150 | 703 mOsm/L |
| 100 | 1 000 mL 蒸馏水 | 2 mL | 200 | 893 mOsm/L |

* 第一次做大剂量 IVC 的患者应更慢，一般 45 ～ 60 分钟为宜。

** 需要时实际测量的数据可能略有不同。

### 5. 关于与化疗并用

（1）作用机制

化疗：拥有不同机制的几种药物联合，最大限度促进杀死癌细胞。

IVC：通过静脉滴注高浓度维生素 C，使血液维生素 C 浓度达到 350 ～ 400 mg/dL，产生 $H_2O_2$，从而作为前体药物在肿瘤组织内引起癌细胞溶解。

（2）毒性

化疗：药物必须具有不同的毒性，以使副作用降至最低。

IVC：一方面因其抗氧化作用保护肿瘤以外的组织不被氧化，另一方面同时作为前体药物选择性毒杀癌细胞。

（3）相互作用

化疗：联合使用的药物不能相互干扰其独立的机制。

IVC：根据细胞培养的结果和临床经验，所有证据表明，IVC 不会干扰化疗药物的作用。

（4）预期效果

化疗：完全缓解率 5%，部分缓解率（可度量肿块体积缩小 50%）达 30% 或更高。

IVC：完全缓解率约 3%；生存期延长约 80%（根据 Pauling，Cameron，Hoffer，Riordan，Simone and Prasa D 的记录）。

（5）剂量密集方式

化疗：多种药物联合使用，可以短期密集治疗，剂量密集治疗可更频繁实施。

IVC：由于可以支援免疫系统及增加干细胞，故可以与选定的化疗以短期密集方式并用。

（6）注意：如果与化疗并用，如果在同一天进行，应先做 IVC。在化疗药 MTX（氨甲蝶呤）使用前 24 小时以内或给予后 48 小时以内，禁用 IVC 疗法。

### 6. 结语

（1）IVC 可以单独实施，但多数情况下与常规化疗和放疗结合使用。

（2）IVC 与化疗并用可降低副作用，提高生存质量。

（3）IVC 在化疗与放疗期间有助于维护免疫活性。

（4. 经过同行审查的研究报告已超过 7 000 例患者，他们均从 IVC 或其他并用的抗氧化治疗获益。

**注：**本规程是在 2000 年规程的基础上修改更新而成。新规程由 Hunninghake，Jackson，Hyland 于 2009 年 11 月完成。

# 附录4 通过检查血清铁(Fer)预测癌症风险

## ——血清铁蛋白检测对诊断癌症和预防癌症的价值及意义

在诊断许多疾病时,常常需要检测一些血液指标,以推断有没有病以及是什么病。诊断癌症时人们自然想到,如果能够通过血液检查发现一些癌症特有的指标,就可以判断身体有没有癌症及是什么类型的癌症。于是,人们不断研究癌症的特征,并根据自己对癌症的理解,开发出许多指标,这些指标被称为肿瘤标志物。

然而,这些肿瘤标志物是否真正反映了癌症的本质特征,多年来一直争议不断。以笔者之见,癌症是什么都没有搞清,因此不太容易找到真正的肿瘤标志物。即使已经有了真正的标志物,也未必知道如何解读。

有专家在2012年《肿瘤研究前沿》中指出,在肿瘤诊断中广泛使用的所谓"肿瘤标志物"其实直到今天还没有找到。这位专家评价:"事实上,即便是上述标志物,用到临床诊断并不十分理想,甚至很不理想。"这位专家认为:"从哲学层面讲,任何事物如果独立存在,必然有自己的本质特征,或是物理的,或是化学的。肿瘤从一个层面上讲,它有有别于正常组织的形态及功能,细究很可能有其分子水平上的特征。"他说,医学界努力了一百年,大家异曲同工,都在找这个肿瘤标志物,可惜一直没找到。换句话说,医学界努力了一百年还没有抓住癌症的本质特征。

笔者在第二章第二节中阐明,过剩铁是致癌元凶,因此,按照这个思路,能够反映体铁含量的指标,应该成为铁是否过剩的参照。而在研究肿瘤标志物的过程中,笔者注意到,有一个反映血液中铁含量的指标"铁蛋白",经常与其他标志物共同使用,用于肿瘤标志物联合检测。同时,它也经常被列为某些癌症的主要肿瘤标志物。

笔者根据对癌的本质的研究和见解,对这个指标是否反映癌症的本质特征进行了调查研究,并最终认定,铁蛋白(Fer)就是反映癌症本质特征的肿瘤标志物。

**1. 铁蛋白(Fer)与肿瘤标志物联合检测** 20世纪90年代以来,科研人员研发出一种生物芯片技术,它可以一次同时检测出12项肿瘤标志物。它的发展推动了多项肿瘤标志物联合检测在肿瘤诊断中的应用;同时涌现了大批研究报告,评价联合检测在各种肿瘤诊断中的价值。

值得关注的是,几乎所有联合检测都将血清铁蛋白(Fer)列入联合的对象。比如对肝癌、胆囊癌、胰腺癌、乳腺癌、肺癌、卵巢癌、子宫内膜癌、结肠癌、前列腺癌、膀胱癌、消化道癌(胃、肝、胰、食管)等的检测。在所有这些癌症的联合检测中,Fer或被评价为有参考价值,或被某些医生列为某些肿瘤(肝癌、胆囊癌、胰腺癌、乳腺癌、肺癌、卵巢癌、子宫内膜癌、结肠癌等)的主要标志物。只有少数研究报告称,Fer是一种**广谱的肿瘤标志物**。

许多报告认为，Fer 没有特异性，不能反映某一特定的癌症是否已经发生。因此只有参考价值。研究人员追求的似乎是，找出一种标志物，能够在身体发生癌变的一刻，立即有所反应，告诉我们，患者得了什么癌。其实，许多肿瘤专家都知道，癌症是一个渐变的过程，只有肿瘤大到一定程度才能被发现。

因此，铁蛋白水平偏高虽然不能断定已经罹患癌症，但至少说明已经铁过剩了，癌变的风险在加大。

**2. 铁蛋白** 前文限铁机制已经提到，铁蛋白（ferritin）与运铁蛋白（Tf）、乳铁蛋白（Lf），是人体内的非亚铁血红素铁蛋白。铁蛋白的主要功能是储存铁。它主要分布在肝脏、脾脏、巨噬细胞（网状内皮体系统——RES）。

血液中铁蛋白的升高主要原因是体内铁过剩，这又有遗传、环境和行为三因素。

铁过剩的遗传因素是指遗传性铁末沉着；环境因素是指生活在高铁环境；而行为因素则指饮食，吃进大量高含铁食物，或补充大量的铁。

铁过剩主要是吃红肉类高含铁食物，以及吃补铁剂造成。癌症患者的铁蛋白水平之所以高，就是吃红肉类食物的结果。这一点（铁蛋白水平与吃红肉水平正相关）长期以来并没有研究统计数据支持，一些医学科研人员误以为，癌症患者之所以铁蛋白水平高，是癌细胞合成与分泌所造成。

2015 年 9 月，终于有一项严谨的研究报告证实，铁蛋白水平与吃红肉水平呈正相关。这个研究报告题为："血清铁蛋白与代谢综合征及红肉消费量呈正相关（*Serum Ferritin Is Associated with Metabolic Syndrome and Red Meat Consumption*）"。

本报告由智利 Pontificia 大学"慢性病与分子营养学中心"赞助，以 66 名矿山机械维修公司男性志愿者为对象。对每一个志愿者均进行连续三天饮食中红肉摄入量跟踪调查记录，然后取平均值，同时测定每个人的铁蛋白指标，然后制表如下。$y$ 坐标为红肉摄入量，$x$ 坐标为血液中铁蛋白含量。

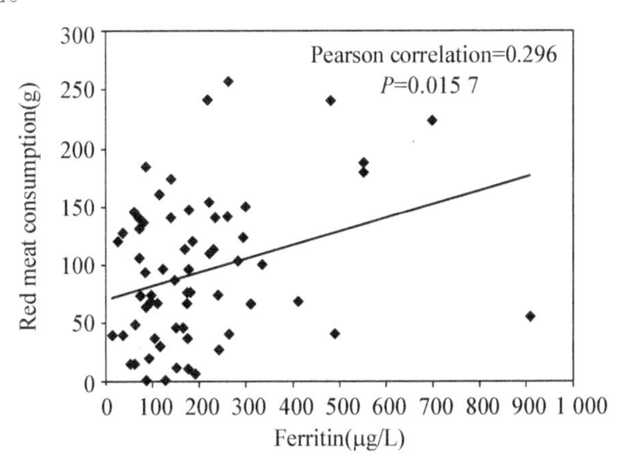


**图附 4-1 红肉摄入与血液中铁蛋白的含量关系图**

从上图可见，铁蛋白指标与红肉摄入量呈正相关。铁蛋白正常值应小于 300 μg。

如此，通过检测铁蛋白的水平，即可知道我们吃红肉是否过多。从该图我们还可见，有些人吃红肉水平不高，但铁蛋白水平仍在 100 ～ 200 μg。究其原因，可能是智利政府早在 1950 年即颁布法令，在面粉中必须添加铁（In Chile，wheat flour has been enriched with iron，riboflavin，niacin，and thiamin by legislation since 1950）而且添加的数量惊人（占所有食物含铁量的 56.6%）。无论面包中铁的吸收率如何，但如果仅吃少量的红肉，按照营养学原理，仍会大大提高面包中铁的吸收率。

**3. 怎样解读铁蛋白指标** 如果一个人的铁蛋白检测结果比较高，一般说他可能铁过剩。而过剩铁是癌的元凶，因此 Fer 指标的升高至少表示罹患癌症的风险加大，特别值得警惕。此外，铁过剩还有其他种种害处，这在限铁机制一节已经叙述，这里不再重复。

从上述智利的报告可见，铁蛋白（Fer）指标升高，说明摄入红肉类高含铁食物过多。但我们通过该报告可以发现，他们多数人往往很健康。这说明，尽管铁过剩了，但过剩铁的仓库（癌）是否需要搭建，还需要其他一些条件。比如前文所述各种促癌物（从犯）的协助，以及类似“怒伤肝”这样的心理因素，乃至年龄因素，等等。

如果一个人有适度的运动、良好的心态、正常的睡眠，不胡吃海喝，即使铁过剩，这个仓库也未必需要搭建。但是，反过来，如果你不善待身体，那么，机体里面就可能有炎症，有中医所谓的气滞血瘀，免疫功能可能下降，此时，为防止细菌感染，机体就可能搭建这个仓库。而且很可能搭建在有炎症的地方即气滞血瘀的地方。到了老年，废弃了的生殖系统（男性的前列腺，女性的乳腺、子宫、卵巢）可能是搭建仓库的理想选择。

这就是说，铁是否过剩，是一个相对的概念。同样的一个铁蛋白水平，对年轻人或许还算正常，但对老年人来说可能就是偏高了。

这也在一定程度上说明，红肉类的食物除了含铁量高值得警惕以外，其他部分能够提供给身体所需的各种营养，比如蛋白质、B 族维生素等，其营养价值不应轻易全盘否定。

**4. 铁蛋白指标的正常值** 现行 Fer 指标的正常范围可能是根据 Lipschitz 等人的检测结果制定的。他们测得的正常 Fer 平均值为 59 ng/mL，正常范围定为 12 ～ 300 ng/mL。

我国的标准是根据美国标准制定的，由于使用的仪器不同，正常范围也各不相同。如安徽省淮南市第一人民医院的正常值范围为：3.9 ～ 336.2 μg/L（男），11 ～ 306.8 μg/L（女）；北京东方医院的标准为：30 ～ 400 ng/mL（男），13 ～ 150 ng/mL（女）。[ 注：1 μg/L=1 ng/mL ]

对这样一个在欧美国家于 40 多年前（或许更早）制定的标准，笔者认为应该重新认识。欧美国家普遍肉食水平较高，铁过剩人群理应偏高，即铁蛋白指标普遍偏高。然而，铁过剩未必发生癌症，许多铁过剩者也确实很健康。

但是，如前所述，癌症的真凶是过剩铁，如果不想得癌症，这个指标还是偏低好些。前面提到，他们测得的正常 Fer 平均值为 59ng/mL。那么，应该说，越靠近这个值就越正常。

我自已的检测结果是：239.8 ng/mL（2014-02-08）；213.3ng/mL（2014-11-14，北京东方医院）。

正常范围 30 ～ 400 ng/mL（男），13 ～ 150 ng/mL（女）。我本来自认为在中间范围，已经不错。

但是，尤金・温伯格的意见是："关于铁蛋白的正常值存在许多争议。像我们这些认为铁过剩是许多疾病危险因素的人，相信正常范围应该在 20 ～ 75 ng/mL。我的检测结果是 43 ng/mL。但多数美国医生认为的正常范围与中国的一样[There is much controversy here on normal serum ferritin level. Those of us who are concerned with excess iron as a risk factor for many diseases believe that the normal range should be 20 ～ 75ng/mL（My value is 43ng/ml）. But the range considered to be normal by most U.S. physicians is the same as that in China. 2015.10.13]。"

老教授今年已经 95 岁，在我与他的 E-mail 通信往来中，我感觉他十分健康。我相信，将铁蛋白控制在低水平是老教授身体健康的一个重要原因，值得我学习。

从限铁机制理论可以得出一个重要推论，笔者称之为"升铁容易降铁难"。笔者已经五年多拒绝高含铁食物，而铁蛋白水平一直在 200 ng/mL 出头，难以进一步降低，恰恰符合这个推理。

重庆第三军医大学的调查报告中，癌症患者铁蛋白指标的阳性率为 17.51%，看似不高，但是，如果按照尤金・温伯格的标准，这个比率将会大大提高。

**5. Fer 指标可用于预防癌症** 基于 Fer 指标对筛查癌症有普遍意义，因此可以在普通体检时加入 Fer 检测，指导民众，特别是中老年人群，降低铁过剩，预防癌症。

2010 年发表的一项报告《1962 例老年人血清铁蛋白检测与分析》中有数据表明，60 岁以上，男人铁过剩者占 21.30%，女人铁过剩者占 15.20%（周青玲，等 . 中国现代医生，2010）。

我认为，这个比例是相当高的。如果按照尤金・温伯格的标准，这个比例还会更高。前文已述，同样是铁蛋白超标，对老年人来说，得癌的风险会大大增加。

一个反映癌症本质特征的肿瘤标志物应该为预防癌症指明方向。显然，Fer 指标为预防癌症指明的方向是降低体铁含量（或者减少摄入，或者加大排放）。

综上所述，铁蛋白（Fer）即为反映癌症本质特征的肿瘤标志物。它的确并不具有所谓"特异性"，它的升高只能说明罹患癌症的风险加大，并不能说明可能罹患哪个部位的癌。因为，按照我的理论，在什么地方搭建这个仓库，有很大的随机偶然性，也是值得研究的课题。

尽管如此，似乎也还有迹可寻。前面提到，身体上有炎症的地方，是搭建仓库的可能选项。有大量的论文论证炎症与癌症的关系，这说明，专家早就注意到慢性炎症与癌症的发生密切相关。我的理论则说明，在铁过剩的前提下，在有炎症的地方可能会需要搭建铁仓库，以防游离铁促进炎症。无论如何，这就要求我们减少或避免身体发生炎症。

中医所谓"气滞血瘀"的地方或许与体内炎症相关。或许可以借助一些中医的手段，疏通"气滞血瘀"。或者通过适当活动筋骨，保持血脉畅通，让流动铁仓库正常运转，从而避免搭建固定仓库。

**6. 治疗癌症的重点** 癌症何时发生，即身体何时建立固定铁仓库，犹如一道数学题，笔者试列方程式如下。这个方程式中的 $x$ 表示一个人患癌的风险。该方程式也可看做抗癌方程式：

$$x=\text{血清铁蛋白（Fer）}\times\frac{\text{年长}\times\text{促癌物}\times\text{炎症（气滞血瘀）}\times\text{郁闷度}\times\text{压力}}{\text{年轻}\times\text{适当运动}\times\text{抗氧化}\times\text{愉快度}\times\text{正确的营养}}$$

这个方程式是一个表意方程式，$x$ 值越低，表示患癌症的风险越低，低于某个值，可能永远不来。正确的营养包括低铁饮食，足量的维生素 C。维生素 C 缺乏及不当治疗均削弱第一免疫系统，从而使第二免疫系统代偿性加强。在铁过剩状况未改善的条件下，癌细胞可能生成并加速增殖，以增强限铁机制。同时，检查体内维生素 A 含量，如果维生素 A 偏低，容易引起异常增生，可能招来巨噬细胞清理。维生素 C 会帮助铁的吸收，因此补充维生素 C 以及吃维生素 C 含量高的水果应在饭前。也可补充维生素 C 的另一个变种"抗坏血酸钠"。

明白了癌症的本质，抓住了致癌元凶，治疗癌症方向应该很明确了，这就是降低体铁，用指标来说，即降低铁蛋白（Fer）。作为平时保健，在限铁机制一节已经介绍了防止和纠正铁过剩的一些措施（参阅第二章第一节）。

但是，作为早期癌症患者，可能需要更迅速地将血铁降低。加大铁的排放，按照笔者的理论，符合逻辑的做法包括"放血"。尽管这种疗法已经"被扫进历史的垃圾堆"，但有重新评价乃至勇敢尝试的必要。其实，放血与献血基本相同，只是，献血是一种贡献。而且，献血已经为放血疗法总结了许多益处，包括可以预防癌症。

献血后鼓励多多摄入红肉类高蛋白食物；而放血后则要避免摄入红肉类高含铁食物，令铁蛋白指标（Fer）下降。如此有望预防乃至治愈笔者所谓"富铁癌"。

因为现在可能没有任何一家医院、诊所愿意实施放血疗法，因此，可能需要明白的患者自己勇敢尝试，请自己熟悉的医护人员帮助。

注意：这可能仅适合早期癌症患者。放血后要定期检测血红蛋白、肝功能、白蛋白等指标，要加强蛋白质营养。

至于降低到什么程度为止，可参考下面的方案：正常 Fer 的平均值为 59 ng/mL，早期癌症患者可能要降低到平均值以下，最好像尤金・温伯格教授一样，降到 43 ng/mL 乃至更低。一次放血 50 ～ 200 mL，每 1 ～ 2 个月一次。放血以后要注意营养，但坚决拒绝高含铁食物。

注射大剂量维生素 C 治疗癌症请参阅第一章第七节。

至于癌症病人应该怎样吃，请参阅：

何裕民教授《生了癌，怎么吃》（注意：其中，吃瘦肉粥除外）

T. 柯林・坎贝尔《救命饮食》

刘弘章《刘太医谈养生》

夏绿蒂・葛森《救命圣经——葛森疗法》（注意：其中，吃肝丸除外）

这类饮食的要点是以素为主，坚决拒绝高铁饮食，同时保持良好的营养。

为了预防癌症，在明白了铁蛋白（Fer）指标的重要性以后，我于今年 8 月开始放血，至今已放血 8 次，每月一次，每次 100 mL，现已从 7 月 1 日的 293.6 ng/mL 降至 169 ng/mL。

另外，如果得了缺乏维生素 A 类型的异常增生，则应该补充维生素 A。因为这类增生可能与笔者定义的癌症同时发生，因此在补充维生素 A 的同时要限铁、降铁。

# 附录 5　从抗癌方程式谈抗癌

### 1. 正确的营养

（1）低铁饮食：谈论饮食抗癌的书籍一本接一本，其中的饮食方法和选项更是多如牛毛，几乎让你无从下手。但是，有两个人的抗癌饮食至少抓住了一半要点。第一位是咱们中国的刘太医（以刘宏章为代表的刘太医家族），第二位是德裔犹太籍医生葛森（也称格尔森）。我们将前者简称为刘太医疗法，而后者早已被称为葛森疗法或格尔森疗法。

从刘太医推荐的饮食可以发现，他不让你吃瘦肉，但可以吃蹄筋、肉皮。因此不是纯素食。他让你熬肉汤，但是只喝浓汤，不吃渣子。渣子里是什么，就是瘦肉。瘦肉怎么不好，他没说，但我悟出其中的道理：瘦肉高含铁，铁致癌。为什么要吃蹄筋、肉皮，因为人不能缺少蛋白质，特别是胶原蛋白，而蹄筋、肉皮中胶原蛋白特别丰富。肉汤也是蛋白质和维生素的来源，尽管仍有很少的铁。

刘太医家族被誉为“瘤科世医”，即世世代代的肿瘤专家，从元代起已有 600 年左右的历史。这你不佩服不行。

葛森疗法基本上是素食疗法，但要求禁止吃盐，每天咖啡灌肠。其繁琐程度令人生畏。他没有告诉你什么是要点，但我也悟出其中的道理，不吃肉食，基本是低铁饮食。这个疗法产生于 20 世纪 30 年代，那时已经有了维生素的概念。葛森知道这种饮食缺少蛋白质和某些维生素，因此他加上了肝粉这种蛋白质和维生素含量丰富，特别是维生素 $B_{12}$ 含量丰富的食品。那个年代完全没有铁过剩的概念，只有缺铁性贫血的概念，因此，补充肝粉其实也在补铁。而按照我的理论，癌症患者最忌补铁。所以，葛森疗法的治愈率并不太高的原因可能在此。现在，维生素制品各式各样，完全可以不用肝粉。

著名的女营养专家安德尔·戴维丝当年（20 世纪 50 年代）经常给人们开抗癌膳食配方，但她自己 70 岁时就死于癌症，这一直令人大为不解。我的研究发现，她当年把肝粉当成补品，这可能要了她的命。

倡导维生素 C 可以预防与治疗癌症的大科学家莱纳斯·鲍林 93 岁死于癌症，成为科学界和医学界否定维生素 C 功效的重磅炸弹。殊不知，鲍林也没有铁过剩的概念，除了有控制地喝酒吃肉外，他每天补充一种综合维生素营养片，其中含铁 18 mg。美国人平均每天饮食摄入 18 mg 铁，再补充 18 mg，达到 36 mg，即使吸收率为 10%，每天也要吸收 3.6 mg。我的论文提到：“因为体铁重要且稀有，故人体演化出易进难出的调节机制。无论每天摄入吸收多少铁，至多平均排出（1 mg ± 0.5 mg）。”这样一算，鲍林每天至少要多吸收 2 mg 铁，长此以往，日积月累，一定会铁过剩。

抗癌方程式中“正确的营养”的第一要点就是低铁饮食。这将使抗癌方程式中的分母加大，同时令抗癌方程式中“铁蛋白（Fer）”的水平降低。

（2）维生素A的重要性：从“富癌”与“穷癌”说起，谈谈维生素A对抗癌的重要意义。

许多人认为，癌是富贵病。你看，我将自己定义的以聚铁为特征的癌戏称为“富铁癌”，这种癌主要是吃肉类等高铁高蛋白的食物吃出来的，所以，可以说它是富贵病，有人将这种癌称之为“富癌”。著名美国营养学家柯林·坎贝尔就认为美国人的癌症都是富贵病。

然而，穷人也有得癌症的，难道他们也是吃肉吃出来的吗？

河南省林县（现为林州市）是个贫困地区，20世纪50年代就食管癌高发，引起国家和国际组织重视。1969年国家组织进行多学科病因学预防研究，美国新泽西RUTGERS大学参与研究。1972年组织实施五项综合性预防措施。2008年发表论文对预防效果进行了总结。

研究认为有三个因素与食管癌高发相关：① 亚硝胺及其前体物和霉菌及其毒素；② 不良的饮食习惯（如柿糠、酸缸菜、霉变食物、热烫和高盐饮食等）及有害生活环境（土厕、坑肥、垃圾和饮水污染等）；③ 当地居民营养不足，特别是维生素（A、B 、C、D、E等）和微量元素（锌、硒、钼等）水平较低。

经过综合治理，这里的情况已经大大改善。2003年与1980年相比男性下降了56.33%，女性下降45.07%。

前两项因素的改变很容易想象：① 少吃或不吃含亚硝酸盐的食物；② 环境治理。第三项是怎么改变的呢？营养不足意味着穷困。2003年已是改革开放后的20年，生活水平也应该有所改善吧，因此带来发病率下降？论文并未提及生活水平的改善，而是认为，他们采取的措施发挥了作用。在营养方面，“倡导科学的膳食营养结构和烹调、存贮技术，多吃青菜、水果、豆制品，**增加维生素和微量元素**等，阻断亚硝胺体内合成，增强抗突变和修复功能”。怎样增加虽然未提，但从“**补充这些微量营养素**有明显的阻断癌变作用，是重要的保护因素”“中美合作在林州市进行**多种维生素和微量元素人群营养干预**”等内容可见，是在饮食之外进行了额外补充。

补充的效果很明显，居民体内维生素A与维生素$B_2$水平大幅度提高。血液维生素A水平2004年是1982年的4.6倍。维生素$B_2$缺乏的水平降低了一半左右。

这里面维生素A的变化最大，也可以推测，是补充维生素A最为关键。

推测的依据是多篇论文论述：缺乏维生素A与食管癌密切相关。食管癌属于鳞癌，鼻咽癌、宫颈癌、皮肤癌也多为鳞癌。也有一些论文涉及鳞癌与维生素A缺乏相关。

维生素A缺乏与贫穷直接相关。维生素A丸过去叫鱼肝油丸，在动物肝脏中含量最为丰富。贫穷意味着吃肉少、油水少，这种饮食很容易缺乏维生素A。严重缺乏时会引起异常增生。这种因缺乏维生素A引起的异常增生，也会引来巨噬细胞清理，因此从图谱看与癌相似，很可能被误判为癌。维生素A是脂溶性维生素，即使是现代人，特别是重视身材、限制脂肪的女性也很容易缺乏。

补充维生素A的方法有两个：一是吃动物肝脏，二是补充维生素A。吃动物肝脏的最大问题是：高含铁，这个危害上一次已经谈过。所以，除非真正的缺铁性贫血，一般不提倡吃动物肝脏。我建议的方法是适当补充维生素 A。

补充维生素 A 我是向别人学来的，这个人就是我国著名营养学家、世界最长寿教授、活到 111 岁的南京大学的郑集先生。他从 20 世纪 80 年代初开始补充各种维生素，其中每天一粒维生素 A 胶丸（每粒 2.5 万 IU）。我从 2010 年开始每天 2 粒维生素 A 胶丸，我之所以比他加倍，因为我觉得我比他消耗多得多。按照说明书，我这样补充是要中毒的，但我觉得，郑集教授如此能够活到 111 岁，应该没有问题。

2012 年 10 月，我在美国瑞欧丹诊所考察大剂量维生素 C 治疗癌症期间，在该所检测了血液维生素 A 含量。我满以为应该超标，但检测结果是：我在合格的下限。我通过研究认为，**维生素 A 的毒性被夸大**。

我的维生素 A 检测结果：正常范围在 25 ～ 107，我的结果是 37。

缺乏维生素 A，细胞不能正常分化，导致未成熟细胞大量产生并堆积，形成所谓“异常增生”。这些异常增生的细胞死亡后招来巨噬细胞清理，至于巨噬细胞清理什么，倒是一个值得研究的课题，我估计不会是清理铁。我推测，过多的增生可能引起巨噬细胞聚集和癌变。这种情况与铁过剩导致的癌症有些相似，但本质完全不同。一个是铁过剩导致，一个是维生素 A 缺乏导致。因此应该是两个不同的东西。

无论如何，维生素 A 对预防与治疗癌症均非常重要。前文已述，① 上海瑞金医院王振义教授用维生素 A 的衍生物治愈白血病，有效率达 85%。② 笔者曾指导一位癌症患者用维生素 A 治愈鼻咽癌。③ 经查，有数篇论文论证鳞癌与维生素 A 缺乏相关。这些都说明，这类所谓癌症可能只是一种维生素 A 缺乏病。

（3）维生素 C 的重要性：前文已述，维生素 C 不是饮食缺乏，而是遗传缺乏。只靠饮食中的维生素 C 解决不了遗传缺乏的问题。单靠饮食，一般人每天只能获得不足 100 mg 的维生素 C。而要想改变遗传缺乏，每天必须摄入 5 倍、10 倍乃至数十倍的维生素 C。怎么做？只有靠额外补充。

维生素 C 遗传缺乏对我们的身体有全方位的影响。我经常提到维生素 C 的 5 个主要功能，即应激、解毒、支持免疫、抗自由基和组织修复。其实，如果加上其他功能，一共不下 20 个。这么多功能受影响，其结果就是我们容易生各种疾病。所以，补充维生素 C，不只是抗癌的需要，也是身体正常代谢、对抗各种疾病的需要。

补充维生素 C 的数量因人而异，因年龄而异，因各种状况而异。医生没有学过相关知识，因此不能给你指导。我根据维生素 C 专家的意见，结合我的经验，告诉你简单的方法。首先从少量开始，比如每天 500 mg，即 100 片一瓶的维生素 C 片剂，每天 5 片。如果你很健康，每天 500 mg，加上比较多的水果，基本可以满足需要。但是，我们现在接触有害物质的机会几乎人人不可避免，这就给身体提出解毒的需要，这至少要加 500 mg，共 1 000 mg。中老年人，45 岁以上的，身体机能逐渐下降，抗氧化功能越来越差，这就提出更高的要求，每天还要加 500 ～ 1 000 mg，达到 1 500 ～ 2 000 mg。

如果你已经有各种疾病，那么，你的需求量要更高。所以，专家建议，根据年龄，逐渐增加，30 岁可以达到 3 000 mg，40 岁 4 000 mg，50 岁 5 000 mg。依此类推。如果你有便秘，你可以尝试吃到耐受量，即引起良性腹泻的量。可能达到 10 g 以上甚至更多。你的耐受量越高，说明你身体的毒性越高，疾病越严重。女士往往低于男士，吃肉少的低于吃肉多的。

这方面，美国有个维生素 C 专家卡思卡特，总结出了卡思卡特耐受量表（参见第一章第五节）。

你如果在使用维生素 C 上积累越来越多的经验，你很可能像我一样成为自己的医生。我已经 22 年没有进医院看病了，除外科、口腔科以外。即使受伤、看牙后，我也从来没有吃过消炎药、抗生素。

我的书以及我的咨询，指导许多人战胜了疾病。一位四川读者不远千里找到我，向我表示谢意。用我书中提到的方法，他治好了自己的胃溃疡。他的亲戚，肌酐长期居高不下，补充一次维生素 C，再检查时完全恢复正常，自己都感觉十分惊讶。

不过，补充维生素 C 有一个注意事项。这就是，维生素 C 会帮助铁吸收，提高铁的吸收率。这是一对矛盾。即便水果蔬菜里面的维生素 C 也会帮助铁吸收。而铁过剩是癌症的元凶，是我们要极力避免的。怎么办呢？也很简单，时间错开。

至此，你可以明白，许多人说，维生素 C 对治疗与预防癌症没有效果，这是怎么回事儿了。就是维生素 C 帮助铁吸收，造成铁过剩导致癌症。而这些人没有深入研究，抓住鲍林、营养专家安德尔·戴维丝倡导补充维生素 C 仍然得癌的救命稻草，大做文章，为拒绝使用维生素 C 寻找借口。

**2. 消灭炎症**　再来复习一遍抗癌方程式：

$$x=\text{血清铁蛋白（Fer）}\times\frac{\text{年长}\times\text{促癌物}\times\text{炎症（气滞血瘀）}\times\text{郁闷度}\times\text{压力}}{\text{年轻}\times\text{适当运动}\times\text{抗氧化}\times\text{愉快度}\times\text{正确的营养}}$$

$x$ 的意思是得癌的风险。血清铁蛋白放在常数的位置，但它并非常数，是个因人而异的变数。后面是个分数，分子有：年长、促癌物、炎症（气滞血瘀）、郁闷度、压力；分母有：年轻、适当运动、抗氧化、愉快度、正确的营养。

这个公式中，年轻年长不是个人意志可以决定的，但其他项目绝大部分都可以自己把握。郁闷度与愉快度是心理健康问题，对防病治病、防癌抗癌均很重要，我不是这方面的专家，就不多谈了。生活压力自己解决吧。

促癌物我在论文中已经交代，没有过剩铁这个必要条件，并不致癌。所以我称之为促癌物。现在的促癌物简直不胜枚举、防不胜防，成为舆论乃至人群谈论的热点。然而有些促癌物本身就是高含铁的，这就双料致癌了，比如石棉、钢铁厂的粉尘等。因此治理污染和环境保护就至关重要了。

炎症与癌症关系十分密切，这方面的论文数十年来几乎不计其数，成为癌症研究的重点话题。因为癌症经常出现在长期炎症的地方，所以，许多人认为，是炎症导致癌症。

炎症可以分为感染引起的感染性炎症，以及不是由于感染引起的非感染性炎症。感染就是细菌病毒感染之类；所谓非感染性炎症多为自由基引发。之所以人类容易发生炎症，与“人类抗坏血酸遗传缺陷”密切相关，即人类包括你我均不会在体内制造维生素C。而维生素C的主要功能是应激、解毒、支持免疫、抗自由基和组织修复。其中支持免疫、抗自由基与炎症关系密切。由于人类有这个遗传缺陷，因此这两个功能被削弱。

解决维生素C遗传缺陷问题，光靠饮食是不能奏效的。你是遗传缺乏，不是饮食缺乏。所以我主张且实施补充措施。

我在1984年切除胆囊，之后，在内部的相应位置经常出现痛感，严重的时候要立即躺下休息。自从补充维生素C后，情况大为好转，然而仍然不时发作。经过研究，我自己知道，这无非是炎症作怪，即使上医院也不会有什么好办法。于是我加大剂量，根据年龄（当时60岁），每天服用6 000 mg以上维生素C。从此，再也没有犯过。

由于我们的身体有维生素C遗传缺陷，因此在5个主要方面（应激、解毒、免疫支持、抗自由基、组织修复）削弱了我们的第一免疫系统，即杀死敌人的一手。第一免疫系统的削弱使第二免疫系统代偿性加强，我们的身体就调动限铁机制，加强控制铁，不让细菌获得。

一弱一强在身体内部有炎症的地方就体现为限铁机制加强。如果你的身体低铁，情况可能好些，但如果你吃许多高铁食物，铁蛋白较高，炎症就会加剧。身体为对抗炎症，许多巨噬细胞会努力工作，控制过剩铁，但是，如果超过一定限度，身体的巨噬细胞可能癌变，以便储存更多的铁。这就是我的巨噬细胞癌变理论。

怎样控制和消除炎症，补充维生素C不失为选项之一。也许还有其他各种措施，包括适当运动、心理调节等。但炎症的根源是维生素C缺乏，铁过剩则加剧了炎症。

怎样抓住关键，预防和消除炎症，你必须亲自实践，否则你将成为医院的常客。

**3. 抗癌方程式小结** 我的癌症理论可以指导公众和医生抓住要点预防与治疗癌症。

前两天，我的读者及朋友武子玉先生与我相会。他谈及他的亲戚患结直肠癌，医生认为他贫血，给他输血，输血之后他就便血，十分恐惧。这里有两个问题，一是所谓贫血，二是输血。

医生的贫血概念往往是“缺铁性贫血”，似乎一说贫血就是缺铁性的。其实，如果一个人贫血，首先应该考虑蛋白质缺乏，其次还有生产制造蛋白质不可或缺的各种维生素，特别是B族维生素。第三应该考虑的是，是否是“假贫血”。这个概念也是医生没有的。这是限铁机制里的一个概念，意思是，当一个人身体有炎症时，限铁机制会启动，降低血液中的铁，而增加肝储备，以此不让细菌在血清中得到铁，减少细菌感染的机会。真正的缺铁性贫血也不能先补铁，为什么？因为这种人往往是恶性营养不良，身上很可能有炎症。在其营养状况没有改善之前补铁，无异于给细菌输送营养，令炎症雪上加霜。这样的实例在救助非洲难民时已经多次发生，造成许多悲剧。

癌症患者更不能轻易输血，你想，癌症本来就是铁过剩的产物，输血就是补铁，你不是雪上加霜吗！我的一个读者告诉我，他明白限铁机制以后意识到，一次输血之后可能导致了他的癌症。

一个8岁儿童，身患脑白质硬化症，医生给他输血后导致铁蛋白上升至900以上，最后孩子死于多器官衰竭。尽管脑白质硬化症也是不治之症，但我认为，输血加速了孩子的死亡。所谓多器官衰竭，就是许多器官都感染了细菌病毒，无力回天。显然，输血对铁过剩、对细菌得到铁是有贡献的。

所以，抗癌的第一要务是降低体铁，简称降铁。

第二要务是补充维生素A，防止细胞异常增生，即防止我所谓"缺A增生"，这种增生与癌症不同，是维生素A缺乏病。

第三要务是补充维生素C。它可以防止炎症发生，增强第一免疫系统，即杀死敌人的手段，从而减轻第二免疫系统即限铁机制的压力或者说负荷，使流动铁仓库更好运行，降低建立固定铁仓库（癌肿）的潜在需求。此外，维生素C是解毒良药，可以化解多种污染物。

注意，为防止促进铁吸收，补充维生素C的时间要与进食的时间错开。

再重复一遍"三个要点一个注意"：一降铁，二补A，三补C；一注意：补C与进食错开时间。可简化成为：降铁、补A、补C；注意：错开进食补C。